高等院校基础课教材

U0184460

高等数学（理工类上册）

Gaodeng Shuxue （Ligonglei Shangce）

主　编　张炳彩

副主编　王　艳　吴继军

主　审　刘　锐

重庆大学出版社

内容提要

《高等数学》（理工类上、下册）是为适应教学改革,针对独立院校应用型人才培养而编写的教材.本书为上册,内容包括:函数、极限与连续,一元函数微分学,一元函数微分学的应用,一元函数积分学,一元函数积分学的应用,常微分方程.

本书的特点是根据目前应用型本科理工科专业学生实际情况和教学现状,本着"以应用为目的,以必需、够用为度"的原则对教学内容、要求、篇幅适度地调整.在保证教学内容系统性和完整性的基础上,适当降低某些理论内容的深度,尽量突出对基本概念、基本理论、基本方法与运算的教与学.本书深入浅出、突出实用、通俗易懂,注重培养学生解决实际问题的能力及知识的拓展,针对不同院校课程设置的情况,可根据教材内容取舍,便于教师使用.

本书可作为应用型高等院校（包括新升本科院校、地方本科院校）的公共基础课教材.

图书在版编目（CIP）数据

高等数学 : 理工类. 上册 / 张炳彩主编. -- 重庆 :
重庆大学出版社, 2022.5
ISBN 978-7-5689-2681-2

Ⅰ. ①高… Ⅱ. ①张… Ⅲ. ①高等数学—高等学校—
教材 Ⅳ. ①O13

中国版本图书馆 CIP 数据核字（2021）第 082359 号

高等数学（理工类 上册）
主　编　张炳彩
副主编　王　艳　吴继军
主　审　刘　锐
策划编辑:鲁　黎
责任编辑:杨育彪　　版式设计:鲁　黎
责任校对:姜　凤　　责任印制:张　策
＊
重庆大学出版社出版发行
出版人:饶帮华
社址:重庆市沙坪坝区大学城西路 21 号
邮编:401331
电话:(023)88617190　88617185(中小学)
传真:(023)88617186　88617166
网址:http://www.cqup.com.cn
邮箱:fxk@ cqup.com.cn（营销中心）
全国新华书店经销
重庆俊蒲印务有限公司印刷
＊
开本:787mm×1092mm　1/16　印张:12.25　字数:308 千
2022 年 5 月第 1 版　　2022 年 5 月第 1 次印刷
印数:1—2 000
ISBN 978-7-5689-2681-2　定价:38.00 元

本书如有印刷、装订等质量问题,本社负责调换
版权所有,请勿擅自翻印和用本书
制作各类出版物及配套用书,违者必究

前言

"高等数学"是高等院校本科理工类专业(非数学)的一门公共基础课,其内容和方法对学生后续专业课程的学习及学业规划都起着重要的作用.高等数学的基本理论和方法是高等院校理工类学生必须具备的基本知识之一,高等院校为培育人才开设高等数学课程具有重要的意义.

《高等数学》(理工类上、下册)是为应用型高等院校本科理工类专业学生编写的高等数学教材.本书为上册,在吸收国内外同类教材优点的基础上,结合多年的教学经验,以"因材施教,学以致用"为指导思想;贯彻"以应用为目的,以必需、够用为度"的教学原则;突出"基本概念、基本理论、基本计算方法"的教学要求.

本书编写力求有利于教师组织教学,有利于学生学习掌握课程的基本知识,使教师易讲、易教,学生易懂、易学.本书编写适当降低部分理论知识的深度,突出某些知识的应用背景、概念、方法的介绍,加强学生对基本数学技能的训练,培养数学的思维和方法,提高应用数学知识解决实际问题的能力.

本书编写妥善处理了学科的系统性、严肃性与达到基本教学要求之间的关系,以及知识内容学习掌握与应用能力提高的关系,加强了基础的教与学和兼顾素质教育的关系;重视概念、侧重计算、启发应用,简化定理、性质的证明,对纯数学的定义、构造性的证明、技巧性强的数学计算做几何直观或淡化、省略的处理.

参与本书的编写人员都是长期从事本科高等数学教学的教师,有丰富的教学经验,在编写内容及深度方面较好地反映和体现了应用型本科的教学需求.本书由张炳彩担任主编,王艳和吴继军担任副主编;其中,第1至第5章由张炳彩编写,第6章由吴继军编写,全书习题由王艳整理.全书由刘锐主审.

宁夏大学新华学院领导对本书的编写给予了极大的关注和支持;重庆大学出版社的领导和编辑对本书的出版给予了具体的指导和帮助,编者对此表示衷心的感谢.

由于编者水平有限,本书难免存在不妥之处,在此诚挚地希望得到专家、同行和读者的批评与指正.

编 者
2021 年 12 月

目录

第 1 章
函数、极限与连续

由于社会和科学发展的需要,到了 17 世纪,对物体运动的研究成为自然科学的中心问题.与之相适应,数学在经历了两千多年的发展之后进入了一个被称为"高等数学时期"的新时代,这一时代集中的特点是超越了希腊数学传统的观点,认识到"数"的研究比"形"更重要,以积极的态度开展对"无限"的研究,由常量数学发展为变量数学,微积分的创立更是这一时期最突出的成就之一.微积分研究的基本对象是定义在实数集上的函数.

本章将简要地介绍高等数学的一些基本概念,其中重点介绍极限的概念、性质和运算法则,以及与极限概念密切相关的,并且在微积分运算中起重要作用的无穷小量的概念和性质.此外,还给出了两个极其重要的极限.随后,运用极限的概念引入函数的连续性概念,它是客观世界中广泛存在的连续变化这一现象的数学描述.极限是研究函数的一种基本方法,极限的思想方法贯穿于高等数学的始终,而连续性则是函数的一种重要属性.因此,本章内容是整个微积分学的基础.

1.1 变量与函数

1.1.1 变量及其变化范围的常用表示法

在自然现象或工程技术中,常常会遇到各种各样的量.有一种量,在考察过程中是不断变化的,可以取得不同的数值,我们把这一类量称为**变量**;另一类量在考察过程中保持不变,它取同样的数值,我们把这一类量称为**常量**.变量的变化有跳跃性,如自然数由小到大变化、数列的变化等,而更多的则是在某个范围内变化,即该变量的取值可以是某个范围内的任何一个数.变量取值范围常用区间来表示.满足不等式 $a \leqslant x \leqslant b$ 的实数的全体组成的集合称为**闭区间**,记为 $[a,b]$,即

$$[a,b] = \{x \mid a \leqslant x \leqslant b\};$$

满足不等式 $a < x < b$ 的实数的全体组成的集合称为**开区间**,记为 (a,b),即

$$(a,b) = \{x \mid a < x < b\};$$

满足不等式 $a < x \leqslant b$(或 $a \leqslant x < b$)的实数的全体组成的集合称为**左(右)开右(左)闭区**

间,记为 $(a,b]$（或 $[a,b)$）,即

$$(a,b] = \{x \mid a < x \leq b\} \ (\text{或} \ [a,b) = \{x \mid a \leq x < b\});$$

左开右闭区间与右开左闭区间统称为**半开半闭区间**,实数 a,b 称为区间的端点.

以上这些区间都称为**有限区间**. 数 $b-a$ 称为**区间的长度**. 此外还有无限区间：

$$(-\infty, +\infty) = \{x \mid -\infty < x < +\infty\} = \mathbf{R},$$
$$(-\infty, b] = \{x \mid -\infty < x \leq b\},$$
$$(-\infty, b) = \{x \mid -\infty < x < b\},$$
$$[a, +\infty) = \{x \mid a \leq x < +\infty\},$$
$$(a, +\infty) = \{x \mid a < x < +\infty\}$$

等. 这里的符号"$-\infty$"与"$+\infty$"分别表示"负无穷大"与"正无穷大".

邻域也是常用的一类区间.

设 x_0 是一个给定的实数,δ 是某一正数,称数集：

$$\{x \mid x_0 - \delta < x < x_0 + \delta\}$$

为点 x_0 的 δ **邻域**,记作 $U(x_0, \delta)$,即 $U(x_0, \delta) = \{x \mid x_0 - \delta < x < x_0 + \delta\}$.

称点 x_0 为该邻域的**中心**,δ 为该邻域的**半径**,如图 1.1.1 所示. 称 $U(x_0, \delta) - \{x_0\}$ 为 x_0 的**去心 δ 邻域**,记作 $\overset{\circ}{U}(x_0, \delta)$,即

$$\overset{\circ}{U}(x_0, \delta) = \{x \mid 0 < |x - x_0| < \delta\}$$

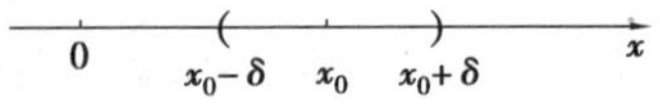

图 1.1.1

下面两个数集

$$\overset{\circ}{U}(x_0^-, \delta) = \{x \mid x_0 - \delta < x < x_0\},$$
$$\overset{\circ}{U}(x_0^+, \delta) = \{x \mid x_0 < x < x_0 + \delta\},$$

分别称为 x_0 的**左 δ 邻域**和**右 δ 邻域**. 当不需要指出邻域的半径时,我们用 $U(x_0), \overset{\circ}{U}(x_0)$ 分别表示 x_0 的**某邻域**和 x_0 的**某去心邻域**；$\overset{\circ}{U}(x_0^-, \delta), \overset{\circ}{U}(x_0^+, \delta)$ 分别表示 x_0 的**某左邻域**和 x_0 的**某右邻域**.

1.1.2 函数的概念

在高等数学中除了考察变量的取值范围之外,还要研究在同一个过程中出现的各种彼此相互依赖的变量,例如质点的移动距离与移动时间,曲线上点的纵坐标与该点的横坐标,弹簧的恢复力与它的形变,等等. 变量与变量之间的相互依赖关系刻画了客观世界中事物变化的内在规律,函数就是描述变量间相互依赖关系的一种数学模型.

定义 1 设 x 和 y 是两个变量,D 是一个给定的非空数集,若存在确定的对应法则 f,对于任一 $x \in D$,都有唯一确定的变量 y 与之对应,则称 f 是定义在 D 上的函数,或称 y 是 x 的函数,记作

$$y = f(x),$$

其中,x 称为**自变量**,y 称为**因变量**,$f(x)$ 表示函数 f 在 x 处的**函数值**. 数集 D 称为函数 f 的定

义域, 记为 $D(f)$; 数集

$$\{y \mid y = f(x), x \in D\}$$

称为函数 f 的**值域**, 记作 $R(f)$.

通常函数是指对应法则 f, 但习惯上用 "$y = f(x), x \in D$" 表示, 此时理解为 "由对应关系 $y = f(x)$ 所确定的函数 f". 确定一个函数有两个基本要素: 定义域和对应法则.

定义域表示使函数有意义的范围, 即自变量的取值范围. 在实际问题中, 定义域可根据函数的实际意义来确定. 例如, 在时间 t 的函数 $f(t)$ 中, t 通常取非负实数. 在理论研究中, 若函数关系由数学公式给出, 则函数的定义域就是使数学表达式有意义的自变量 x 的所有可以取得的值构成的数集.

对应法则是函数的具体表现, 它表示两个变量之间的一种对应关系. 例如, 气温曲线给出了气温与时间的对应关系, 三角函数表列出了角度与三角函数值的对应关系. 因此, 气温曲线和三角函数表表示的都是函数关系. 这种用曲线和列表给出函数的方法, 分别称为**图示法**和**列表法**. 但在理论研究中, 所遇到的函数多数由数学公式给出, 称为**公式法**. 例如, 初等数学中所学过的幂函数、指数函数、对数函数、三角函数与反三角函数都是用公式法表示的函数.

从几何上看, 在平面直角坐标系中, 点集

$$\{(x, y) \mid y = f(x), x \in D(f)\}$$

称为函数 $y = f(x)$ 的**图像**, 如图 1.1.2 所示. 函数 $y = f(x)$ 的图像通常是一条曲线, $y = f(x)$ 也称为这条曲线的方程. 这样, 函数的一些特性常常可借助于几何直观来发现; 相反, 一些几何问题, 有时也可借助于函数来作理论探讨.

由函数概念的两个基本要素可知, 一个函数由定义域 D 和对应法则 f 唯一确定, 因此如果两个函数的定义域和对应法则相同, 则称这两个函数相同 (或相等).

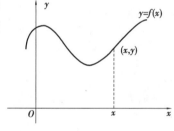

图 1.1.2

例 1　判断下面函数是否相同, 并说明理由.

(1) $y = x$ 与 $y = \dfrac{x^2}{x}$;

(2) $y = x$ 与 $y = \sqrt{x^2}$;

(3) $y = 1$ 与 $y = \sin^2 x + \cos^2 x$;

(4) $y = 2x + 1$ 与 $x = 2y + 1$.

解　(1) 不相同. 因为 $y = x$ 的定义域是 $(-\infty, +\infty)$, 而 $y = \dfrac{x^2}{x}$ 的定义域是 $x \neq 0$, 即 $(-\infty, 0) \cup (0, +\infty)$.

(2) 不相同. 虽然 $y = x$ 与 $y = \sqrt{x^2}$ 的定义域都是 $(-\infty, +\infty)$, 但对应法则不同, $y = \sqrt{x^2} = |x|$.

(3) 相同. 虽然这两个函数的表现形式不同, 但它们的定义域 $(-\infty, +\infty)$ 与对应法则均相同, 所以这两个函数相同.

(4) 相同. 虽然它们的自变量与因变量所用的字母不同, 但其定义域 $(-\infty, +\infty)$ 和对应法则均相同, 所以这两个函数相同.

例 2　求函数 $y = \sqrt{x + 3} + \dfrac{1}{1 - x}$ 的定义域.

解 要使数学式子有意义,x 必须满足

$$\begin{cases} x+3 \geqslant 0, \\ 1-x \neq 0, \end{cases} \quad 即 \quad \begin{cases} x \geqslant -3, \\ x \neq 1. \end{cases}$$

因此函数的定义域为 $[-3,1) \cup (1,+\infty)$.

例 3 设函数 $f(x) = x^3 - 3x + 5$,求 $f(1)$,$f(x^2)$.

解 因为 $f(x)$ 的对应规则为:$(\ )^3 - 3(\ ) + 5$,所以

$$f(1) = 1^3 - 3 \cdot 1 + 5 = 3,$$
$$f(x^2) = (x^2)^3 - 3 \cdot (x^2) + 5 = x^6 - 3x^2 + 5.$$

例 4 已知 $f(x+1) = x^2 - x + 1$,求 $f(x)$.

解 令 $x+1 = t$. 则 $x = t-1$,从而

$$f(t) = (t-1)^2 - (t-1) + 1 = t^2 - 3t + 3,$$

所以
$$f(x) = x^2 - 3x + 3.$$

例 5 设函数 $f(x) = \begin{cases} 2\sqrt{x}, & 0 \leqslant x \leqslant 1, \\ 1+x, & x > 1, \end{cases}$ 求函数的定义域和 $f(0.01)$,$f(4)$.

解 由 $0 \leqslant x \leqslant 1, x > 1$,可知函数的定义域为 $[0,+\infty)$,

$$f(0.01) = 2\sqrt{0.01} = 0.2, \quad f(4) = 1+4 = 5.$$

注:例 5 表明一个函数在其定义域的不同子集上要用不同的表达式来表示对应法则,称这种函数为**分段函数**.

分段函数是一个函数由两个或两个以上的式子表示,不能将分段函数当作几个函数,并注意求分段函数的函数值时,要先判断自变量所属的范围. 下面给出一些今后常用的分段函数.

例 6 绝对值函数

$$y = |x| = \begin{cases} x, & x \geqslant 0, \\ -x, & x < 0 \end{cases}$$

的定义域 $D(f) = (-\infty,+\infty)$,值域 $R(f) = (-\infty,+\infty)$,如图 1.1.3 所示.

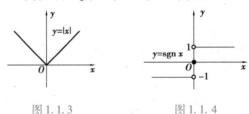

图 1.1.3   图 1.1.4

例 7 符号函数

$$y = \operatorname{sgn} x = \begin{cases} -1, & x < 0, \\ 0, & x = 0, \\ 1, & x > 0 \end{cases}$$

的定义域 $D(f) = (-\infty,+\infty)$,值域 $R(f) = \{-1,0,1\}$,如图 1.1.4 所示.

例 8 **最大取整函数** $y = [x]$,其中 $[x]$ 表示不超过 x 的最大整数. 例如,$\left[-\dfrac{1}{3}\right] = -1$,$[0] = 0$,$[\sqrt{2}] = 1$,$[\pi] = 3$,等等. 函数 $y = [x]$ 的定义域 $D(f) = (-\infty,+\infty)$,值域 $R(f) = \{整数\}$. 一般地,$y = [x] = n, n \leqslant x < n+1, n = 0, \pm 1, \pm 2, \cdots$,如图 1.1.5 所示.

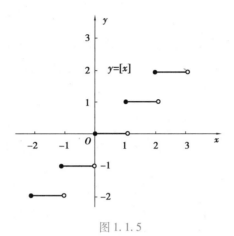

图 1.1.5

1.1.3　复合函数

在有些实际问题中,函数的自变量与因变量是通过另外一些变量才建立起它们之间的对应关系的,如高度为一定值的圆柱体的体积与其底面圆半径 r 的关系,就是通过另外一个变量"其底面圆面积 S"建立起来的对应关系. 这就得到复合函数的概念.

定义 2　设函数 $y=f(u)$ 的定义域为 $D(f)$,值域为 $R(f)$;而函数 $u=g(x)$ 的定义域为 $D(g)$,值域为 $R(g)\subseteq D(f)$,则对任意 $x\in D(g)$,通过 $u=g(x)$,有唯一的 $u\in R(g)\subseteq D(f)$ 与 x 对应,进而通过 $y=f(u)$,又有唯一的 $y\in R(f)$ 与 u 对应. 这样,对任意 $x\in D(g)$,通过 u,有唯一的 $y\in R(f)$ 与之对应. 因此 y 是 x 的函数,称这个函数为 $y=f(u)$ 与 $u=g(x)$ 的**复合函数**,记作

$$y=(f\circ g)(x)=f(g(x)),x\in D(g),$$

u 称为中间变量.

例如由 $y=\sqrt{u},u=x+1$ 可以构成复合函数 $y=\sqrt{x+1}$,为了使 u 的值域包含在 $y=\sqrt{u}$ 的定义域 $[0,+\infty)$ 内,必须有 $x\in[-1,+\infty)$,所以复合函数 $y=\sqrt{x+1}$ 的定义域应为 $[-1,+\infty)$. 又如复合函数 $y=\cos(1+x^2)$ 是由函数 $y=\cos u,u=1+x^2$ 复合而成的.

两个函数的复合也可推广到多个函数复合的情形.

在复合函数中可以出现两个或两个以上的中间变量,例如,函数 $y=\cos^2 u,u=\sqrt{v},v=x^2-3$ 可以构成复合函数 $y=\left(\cos\sqrt{x^2-3}\right)^2$,这里 u 和 v 都是中间变量.

例 9　写出下列函数的复合函数:

(1) $y=u^2,u=\cos x$;

(2) $y=\cos u,u=x^2$.

解　(1)将 $u=\cos x$ 代入 $y=u^2$ 得所求复合函数为 $y=\cos^2 x$,其定义域为 $(-\infty,+\infty)$;

(2)将 $u=x^2$ 代入 $y=\cos u$ 得所求复合函数为 $y=\cos x^2$,其定义域为 $(-\infty,+\infty)$.

注:并非任意两个函数都能复合. 例如 $y=\sqrt{u-2},u=\sin x$ 就不能复合.

例 10　指出下列复合函数的复合过程:

(1) $y=\sqrt{1+x^2}$;

(2) $y=\sqrt{\sin x^2}$;

5

(3) $y = 2^{\tan 2x}$.

解 (1) $y = \sqrt{1 + x^2}$ 由 $y = \sqrt{u}, u = 1 + x^2$ 复合而成;

(2) $y = \sqrt{\sin x^2}$ 由 $y = \sqrt{u}, u = \sin v, v = x^2$ 复合而成;

(3) $y = 2^{\tan 2x}$ 由 $y = 2^u, u = \tan v, v = 2x$ 复合而成.

例 11 设 $f(x) = \dfrac{x}{x+1} (x \neq -1)$,求 $f(f(f(x)))$.

解 令 $y = f(w), w = f(u), u = f(x)$,则 $f(f(f(x)))$ 是通过两个中间变量 w 和 u 复合而成的复合函数,因为

$$w = f(u) = \frac{u}{u+1} = \frac{\dfrac{x}{x+1}}{\dfrac{x}{x+1} + 1} = \frac{x}{2x+1}, x \neq -\frac{1}{2};$$

$$y = f(w) = \frac{w}{w+1} = \frac{\dfrac{x}{2x+1}}{\dfrac{x}{2x+1} + 1} = \frac{x}{3x+1}, x \neq -\frac{1}{3};$$

所以

$$f(f(f(x))) = \frac{x}{3x+1}, x \neq -1, -\frac{1}{2}, -\frac{1}{3}.$$

1.1.4 反函数

函数关系的实质就是从定量分析的角度来描述变量之间的相互依赖关系. 但在研究过程中,哪个量作为自变量,哪个量作为因变量(函数)是由具体问题来决定的.

定义 3 设函数 $y = f(x)$ 的定义域为 D,值域为 W. 如果对于 W 中的任一数值 y,都有 D 中唯一的一个 x 值,满足 $f(x) = y$,将 y 与 x 对应,则所确定的以 y 为自变量的函数 $x = \varphi(y)$ 称为函数 $y = f(x)$ 的**反函数**. 记作 $x = f^{-1}(y), y \in W$. 相对于反函数而言,原来的函数称为**直接函数**.

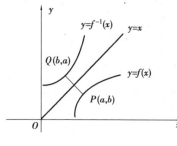

从几何上看,函数 $y = f(x)$ 与其反函数 $x = f^{-1}(y)$ 有同一图像,通常将反函数 $x = f^{-1}(y)$ 写成 $y = f^{-1}(x)$. 今后,我们称 $y = f^{-1}(x)$ 为 $y = f(x)$ 的反函数. 此时,由于对应关系 f^{-1} 未变,只是自变量与因变量交换了记号,因此反函数 $y = f^{-1}(x)$ 与直接函数 $y = f(x)$ 的图像关于直线 $y = x$ 对称,如图 1.1.6 所示.

图 1.1.6

值得注意的是,并不是所有函数都存在反函数,例如函数 $y = x^2$ 的定义域为 $(-\infty, +\infty)$,值域为 $[0, +\infty)$,但对每一个 $y \in (0, +\infty)$,有两个 x 值即 $x_1 = \sqrt{y}$ 和 $x_2 = -\sqrt{y}$ 与之对应,因此 x 不是 y 的函数,从而 $y = x^2$ 不存在反函数.

定理(反函数存在定理) 单调函数 $y = f(x)$ 必存在单调的反函数 $y = f^{-1}(x)$,且具有相同的单调性.

例如,函数 $y = x^2$ 在 $(-\infty, 0]$ 上单调减少,其反函数 $y = -\sqrt{x}$ 也是单调减少;$y = x^2$ 在 $[0, +\infty)$ 上单调增加,其反函数 $y = \sqrt{x}$ 在 $[0, +\infty)$ 也是单调增加.

求反函数的一般步骤:由方程 $y=f(x)$ 解出 $x=f^{-1}(y)$,再将 x 与 y 对换,即得所求的反函数为 $y=f^{-1}(x)$.

例 12　求函数 $y=2x-3$ 的反函数.

解　由 $y=2x-3$ 解得 $x=\dfrac{y+3}{2}$,故所求反函数为

$$y=\frac{x+3}{2}.$$

例 13　求函数 $y=\dfrac{1-\sqrt{1+4x}}{1+\sqrt{1+4x}}$ 的反函数.

解　令 $u=\sqrt{1+4x}$,则 $y=\dfrac{1-u}{1+u}$,故 $u=\dfrac{1-y}{1+y}$,即得 $\sqrt{1+4x}=\dfrac{1-y}{1+y}$.

解得

$$x=\frac{1}{4}\left[\left(\frac{1-y}{1+y}\right)^2-1\right]=-\frac{y}{(1+y)^2}.$$

即得所求的反函数为:$y=-\dfrac{x}{(1+x)^2}$.

例 14　设函数 $f(x+1)=\dfrac{x}{x+1}$,$(x\neq-1)$,求 $f^{-1}(x+1)$.

解　函数 $y=f(x+1)$ 可看成由 $y=f(u)$,$u=x+1$ 复合而成.所求的反函数 $y=f^{-1}(x+1)$ 可看成由 $y=f^{-1}(u)$,$u=x+1$ 复合而成.因为

$$f(u)=\frac{x}{x+1}=\frac{u-1}{u},u\neq0,$$

即 $y=\dfrac{u-1}{u}$,从而,$u(y-1)=-1$,$u=\dfrac{1}{1-y}$.

所以

$$y=f^{-1}(u)=\frac{1}{1-u},$$

因此

$$f^{-1}(x+1)=\frac{1}{1-(x+1)}=-\frac{1}{x},x\neq0.$$

1.1.5　函数的几种特性

1)函数的有界性

定义 4　设函数 $f(x)$ 在数集 D 上有定义,若存在某个正数 L,使得对任一 $x\in D$ 有

$$|f(x)|\leqslant L,$$

则称函数 $f(x)$ 在 D 上**有界**,也称 $f(x)$ 是 D 上的**有界函数**. 否则,称 $f(x)$ 在 D 上**无界**,也称 $f(x)$ 是 D 上的**无界函数**.

例如,函数 $y=\sin x$ 在其定义域 $(-\infty,+\infty)$ 内是有界的,因为对任一 $x\in(-\infty,+\infty)$ 都有 $|\sin x|\leqslant1$.

注:函数的有界性与 x 取值的区间 D 有关. 例如,函数 $y=\dfrac{1}{x}$ 在区间 $(0,1)$ 上无界,但它在区间 $[1,+\infty)$ 上有界.

2)函数的单调性

定义 5　设函数 $f(x)$ 在数集 D 上有定义,若对 D 中的任意两点 $x_1,x_2(x_1<x_2)$,恒有

$$f(x_1) \leqslant f(x_2) \left[或 f(x_1) \geqslant f(x_2) \right],$$

则称函数 $f(x)$ 在 D 上是**单调增加**(或**单调减少**)的. 若上述不等式中的不等号为严格不等号, 则称为**严格单调增加**(或**严格单调减少**)的. 在定义域上单调增加或单调减少的函数统称为**单调函数**;严格单调增加或严格单调减少的函数统称为**严格单调函数**,如图 1.1.7 所示.

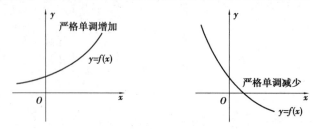

图 1.1.7

例如,函数 $f(x) = x^3$ 在其定义域 $(-\infty, +\infty)$ 内是严格单调增加的;函数 $f(x) = \cos x$ 在 $(0, \pi)$ 内是严格单调减少的;$y = x^2$ 在 $(-\infty, +\infty)$ 不是单调函数,但在 $(-\infty, 0]$ 上是单调减少函数,在 $[0, +\infty)$ 上是单调增加函数.

从几何上看,若 $y = f(x)$ 是严格单调函数,则任意一条平行于 x 轴的直线与它的图像最多交于一点,因此 $y = f(x)$ 有反函数.

3) 函数的奇偶性

定义 6 设函数 $f(x)$ 的定义域 D 关于原点对称. 若对任意的 $x \in D$,都有

$$f(-x) = -f(x),$$

则称 $f(x)$ 是 D 上的**奇函数**;若对任意的 $x \in D$,都有

$$f(-x) = f(x),$$

则称 $f(x)$ 是 D 上的**偶函数**.

例如,$y = x^3$ 在 $(-\infty, +\infty)$ 上是奇函数,$y = \cos x$ 在 $(-\infty, +\infty)$ 上是偶函数;而 $y = x^2 + x$ 在 $(-\infty, +\infty)$ 上既不是奇函数也不是偶函数,这样的函数称为非奇非偶函数.

注:在直角坐标系中,奇函数的图像关于原点中心对称,偶函数的图像关于 y 轴对称,如图 1.1.8 所示.

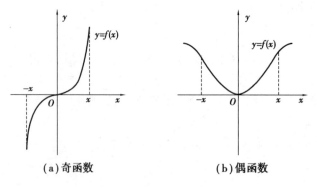

(a) 奇函数　　　　　　　　(b) 偶函数

图 1.1.8

例 15 讨论函数 $f(x) = \ln\left(x + \sqrt{1 + x^2}\right)$ 的奇偶性.

解 函数 $f(x)$ 的定义域 $(-\infty, +\infty)$ 是对称区间,因为

$$f(-x) = \ln\left(-x + \sqrt{1+x^2}\right) = \ln\left(\frac{1}{x+\sqrt{1+x^2}}\right) = -\ln\left(x + \sqrt{1+x^2}\right) = -f(x),$$

所以 $f(x)$ 是 $(-\infty, +\infty)$ 上的奇函数.

例 16　判断函数 $f(x) = x\sin\dfrac{1}{x}$ 的奇偶性.

解　因为 $f(x)$ 的定义域为 $(-\infty, 0) \cup (0, +\infty)$,它关于原点对称,又因为

$$f(-x) = (-x)\sin\left(\frac{1}{-x}\right) = x\sin\frac{1}{x} = f(x),$$

所以 $f(x) = x\sin\dfrac{1}{x}$ 是偶函数.

4)函数的周期性

定义 7　设函数 $f(x)$ 的定义域为 D,若存在一个不为零的常数 T,使得对任意 $x \in D$,有 $x \pm T \in D$,并且使

$$f(x \pm T) = f(x),$$

则称 $f(x)$ 为**周期函数**,其中常数 T 称为 $f(x)$ 的**周期**,通常函数的周期是指它的**最小正周期**,即使上式成立的最小正数 T(如果存在).

例如,函数 $f(x) = \sin x$ 的周期为 2π;$f(x) = \tan x$ 的周期是 π.

注:周期函数的图形可以由它在一个周期的区间 $[a, a+T]$ 内的图形沿 x 轴向左、右两个方向平移后得到. 由此可见,对于周期函数的性态,只需要在长度为周期 T 的任一区间上考虑即可.

并不是所有函数都有最小正周期,例如,常量函数 $f(x) = C$ 是周期函数,但此函数没有最小正周期.

1.1.6　基本初等函数

幂函数、指数函数、对数函数、三角函数、反三角函数统称为**基本初等函数**,它们是研究各种函数的基础. 为了读者学习的方便,下面再对这几类函数作一下简单介绍.

1)幂函数
函数

$$y = x^{\mu}(\mu \text{ 是常数})$$

称为**幂函数**.

幂函数 $y = x^{\mu}$ 的定义域随 μ 的不同而异,但无论 μ 为何值,函数在 $(0, +\infty)$ 内总是有定义的.

当 $\mu > 0$ 时,$y = x^{\mu}$ 在 $[0, +\infty)$ 上是单调增加的,其图像过点 $(0,0)$ 及点 $(1,1)$,图 1.1.9 列出了 $\mu = \dfrac{1}{2}, \mu = 1, \mu = 2$ 时幂函数在第一象限的图像.

当 $\mu < 0$ 时,$y = x^{\mu}$ 在 $(0, +\infty)$ 上是单调减少的,其图像通过点 $(1,1)$,图 1.1.10 列出了 $\mu = -\dfrac{1}{2}, \mu = -1, \mu = -2$ 时幂函数在第一象限的图像.

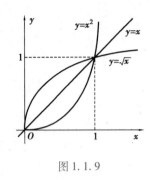 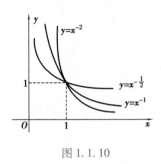

图 1.1.9   图 1.1.10

2）指数函数

函数

$$y = a^x (a \text{ 是常数且 } a > 0, a \neq 1)$$

称为**指数函数**.

指数函数 $y = a^x$ 的定义域是 $(-\infty, +\infty)$，图像通过点 $(0,1)$，且总在 x 轴上方.

当 $a > 1$ 时，$y = a^x$ 是单调增加的；当 $0 < a < 1$ 时，$y = a^x$ 是单调减少的，如图 1.1.11 所示.

以常数 $e = 2.718\,281\,82\cdots$ 为底的指数函数 $y = e^x$ 是科技中常用的指数函数.

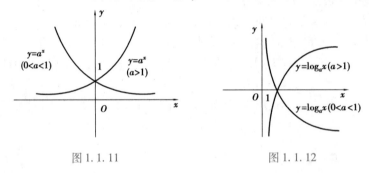

图 1.1.11   图 1.1.12

3）对数函数

指数函数 $y = a^x$ 的反函数，记作

$$y = \log_a x (a \text{ 是常数且 } a > 0, a \neq 1),$$

称为**对数函数**.

对数函数 $y = \log_a x$ 的定义域为 $(0, +\infty)$，图像过点 $(1,0)$. 当 $a > 1$ 时，$y = \log_a x$ 单调增加；当 $0 < a < 1$ 时，$y = \log_a x$ 单调减少，如图 1.1.12 所示.

科学技术中常用以 e 为底的对数函数 $y = \log_e x$，它被称为**自然对数函数**，简记作 $y = \ln x$.

另外以 10 为底的对数函数 $y = \log_{10} x$ 也是常用的对数函数，简记作 $y = \lg x$，称为**常用对数**.

4）三角函数

常用的三角函数有：

正弦函数：$y = \sin x$，

余弦函数：$y = \cos x$，

正切函数：$y = \tan x$，

余切函数：$y = \cot x$，

其中自变量 x 以弧度作单位来表示.

它们的图形如图 1.1.13—图 1.1.16 所示,分别称为**正弦曲线**、**余弦曲线**、**正切曲线**和**余切曲线**.

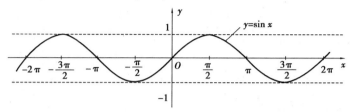

图 1.1.13

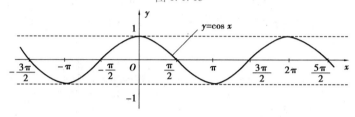

图 1.1.14

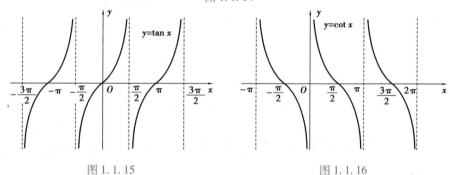

图 1.1.15   图 1.1.16

正弦函数和余弦函数都是以 2π 为周期的周期函数,它们的定义域都为 $(-\infty,+\infty)$,值域都为 $[-1,1]$.正弦函数是奇函数,余弦函数是偶函数.

由于 $\cos x = \sin\left(x+\dfrac{\pi}{2}\right)$,所以,把正弦曲线 $y=\sin x$ 沿 x 轴向左移动 $\dfrac{\pi}{2}$ 个单位,就获得余弦曲线 $y=\cos x$.

正切函数 $y=\tan x=\dfrac{\sin x}{\cos x}$ 的定义域为

$$D(f)=\left\{x\mid x\in\mathbf{R},x\neq(2n+1)\frac{\pi}{2},n\ \text{为整数}\right\}$$

余切函数 $y=\cot x=\dfrac{\cos x}{\sin x}$ 的定义域为

$$D(f)=\{x\mid x\in\mathbf{R},x\neq n\pi,n\ \text{为整数}\}.$$

正切函数和余切函数的值域都是 $(-\infty,+\infty)$,它们都是以 π 为周期的函数,且都是奇函数.

另外,常用的三角函数还有

正割函数:$y=\sec x$;余割函数:$y=\csc x$.

它们都是以 2π 为周期的周期函数,且

$$\sec x = \frac{1}{\cos x} ; \csc x = \frac{1}{\sin x}.$$

5)反三角函数

(1)反正弦函数:$y = \arcsin x, x \in [-1,1], y \in \left[-\frac{\pi}{2}, \frac{\pi}{2}\right].$

它在定义域上是严格单调增加的,且为有界的奇函数,是 $y = \sin x$ 在 $x \in \left[-\frac{\pi}{2}, \frac{\pi}{2}\right]$ 上的反函数,其图形如图 1.1.17 所示.

(2)反余弦函数:$y = \arccos x, x \in [-1,1], y \in [0, \pi].$

它在定义域上是严格单调减少的,且为有界函数,是 $y = \cos x$ 在 $x \in [0, \pi]$ 上的反函数,其图形如图 1.1.18 所示.

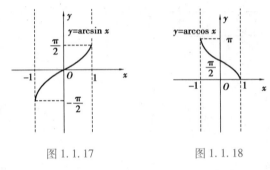

图 1.1.17   图 1.1.18

(3)反正切函数:$y = \arctan x, x \in \mathbf{R}, y \in \left(-\frac{\pi}{2}, \frac{\pi}{2}\right).$

它在定义域上是严格单调增加的,且为有界的奇函数,是 $y = \tan x$ 在 $x \in \left[-\frac{\pi}{2}, \frac{\pi}{2}\right]$ 上的反函数,其图形如图 1.1.19 所示.

(4)反余切函数:$y = \text{arccot } x, x \in \mathbf{R}, y \in (0, \pi).$

它在定义域上是严格单调减少的,且为有界函数,是 $y = \cot x$ 在 $x \in [0, \pi]$ 上的反函数,其图形如图 1.1.20 所示.

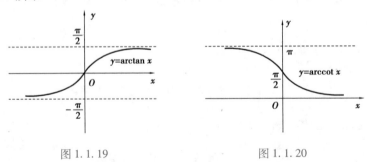

图 1.1.19   图 1.1.20

例17 求下列函数的定义域:

(1)$y = \arcsin(2x - 3)$;   (2)$f(x) = \ln(x^2 - 1) + \arccos \frac{x-1}{3}.$

解 (1)由 $-1 \leqslant 2x - 3 \leqslant 1$ 解得 $1 \leqslant x \leqslant 2$,所以 $y = \arcsin(2x - 3)$ 的定义域是 $[1,2]$;

(2)要使 $f(x)$ 有意义,显然 x 要满足:

$$\begin{cases} x^2 - 1 > 0, \\ -1 \leqslant \dfrac{x-1}{3} \leqslant 1, \end{cases} \text{即} \begin{cases} x < -1 \text{ 或 } x > 1, \\ -2 \leqslant x \leqslant 4, \end{cases}$$

所以 $f(x)$ 的定义域为 $D(f) = [-2, -1] \cup (1, 4]$.

1.1.7　初等函数

由常数和基本初等函数经过有限次的四则运算和复合运算得到，并且能用一个式子表示的函数，称为**初等函数**.

例如，$y = 3x^2 + \sin 4x$，$y = \ln(x + \sqrt{1 + x^2})$，$y = \arctan 2x^3 + \sqrt{\lg(x+1)} + \dfrac{\sin x}{x^2 + 1}$ 等都是初等函数. 而分段函数

$$f(x) = \begin{cases} x + 3, & x \geqslant 0, \\ x^2, & x < 0 \end{cases}$$

不是初等函数，因为它在定义域内不能用一个解析式表示. 但分段函数

$$f(x) = \begin{cases} x, & x \geqslant 0, \\ -x, & x < 0 \end{cases}$$

是初等函数，因为它是绝对值函数 $y = |x| = \sqrt{x^2}$.

注：一般由常数和基本初等函数经过四则运算后所成的函数称为**简单函数**，而一个复合函数可以分解为若干个简单函数，由此也可以找到中间变量.

习题 1.1

1. 下列函数是否相等，为什么？

$(1) f(x) = \sqrt{x^2}, g(x) = |x|$；　　　　$(2) y = \sin^2(3x+1), u = \sin^2(3t+1)$；

$(3) f(x) = \dfrac{x^2 - 1}{x - 1}, g(x) = x + 1$.

2. 求下列函数的定义域：

$(1) y = \sqrt{4 - x} + \arctan \dfrac{1}{x}$；　　　　$(2) y = \sqrt{x + 3} + \dfrac{1}{\lg(1-x)}$；

$(3) y = \dfrac{x}{x^2 - 1}$；　　　　$(4) y = \arccos(2 \sin x)$.

3. 若 $f(x) = x^2 - 3x + 2$，求 $f(1)$，$f(x-1)$.

4. 若 $f(x+1) = x^2 - 5x + 6$，求 $f(x-1)$.

5. 设 $f(x) = \begin{cases} x - 1, & -2 \leqslant x < 0, \\ x + 1, & 0 \leqslant x \leqslant 2 \end{cases}$，求 $f(-1)$，$f(1)$，$f(0)$，$f(x-1)$.

6. 设 $f(x) = 2^x$，$g(x) = x \ln x$，求 $f(g(x))$，$g(f(x))$，$f(f(x))$ 和 $g(g(x))$.

7. 求下列函数的反函数及其定义域：

$(1) y = \dfrac{1-x}{1+x}$；　　　　$(2) y = \ln(x+2) + 1$；

$(3) y = 3^{2x+5}$；　　　　$(4) y = 1 + \cos^3 x, x \in [0, \pi]$.

8. 指出下列函数中哪些是奇函数,哪些是偶函数,哪些是非奇非偶函数?

(1) $y = x^3 \cos x$;

(2) $y = \dfrac{e^x + e^{-x}}{2}$;

(3) $y = \sin x + \cos x$;

(4) $y = \sin x + e^x - e^{-x}$.

9. 指出下列复合函数的复合过程:

(1) $y = 2^{\sin x}$;

(2) $y = \lg(x^2 + 1)$;

(3) $y = \sqrt{\cos(x^2 - 1)}$;

(4) $y = e^{\arctan x^2}$;

(5) $y = \sin^2(1 + 2x)$;

(6) $y = (1 + 10^{-x^5})^{\frac{1}{2}}$;

(7) $y = \dfrac{1}{1 + \arcsin 2x}$;

(8) $y = \ln(1 + \sqrt{1 + x^2})$;

(9) $y = \cos^2 \ln(2 + \sqrt{1 + x^2})$.

1.2 数列的极限

1.2.1 数列极限的定义

定义 1 如果函数 f 的定义域 $D(f) = \mathbf{N}^* = \{1, 2, 3, \cdots\}$,则函数 f 的值域 $f(\mathbf{N}^*) = \{f(x) \mid n \in \mathbf{N}^*\}$ 中的元素按自变量增大的次序依次排列出来,就称为一个**无穷数列**,简称**数列**,即 $f(1), f(2), \cdots, f(n), \cdots$. 通常数列也写成 $x_1, x_2, \cdots, x_n, \cdots$,并简记为 $\{x_n\}$,其中数列中的每个数称为数列的项,而 $x_n = f(n)$ 称为**一般项**.

关于数列,我们关心的主要问题是,当 n 无限增大时(记为 $n \to \infty$,符号"$\to$"读作"趋向于"),x_n 的变化趋势是怎样的?

观察下面数列:

(1) $2, 4, 6, \cdots, 2n, \cdots$;

(2) $1, 0, 1, \cdots, \dfrac{1 + (-1)^{n-1}}{2}, \cdots$;

(3) $\dfrac{1}{2}, \dfrac{1}{4}, \dfrac{1}{8}, \dfrac{1}{16}, \cdots, \dfrac{1}{2^n}, \cdots$;

(4) $2, \dfrac{1}{2}, \dfrac{4}{3}, \dfrac{3}{4}, \cdots, \dfrac{n + (-1)^{n-1}}{n}, \cdots$.

容易看出,数列(1)的项随 n 增大时,其值越来越大,且无限增大;数列(2)的各项值交替地取 0 与 1. 为清楚起见,将数列(3)和(4)的各项用数轴上的对应点 $x_1, x_2, \cdots$ 表示,如图 1.2.1(a)、(b)所示.

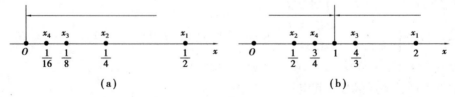

图 1.2.1

从图 1.2.1 可知,当 n 无限增大时,数列 $\left\{\dfrac{1}{2^n}\right\}$ 在数轴上的对应点从原点的右侧无限接近于 0;数列 $\left\{\dfrac{n+(-1)^{n-1}}{n}\right\}$ 在数轴上的对应点从 $x=1$ 的两侧无限接近于 1. 我们称数列 $\left\{\dfrac{1}{2^n}\right\}$ 和 $\left\{\dfrac{n+(-1)^{n-1}}{n}\right\}$ 为有极限的数列,确定的常数称为数列的极限值. 一般地,可以给出下面的定义.

定义 2 对于数列 $\{x_n\}$,如果当 n 无限增大时,一般项 x_n 的值无限接近于一个确定的常数 A,则称 A 为数列 $\{x_n\}$ 当 n 趋向于无穷大时的**极限**,记为

$$\lim_{n\to\infty} x_n = A \text{ 或者 } x_n \to A(n\to\infty).$$

此时,也称数列 $\{x_n\}$ 收敛于 A,而称 $\{x_n\}$ 为**收敛数列**. 如果这样的常数不存在,我们称数列 $\{x_n\}$ 的极限不存在,或称数列 $\{x_n\}$ 是**发散数列**.

按照此定义,在前面四个数列中,我们有 $\lim\limits_{n\to\infty}\dfrac{1}{2^n}=0$, $\lim\limits_{n\to\infty}\dfrac{n+(-1)^{n-1}}{n}=1$,而 $\lim\limits_{n\to\infty}2^n$ 和 $\lim\limits_{n\to\infty}\dfrac{1+(-1)^{n-1}}{2}$ 均不存在.

为方便起见,有时也将 $n\to\infty$ 时, $|x_n|$ 无限增大的情况,习惯说成数列 $\{x_n\}$ 趋向于 ∞,或称其极限为 ∞,并记为 $\lim\limits_{n\to\infty} x_n = \infty$.

1.2.2 收敛数列的性质

定理 1(唯一性) 若数列收敛,则其极限唯一.

定义 3 设有数列 $\{x_n\}$,若存在正数 A,使对一切 $n=1,2,\cdots$,有 $|x_n|\leqslant A$,则称数列 $\{x_n\}$ 是**有界**的,否则称它是**无界**的.

对于数列 $\{x_n\}$,若存在常数 A,使对 $n=1,2,\cdots$,有 $x_n\leqslant A$,则称数列 $\{x_n\}$ 有**上界**;若存在常数 B,使对 $n=1,2,\cdots$,有 $x_n\geqslant B$,则称数列 $\{x_n\}$ 有**下界**.

显然,数列 $\{x_n\}$ 有界的充要条件是 $\{x_n\}$ 既有上界,又有下界.

例 1 数列 $\left\{\dfrac{1}{n^2+1}\right\}$ 有界;数列 $\{n^2\}$ 有下界,而无上界;数列 $\{-n^2\}$ 有上界,而无下界;数列 $\{(-1)^n n\}$ 既无上界,又无下界.

定理 2(有界性) 若数列 $\{x_n\}$ 收敛,则数列 $\{x_n\}$ 有界.

定理 2 的逆命题不成立,例如数列 $\{(-1)^n\}$ 有界,但它不收敛.

推论 若数列 $\{x_n\}$ 无界,则数列 $\{x_n\}$ 发散.

1.2.3 收敛准则

定义 4 若数列 $\{x_n\}$ 的项满足 $x_1\leqslant x_2\leqslant\cdots\leqslant x_n\leqslant x_{n+1}\leqslant\cdots$,则称数列 $\{x_n\}$ 为**单调增加数列**;若满足 $x_1\geqslant x_2\geqslant\cdots\geqslant x_n\geqslant x_{n+1}\geqslant\cdots$,则称数列 $\{x_n\}$ 为**单调减少数列**. 当上述不等式中等号都不成立时,则分别称 $\{x_n\}$ 是**严格单调增加数列**和**严格单调减少数列**.

定理 3(单调有界数列收敛准则) 单调增加有上界的数列必有极限;单调减少有下界的数列必有极限.

该准则的证明涉及较多的基础理论,在此略去证明.

例2 证明数列 $\left\{\left(1+\dfrac{1}{n}\right)^n\right\}$ 收敛.

证 根据收敛准则,只需证明 $\left\{\left(1+\dfrac{1}{n}\right)^n\right\}$ 单调增加,且有上界(或单调减少且有下界).

设 $x_n=\left(1+\dfrac{1}{n}\right)^n$,由二项式定理,有

$$x_n=\left(1+\frac{1}{n}\right)^n=1+C_n^1\frac{1}{n}+C_n^2\frac{1}{n^2}+\cdots+C_n^n\frac{1}{n^n}$$

$$=1+1+\frac{1}{2!}\left(1-\frac{1}{n}\right)+\frac{1}{3!}\left(1-\frac{1}{n}\right)\left(1-\frac{2}{n}\right)+\cdots+\frac{1}{n!}\left(1-\frac{1}{n}\right)\left(1-\frac{2}{n}\right)\cdots\left(1-\frac{n-1}{n}\right),$$

$$x_{n+1}=\left(1+\frac{1}{n+1}\right)^{n+1}=1+C_{n+1}^1\frac{1}{n+1}+C_{n+1}^2\frac{1}{(n+1)^2}+\cdots+C_{n+1}^{n+1}\frac{1}{(n+1)^{n+1}}$$

$$=1+1+\frac{1}{2!}\left(1-\frac{1}{n+1}\right)+\frac{1}{3!}\left(1-\frac{1}{n+1}\right)\left(1-\frac{2}{n+1}\right)+\cdots+$$

$$\frac{1}{n!}\left(1-\frac{1}{n+1}\right)\left(1-\frac{2}{n+1}\right)+\cdots+\left(1-\frac{n-1}{n+1}\right)+$$

$$\frac{1}{(n+1)!}\left(1-\frac{1}{n+1}\right)\left(1-\frac{2}{n+1}\right)+\cdots+\left(1-\frac{n-1}{n+1}\right)$$

逐项比较 x_n 与 x_{n+1} 的每一项,有

$$x_n<x_{n+1},n=1,2,\cdots.$$

这说明数列 $\{x_n\}$ 单调增加. 又

$$x_n<1+1+\frac{1}{2!}+\frac{1}{3!}+\cdots+\frac{1}{n!}$$

$$<1+1+\frac{1}{2}+\frac{1}{2^2}+\cdots+\frac{1}{2^{n-1}}$$

$$=1+\frac{1-\dfrac{1}{2n}}{1-\dfrac{1}{2}}=3-\frac{1}{2n-1}<3,$$

即数列 $\left\{\left(1+\dfrac{1}{n}\right)^n\right\}$ 有界. 由单调有界数列收敛准则可知 $\left\{\left(1+\dfrac{1}{n}\right)^n\right\}$ 收敛.

我们将 $\left\{\left(1+\dfrac{1}{n}\right)^n\right\}$ 的极限记为 e,即

$$\lim_{n\to\infty}\left(1+\frac{1}{n}\right)^n=e.$$

可以证明这里的极限 e 就是自然对数函数的底.

习题 1.2

1.观察下列数列的变化趋势,写出其极限:

$(1) x_n = \dfrac{n}{n+1}$;　　　$(2) x_n = 2 - (-1)^n$;　　　$(3) x_n = 3 + (-1)^n \dfrac{1}{n}$;　　　$(4) x_n = \dfrac{1}{n^2} - 1$.

2. 下列说法是否正确:

(1)收敛数列一定有界;

(2)有界数列一定收敛;

(3)无界数列一定发散;

(4)极限大于 0 的数列的通项也一定大于 0.

1.3　函数的极限

数列 $\{x_n\}$ 是一种特殊的函数:

$$x_n = f(n), n \in \mathbf{N}^*$$

它的极限是自变量离散地无限变大时的趋势. 而对于一般函数,自变量是连续地无限变化过程,关注函数的变化趋势,即函数的极限问题.

根据自变量变化趋势的不同,函数 $f(x)$ 的极限分两类讨论:

(1)自变量 x 趋向无穷大(记为 $x \to \infty$)时,函数 $f(x)$ 的变化趋势;

(2)自变量 x 无限趋向于(不等于)某个 x_0(记为 $x \to x_0$)时,函数 $f(x)$ 的变化趋势.

1.3.1　当 $x \to \infty$ 时函数 $f(x)$ 的极限

当自变量 x 的绝对值无限增大时,函数值无限地接近一个常数的情形与数列极限类似,所不同的只是自变量的变化可以是连续的.

定义 1　当 x 的绝对值无限增大(记为 $x \to \infty$)时,如果函数 $f(x)$ 无限地接近于一个确定的常数 A,则称常数 A 为**函数 $f(x)$ 当 $x \to \infty$ 时的极限**,记作

$$\lim_{x \to \infty} f(x) = A \ \text{或者} \ f(x) \to A (x \to \infty).$$

如果当自变量 x 沿 x 轴正方向(或反方向)无限增大(或无限减小)时,对应的函数无限地趋近于某个确定常数 A,则称常数 A 为**函数 $f(x)$ 当 $x \to +\infty (x \to -\infty)$ 时的极限**,记作

$$\lim_{x \to +\infty} f(x) = A \ \text{或者} \ f(x) \to A (x \to +\infty),$$

$$\lim_{x \to -\infty} f(x) = A \ \text{或者} \ f(x) \to A (x \to -\infty).$$

极限 $\lim\limits_{x \to +\infty} f(x) = A$ 与 $\lim\limits_{x \to -\infty} f(x) = A$ 称为**单侧极限**.

例如:由函数图像(图 1.3.1、图 1.3.2)观察可得

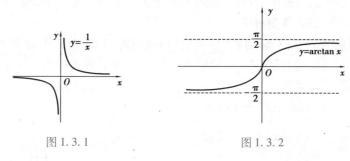

图 1.3.1　　　　　　　　　　　图 1.3.2

$$\lim_{x\to-\infty}\frac{1}{x}=0,\ \lim_{x\to+\infty}\frac{1}{x}=0;\ \lim_{x\to-\infty}\arctan x=-\frac{\pi}{2},\ \lim_{x\to+\infty}\arctan x=\frac{\pi}{2}.$$

由定义 1 可得下面的定理.

定理 1 $\lim\limits_{x\to\infty}f(x)=A$ 的**充要条件**是 $\lim\limits_{x\to+\infty}f(x)=\lim\limits_{x\to-\infty}f(x)=A.$

由定理 1 可知：$\lim\limits_{x\to\infty}\dfrac{1}{x}=0,\lim\limits_{x\to\infty}\arctan x$ 不存在.

1.3.2 当 $x\to x_0$ 时函数 $f(x)$ 的极限

对一般函数而言,除了考察自变量 x 的绝对值无限增大时,函数值的变化趋势问题还可研究 x 无限接近某有限值 x_0 时,函数值 $f(x)$ 的变化趋势问题. 它与 $x\to\infty$ 时函数的极限类似,只是 x 的趋向不同,因此只需对 x 无限接近 x_0 时 $f(x)$ 的变化趋势作出确切的描述即可.

例 1 设函数 $f(x)=\dfrac{2x^2-2}{x-1}$,讨论当 x 趋向于 1 时(记作 $x\to1$),函数 $f(x)$ 的变化趋势.

由图 1.3.3 可看到当 $x\neq1$ 时,函数 $f(x)=\dfrac{2x^2-2}{x-1}=2(x+1)$;当 $x\to1$ 时,$f(x)$ 的值无限接近于常数 4,称常数 4 为函数 $f(x)=\dfrac{2x^2-2}{x-1}$ 当 $x\to1$ 时的极限.

定义 2 设函数 $f(x)$ 在点 x_0 的某一去心邻域内有定义,当 $x\to x_0(x\neq x_0)$ 时,如果函数 $f(x)$ 无限地接近于一个确定的常数 A,则称常数 A 为函数 $f(x)$ 当 $x\to x_0$ 时的极限,记作

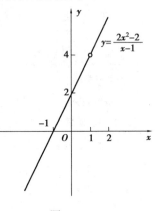

图 1.3.3

$$\lim_{x\to x_0}f(x)=A\ \text{或者}\ f(x)\to A(x\to x_0).$$

观察函数图像,可得以下常见函数的极限：

$$\lim_{x\to x_0}c=c,\lim_{x\to a}x=a,\lim_{x\to\frac{\pi}{2}}\sin x=1,\lim_{x\to1}\ln x=0.$$

注:(1)在点 x_0 的某一去心邻域内,$x\to x_0$ 表示 x 无限接近于 x_0,但不等于 x_0,故函数 $f(x)$ 在 x_0 点处的极限是否存在,与函数 $f(x)$ 在 x_0 点处是否有定义无关,只与函数 $f(x)$ 的变化趋势有关.

(2)基本初等函数在定义域内的每点 x_0 处的极限为其函数值,即 $\lim\limits_{x\to x_0}f(x)=f(x_0).$

在考察函数 $f(x)$ 当 $x\to x_0$ 的极限时,应注意 x 趋于点 x_0 的方式是任意的,动点 x 在 x 轴上既可以从 x_0 的左侧趋于 x_0,也可以从 x_0 的右侧趋于 x_0,甚至可以跳跃式地时左时右从左右两侧趋于 x_0. 但在有些实际问题中,有时只能或只需考虑 x 从点 x_0 的一侧($x>x_0$ 或 $x<x_0$)趋于 x_0 时函数的极限,即所谓的**单侧极限**.

定义 3 设函数 $f(x)$ 在点 x_0 的某个右(左)邻域内有定义,当 x 从 x_0 的右(左)侧趋向于 x_0 时,如果函数 $f(x)$ 无限地接近于一个确定的常数 A,则称常数 A 为当 $x\to x_0^+$($x\to x_0^-$)时函数 $f(x)$ 的右(左)极限,或称常数 A 为函数 $f(x)$ 在点 x_0 处的右(左)极限.

右极限记作 $\lim\limits_{x\to x_0^+}f(x)=f(x_0^+)=A$ 或者 $f(x)\to A(x\to x_0^+)$;

左极限记作 $\lim\limits_{x\to x_0^-}f(x)=f(x_0^-)=A$ 或者 $f(x)\to A(x\to x_0^-)$.

左极限与右极限统称为**单侧极限**.

由定义 2 和定义 3 可得下面的结论.

定理 2　$\lim\limits_{x \to x_0} f(x) = A$ 的充要条件是 $\lim\limits_{x \to x_0^+} f(x) = \lim\limits_{x \to x_0^-} f(x) = A$.

由此可以看出,如果 $f(x_0^+)$, $f(x_0^-)$ 中至少有一个不存在,或者它们虽然都存在,但不相等时就可以断言函数在 x_0 处的极限不存在. 这一方法常常用来讨论分段函数在**分界点**处极限是否存在的问题.

例 2　设 $f(x) = \begin{cases} \cos x, & x < 0, \\ 1 - x, & x \geq 0, \end{cases}$ 试讨论 $\lim\limits_{x \to 0} f(x)$ 是否存在.

解　$x = 0$ 是此分段函数的分段点,而由左极限和右极限的定义不难证明

$$\lim\limits_{x \to 0^-} f(x) = \lim\limits_{x \to 0^-} \cos x = \cos 0 = 1,$$
$$\lim\limits_{x \to 0^+} f(x) = \lim\limits_{x \to 0^+} (1 - x) = 1.$$

故由定理 2 可得 $\lim\limits_{x \to 0} f(x) = 1$.

例 3　设 $f(x) = \begin{cases} x, & x \leq 0, \\ 1, & x > 0, \end{cases}$ 试讨论 $\lim\limits_{x \to 0} f(x)$ 是否存在.

解　因为

$$\lim\limits_{x \to 0^-} f(x) = \lim\limits_{x \to 0^-} x = 0,$$
$$\lim\limits_{x \to 0^+} f(x) = \lim\limits_{x \to 0^+} 1 = 1,$$

所以, $\lim\limits_{x \to 0^-} f(x) \neq \lim\limits_{x \to 0^+} f(x)$,故 $\lim\limits_{x \to 0} f(x)$ 不存在.

例 4　设 $f(x) = \begin{cases} e^x + 1 & x > 0 \\ x + b & x \leq 0 \end{cases}$,问 b 取何值时,可使极限 $\lim\limits_{x \to 0} f(x)$ 存在?

解　利用左极限和右极限的定义容易证明

$$\lim\limits_{x \to 0^+} f(x) = \lim\limits_{x \to 0^+} (e^x + 1) = 2,$$
$$\lim\limits_{x \to 0^-} f(x) = \lim\limits_{x \to 0^-} (x + b) = b,$$

由定理 2 可知,要 $\lim\limits_{x \to 0} f(x)$ 存在,必须 $\lim\limits_{x \to 0^+} f(x) = \lim\limits_{x \to 0^-} f(x)$,因此 $b = 2$.

1.3.3　函数极限的性质

与数列极限性质类似,函数极限也具有下述性质,且其证明过程与数列极限相应定理的证明过程相似,有兴趣的读者可自行完成各定理的证明. 此外,下面未标明自变量变化过程的极限符号"lim"表示定理对前面所讨论过的任何一种极限过程均成立.

定理 3　若 $\lim f(x)$ 存在,则必唯一.

定理 4（函数的局部有界性）　如果 $\lim\limits_{x \to x_0} f(x) = A$,则存在常数 $M > 0$,使得当 x 在相应的范围内,有 $|f(x)| \leq M$.

必须注意,该定理的逆命题是不成立的. 例如 $\sin x$ 为有界函数,但从函数 $y = \sin x$ 的图像容易看出 $\lim\limits_{x \to \infty} \sin x$ 不存在.

定理 5（局部保号性）　若 $\lim f(x) = A$,且 $A > 0$(或 $A < 0$),则对相应范围内的所有 x,有
$$f(x) > 0 [\text{或} f(x) < 0].$$

推论 若在某极限过程中有 $f(x) \geqslant 0$[或 $f(x) \leqslant 0$],且 $\lim f(x) = A$,则 $A \geqslant 0 (A \leqslant 0)$.

习题 1.3

1. 选择题.

(1) 设 $f(x) = \begin{cases} 1, & x \neq 1, \\ 0, & x = 1, \end{cases}$ 则 $\lim\limits_{x \to 0} f(x) = ($).

    A. 不存在   B. ∞ C. 0   D. 1

(2) 设 $f(x) = |x|$,则 $\lim\limits_{x \to 1} f(x) = ($).

    A. -1 B. 1   C. 0   D. 不存在

(3) $f(x_0 + 0)$ 与 $f(x_0 - 0)$ 都存在是函数 $f(x)$ 在点 $x = x_0$ 处有极限的一个(   ).

    A. 必要条件   B. 充分条件   C. 充要条件   D. 无关条件

(4) 函数 $f(x)$ 在点 $x = x_0$ 处有定义,是当 $x \to x_0$ 时 $f(x)$ 有极限的(   ).

    A. 必要条件   B. 充分条件   C. 充分必要条件   D. 无关条件

(5) 设 $f(x) = \dfrac{|x-1|}{x-1}$,则 $\lim\limits_{x \to 1} f(x) = ($).

    A. 0   B. -1 C. 1   D. 不存在

2. 利用函数图像,观察变化趋势,写出下列极限:

(1) $\lim\limits_{x \to \infty} \dfrac{1}{x^2}$;   (2) $\lim\limits_{x \to -\infty} e^x$;   (3) $\lim\limits_{x \to 9} \sqrt{x}$;   (4) $\lim\limits_{x \to +\infty} \arctan x$;

(5) $\lim\limits_{x \to \infty} 2$;   (6) $\lim\limits_{x \to -2} (x^2 + 1)$;   (7) $\lim\limits_{x \to 1} (\ln x + 1)$;   (8) $\lim\limits_{x \to \pi} (\cos x - 1)$.

3. 讨论下列函数在 $x = 0$ 点处的极限是否存在:

(1) $f(x) = \begin{cases} x^2 + 1, & x < 0, \\ x, & x \geqslant 0, \end{cases} \quad x = 0$;

(2) $f(x) = \dfrac{|x|}{x}, x = 0$;

(3) $f(x) = \begin{cases} \ln(x+1), & x < 0, \\ x, & x \geqslant 0, \end{cases} \quad x = 0$.

1.4 极限的运算法则

前面我们说过,用极限的定义来求极限是很不方便的. 因此,需要寻求其他求极限的方法. 本节将讨论有关极限的运算法则.

1.4.1 极限的四则运算法则

定理 1 若 $\lim f(x) = A$,$\lim g(x) = B$,则

(1) $\lim[f(x) \pm g(x)] = A \pm B = \lim f(x) \pm \lim g(x)$;

(2) $\lim[f(x) \cdot g(x)] = A \cdot B = \lim f(x) \cdot \lim g(x)$;

(3) $\lim \dfrac{f(x)}{g(x)} = \dfrac{A}{B} = \dfrac{\lim f(x)}{\lim g(x)} \quad (B \neq 0)$.

(1),(2)可以推广到有限多个函数的情况,且由此定理很容易得出以下推论:

推论 1　若 $\lim f(x)$ 存在,C 为常数,则
$$\lim Cf(x) = C \lim f(x).$$

这就是说,求极限时,常数因子可提到极限符号外面,因为 $\lim C = C$.

推论 2　若 $\lim f(x)$ 存在,$n \in \mathbf{N}^*$,则
$$\lim [f(x)]^n = [\lim f(x)]^n.$$

例 1　求 $\lim\limits_{x \to 1}(2x^3 - x^2 + 3)$.

解
$$\lim_{x \to 1}(2x^3 - x^2 + 3) = \lim_{x \to 1}2x^3 - \lim_{x \to 1}x^2 + \lim_{x \to 1}3$$
$$= 2(\lim_{x \to 1}x)^3 - (\lim_{x \to 1}x)^2 + 3 = 2 \times 1^3 - 1^2 + 3 = 4.$$

一般地,设多项式为
$$P(x) = a_0 x^n + a_1 x^{n-1} + \cdots + a_{n-1}x + a_n,$$

则有
$$\lim_{x \to x_0}P(x) = a_0 x_0^n + a_1 x_0^{n-1} + \cdots + a_{n-1}x_0 + a_n.$$

即
$$\lim_{x \to x_0}P(x) = P(x_0).$$

例 2　求 $\lim\limits_{x \to 1}\dfrac{3x+1}{x-3}$.

解　因为分母的极限不等于 0,所以由极限运算法则有
$$\lim_{x \to 1}\frac{3x+1}{x-3} = \frac{\lim\limits_{x \to 1}(3x+1)}{\lim\limits_{x \to 1}(x-3)} = \frac{4}{-2} = -2.$$

一般地,设 $P(x), Q(x)$ 为多项式,称 $\dfrac{P(x)}{Q(x)}$ 为有理(分式)函数,当 $\lim\limits_{x \to x_0}P(x) = P(x_0) \neq 0$,$\lim\limits_{x \to x_0}Q(x) = Q(x_0)$,若 $Q(x_0) \neq 0$,则

$$\lim_{x \to x_0}\frac{P(x)}{Q(x)} = \frac{\lim\limits_{x \to x_0}P(x)}{\lim\limits_{x \to x_0}Q(x)} = \frac{P(x_0)}{Q(x_0)}.$$

若 $Q(x_0) = 0$,关于商的极限运算法则不能应用,需另行考虑.

例 3　求 $\lim\limits_{x \to 1}\dfrac{x-1}{x^2-1}$.

解　当 $x \to 1$ 时,由于分子分母的极限均为零,这种情形称为"$\dfrac{0}{0}$"型,对此情形不能直接运用极限运算法则,通常应设法去掉分母中的"零因子".
$$\frac{x-1}{x^2-1} = \frac{x-1}{(x-1)(x+1)} = \frac{1}{x+1} (x \neq 1),$$

所以
$$\lim_{x \to 1}\frac{x-1}{x^2-1} = \lim_{x \to 1}\frac{1}{x+1} = \frac{1}{2}.$$

例 4　求 $\lim\limits_{x \to 2}\dfrac{\sqrt{x+7}-3}{x-2}$.

解　此极限仍属于"$\dfrac{0}{0}$"型,可采用二次根式有理化的办法去掉分母中的"零因子",那么

$$\lim_{x \to 2} \frac{\sqrt{x+7}-3}{x-2} = \lim_{x \to 2} \frac{(\sqrt{x+7}-3)(\sqrt{x+7}+3)}{(x-2)(\sqrt{x+7}+3)}$$

$$= \lim_{x \to 2} \frac{x-2}{(x-2)(\sqrt{x+7}+3)}$$

$$= \lim_{x \to 2} \frac{1}{\sqrt{x+7}+3}$$

$$= \frac{1}{6}$$

例 5 求 $\lim_{x \to -1} \left(\frac{1}{x+1} - \frac{3}{x^3+1} \right)$.

解 当 $x \to -1$ 时,上式的两项均为无穷大量,所以不能用差的极限运算法则,但是可以先通分,再求极限

$$\lim_{x \to -1} \left(\frac{1}{x+1} - \frac{3}{x^3+1} \right) = \lim_{x \to -1} \frac{x^2-x+1-3}{1+x^3}$$

$$= \lim_{x \to -1} \frac{(x+1)(x-2)}{(x+1)(x^2-x+1)}$$

$$= \lim_{x \to -1} \frac{x-2}{x^2-x+1}$$

$$= -1.$$

例 6 求 $\lim_{x \to \infty} \frac{3x^2+x+2}{2x^2-x+3}$.

解 当 $x \to \infty$ 时,分子、分母均为无穷大量,这种情形称为"$\frac{\infty}{\infty}$"型. 对于它,我们也不能直接运用极限运算法则,通常应设法将其变形,那么

$$\lim_{x \to \infty} \frac{3x^2+x+2}{2x^2-x+3} = \lim_{x \to \infty} \frac{3+\dfrac{1}{x}+\dfrac{2}{x^2}}{2-\dfrac{1}{x}+\dfrac{3}{x^2}} = \frac{\lim\limits_{x \to \infty} \left(3+\dfrac{1}{x}+\dfrac{2}{x^2} \right)}{\lim\limits_{x \to \infty} \left(2-\dfrac{1}{x}+\dfrac{3}{x^2} \right)} = \frac{3}{2}.$$

例 7 求 $\lim_{x \to \infty} \frac{x+4}{x^2-9}$.

解 此极限仍为"$\frac{\infty}{\infty}$"型,可把分子分母同除以分母中自变量的最高次幂,即得

$$\lim_{x \to \infty} \frac{x+4}{x^2-9} = \lim_{x \to \infty} \frac{\dfrac{1}{x}+\dfrac{4}{x^2}}{1-\dfrac{9}{x^2}} = 0.$$

例 8 求 $\lim_{x \to \infty} \frac{x^3+4x-8}{6x^2+x-9}$.

解 此极限仍为"$\frac{\infty}{\infty}$"型,可把分子分母同除以分子中自变量的最高次幂,即得

$$\lim_{x\to\infty}\frac{x^3+4x-8}{6x^2+x-9}=\lim_{x\to\infty}\frac{1+\dfrac{4}{x^2}-\dfrac{8}{x^3}}{\dfrac{6}{x}+\dfrac{1}{x^2}-\dfrac{9}{x^3}}=\frac{\lim\limits_{x\to\infty}\left(1+\dfrac{4}{x^2}-\dfrac{8}{x^3}\right)}{\lim\limits_{x\to\infty}\left(\dfrac{6}{x}+\dfrac{1}{x^2}-\dfrac{9}{x^3}\right)}=\infty.$$

一般地，设 $a_0\neq0,b_0\neq0,m,n$ 为正整数，则

$$\lim_{x\to x_0}\frac{a_0x^n+a_1x^{n-1}+\cdots+a_{n-1}x+a_n}{b_0x^m+b_1x^{m-1}+\cdots+b_{m-1}x+b_m}=\begin{cases}0,n<m,\\[2mm]\dfrac{a_0}{b_0},n=m,\\[2mm]\infty,n>m.\end{cases}$$

该结论可推广到根式情形.

例 9　求 $\lim\limits_{x\to\infty}\dfrac{\sqrt{16x^8+7}(3+2x)^5}{(2x-4)^9}$.

解　$\lim\limits_{x\to\infty}\dfrac{\sqrt{16x^8+7}(3+2x)^5}{(2x-4)^9}=\dfrac{1}{4}$.

例 10　求 $\lim\limits_{n\to\infty}\left(\dfrac{1}{n^2}+\dfrac{2}{n^2}+\cdots+\dfrac{n}{n^2}\right)$.

解　因为有无穷多项，所以不能用和的极限运算法则，但可以经过变形再求出极限

$$\begin{aligned}\lim_{n\to\infty}\left(\frac{1}{n^2}+\frac{2}{n^2}+\cdots+\frac{n}{n^2}\right)&=\lim_{n\to\infty}\frac{1+2+\cdots+n}{n^2}\\&=\lim_{n\to\infty}\frac{\dfrac{1}{2}n(n+1)}{n^2}\\&=\frac{1}{2}\lim_{n\to\infty}\left(1+\frac{1}{n}\right)\\&=\frac{1}{2}.\end{aligned}$$

例 11　求 $\lim\limits_{x\to+\infty}\left(\sqrt{x^2+x}-\sqrt{x^2+1}\right)$.

解　由极限定义容易证明 $=\lim\limits_{x\to+\infty}\sqrt{1+\dfrac{1}{x}}=1$ 和 $=\lim\limits_{x\to+\infty}\sqrt{1+\dfrac{1}{x^2}}=1$，从而

$$\begin{aligned}\lim_{x\to+\infty}\left(\sqrt{x^2+x}-\sqrt{x^2+1}\right)&=\lim_{x\to+\infty}\frac{x-1}{\sqrt{x^2+x}+\sqrt{x^2+1}}\\&=\lim_{x\to+\infty}\frac{(x-1)\cdot\dfrac{1}{x}}{\left(\sqrt{x^2+x}+\sqrt{x^2+1}\right)\cdot\dfrac{1}{x}}\\&=\lim_{x\to+\infty}\frac{1-\dfrac{1}{x}}{\left(\sqrt{1+\dfrac{1}{x}}+\sqrt{1+\dfrac{1}{x^2}}\right)}\\&=\frac{1}{2}.\end{aligned}$$

1.4.2 复合函数的极限

下面讨论复合函数的极限运算法则. 先看一个例子:求当 $x \to 2$ 时, e^{x^2-3} 的极限. 由于 e^{x^2-3} 是 $f(u) = e^u$ 和 $u = x^2 - 3$ 复合而成的. 当 $x \to 2$ 时, $u = x^2 - 3$ 趋向于 1;而当 $u \to 1$ 时, $f(u) = e^u$ 趋向于 e,因此有 $\lim\limits_{x \to 2} e^{x^2-3} = e = \lim\limits_{u \to 1} e^u$.

定理 2 设函数 $y = f[\varphi(x)]$ 是由 $y = f(u)$, $u = \varphi(x)$ 复合而成的,如果 $\lim\limits_{x \to x_0} \varphi(x) = u_0$,且在 x_0 的某个去心邻域内, $\varphi(x) \neq u_0$,又 $\lim\limits_{u \to u_0} f(u) = A$,则

$$\lim_{x \to x_0} f(\varphi(x)) = A = \lim_{u \to u_0} f(u).$$

定理 2 表示,如果函数 $f(u)$ 和 $\varphi(x)$ 满足该定理的条件,则可作变量替换 $u = \varphi(x)$,把所求极限 $\lim\limits_{x \to x_0} f[\varphi(x)]$ 化为求 $\lim\limits_{u \to u_0} f(u)$,这里 $u_0 = \lim\limits_{x \to x_0} \varphi(x)$. 因此这个法则也称为求极限时的**变量替换法则**.

在定理 2 中,把 $\lim\limits_{x \to x_0} \varphi(x) = u_0$ 换成 $\lim\limits_{x \to x_0} \varphi(x) = \infty$ 或 $\lim\limits_{x \to \infty} \varphi(x) = \infty$,而把 $\lim\limits_{u \to u_0} f(u) = A$ 换成 $\lim\limits_{u \to \infty} f(u) = A$,可得类似的定理.

例 12 求下列极限:

$(1) \lim\limits_{x \to 0} e^{\sin x}$; $\qquad (2) \lim\limits_{x \to 1} \sin(\ln x)$; $\qquad (3) \lim\limits_{x \to +\infty} \ln(\arctan x)$.

解 (1) 令 $u = \sin x$,因为 $\lim\limits_{x \to 0} \sin x = 0$,故

$$\lim_{x \to 0} e^{\sin x} = \lim_{u \to 0} e^u = e^0 = 1.$$

(2) 令 $u = \ln x$,因为 $\lim\limits_{x \to 1} \ln x = 0$,故

$$\lim_{x \to 1} \sin(\ln x) = \lim_{u \to 0} \sin u = 0.$$

(3) 令 $u = \arctan x$,因为 $\lim\limits_{x \to +\infty} \arctan x = \dfrac{\pi}{2}$,故

$$\lim_{x \to +\infty} \ln(\arctan x) = \lim_{u \to \frac{\pi}{2}} \ln u = \ln \frac{\pi}{2}.$$

习题 1.4

1. 若对某极限过程, $\lim f(x)$ 与 $\lim g(x)$ 均不存在,问 $\lim[f(x) \pm g(x)]$ 是否一定不存在?举例说明.

2. 若对某极限过程, $\lim f(x)$ 存在, $\lim g(x)$ 不存在,问 $\lim[f(x) \pm g(x)]$, $\lim[f(x) \cdot g(x)]$ 是否存在? 为什么?

3. 求下列极限:

$(1) \lim\limits_{x \to 3} \dfrac{x^2 - 3}{x^2 + 1}$; $\qquad\qquad (2) \lim\limits_{x \to \infty} \dfrac{x^2 - 1}{2x^2 - x - 1}$;

$(3) \lim\limits_{x \to \infty} \dfrac{x^3 - x}{x^4 - 3x^2 + 1}$; $\qquad (4) \lim\limits_{x \to \infty} \dfrac{x^2 + 1}{2x + 1}$;

$(5) \lim\limits_{x \to 1} \left(\dfrac{1}{1-x} - \dfrac{3}{1-x^3} \right)$; $\qquad (6) \lim\limits_{x \to 1} \dfrac{x^2 - 1}{x^3 - 1}$;

$(7) \lim\limits_{x \to 1} \dfrac{\sqrt{3-x} - \sqrt{1+x}}{x^2 - 1}$; $\qquad\qquad$ $(8) \lim\limits_{x \to \infty} \dfrac{(x+1)^3 - (x-2)^3}{x^2 + 2x - 3}$.

4. 已知 $f(x) = \begin{cases} x - 1, & x < 0, \\ \dfrac{x^2 + 3x - 1}{x^3 + 1}, & x \geq 0 \end{cases}$, 求 $\lim\limits_{x \to 0} f(x)$, $\lim\limits_{x \to +\infty} f(x)$, $\lim\limits_{x \to -\infty} f(x)$.

5. 如果 $\lim\limits_{x \to \infty} \left(\dfrac{x^2 + 1}{x + 1} - ax - b \right) = 0$, 求 a, b 的值.

1.5　极限存在准则与两个重要极限

有些函数的极限不能(或者难以)直接应用极限运算法则求得, 往往需要先判定极限存在, 然后再用其他方法求得. 这种判定极限存在的法则通常称为**极限存在准则**. 在第二节中我们介绍了数列极限的收敛准则. 下面介绍几个常用的判定函数极限存在的定理.

1.5.1　夹逼定理

夹逼定理分数列情形和函数情形, 分别叙述如下.

定理 1(关于数列收敛的夹逼定理)　设数列 $\{x_n\}$, $\{y_n\}$ 及 $\{z_n\}$ 满足:

$(1) z_n \leq x_n \leq y_n (n = 1, 2, \cdots)$;

$(2) \lim\limits_{n \to \infty} y_n = \lim\limits_{n \to \infty} z_n = a$.

则有 $\lim\limits_{n \to \infty} x_n = a$.

定理 2(关于函数收敛的夹逼定理)　设函数 $f(x)$, $F_1(x)$ 和 $F_2(x)$ 在点 x_0 的某去心邻域内有定义, 并且满足

$(1) F_1(x) \leq f(x) \leq F_2(x)$;

$(2) \lim\limits_{x \to x_0} F_1(x) = \lim\limits_{x \to x_0} F_2(x) = a$.

则有 $\lim\limits_{x \to x_0} f(x) = a$.

定理 2 虽然只对 $x \to x_0$ 的情形作了叙述和证明, 但是将 $x \to x_0$ 换成其他的极限过程, 定理仍成立.

1.5.2　两个重要极限

利用本节的夹逼定理, 可得两个非常重要的极限.

1) 第一个重要极限: $\lim\limits_{x \to 0} \dfrac{\sin x}{x} = 1$

我们首先证明 $\lim\limits_{x \to 0^+} \dfrac{\sin x}{x} = 1$. 因为 $x \to 0^+$, 可设 $x \in \left(0, \dfrac{\pi}{2}\right)$. 如图 1.5.1 所示, 其中 $\overset{\frown}{EAB}$ 为单位圆弧, 且 $OA = OB = 1$, $\angle AOB = x$, 则 $OC = \cos x$, $AC = \sin x$, $DB = \tan x$, 又 $\triangle AOC$ 的面积 $< $ 扇形 OAB 的面积 $< \triangle DOB$ 的面积, 即 $\cos x \sin x < x < \tan x$.

因为 $x \in \left(0, \dfrac{\pi}{2}\right)$, 则 $\cos x > 0$, $\sin x > 0$, 故上式可写为

$$\cos x < \frac{\sin x}{x} < \frac{1}{\cos x}.$$

由 $\lim\limits_{x \to 0} \cos x = 1, \lim\limits_{x \to 0} \frac{1}{\cos x} = 1$, 运用夹逼定理得

$$\lim_{x \to 0^+} \frac{\sin x}{x} = 1.$$

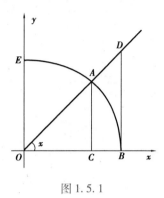

图 1.5.1

注意到 $\frac{\sin x}{x}$ 是偶函数, 从而有

$$\lim_{x \to 0^-} \frac{\sin x}{x} = \lim_{x \to 0^-} \frac{\sin(-x)}{-x} = \lim_{t \to 0^+} \frac{\sin t}{t} = 1.$$

综上所述, 得

$$\lim_{x \to 0} \frac{\sin x}{x} = 1. \qquad (1.5.1)$$

以上极限可推广为:在自变量的某一变化过程中,若 $\lim u(x) = 0$,则

$$\lim \frac{\sin u(x)}{u(x)} = 1.$$

例 1 证明 $\lim\limits_{x \to 0} \frac{\tan x}{x} = 1.$

证 $\lim\limits_{x \to 0} \frac{\tan x}{x} = \lim\limits_{x \to 0} \frac{\sin x}{x} \cdot \frac{1}{\cos x} = \lim\limits_{x \to 0} \frac{\sin x}{x} \cdot \lim\limits_{x \to 0} \frac{1}{\cos x} = 1.$

例 2 求 $\lim\limits_{x \to 0} \frac{\sin 3x}{x}.$

解 设 $3x = t$. 则当 $x \to 0$ 时, 有 $t \to 0$, 于是

$$\lim_{x \to 0} \frac{\sin 3x}{x} = \lim_{t \to 0} 3 \cdot \frac{\sin 3x}{3x} = 3 \lim_{t \to 0} \frac{\sin t}{t} = 3 \cdot 1 = 3.$$

例 3 求 $\lim\limits_{x \to 0} \frac{1 - \cos x}{x^2}.$

解 $\lim\limits_{x \to 0} \frac{1 - \cos x}{x^2} = \lim\limits_{x \to 0} \frac{2\left(\sin \frac{x}{2}\right)^2}{x^2} = \frac{1}{2} \lim\limits_{x \to 0} \left(\frac{\sin \frac{x}{2}}{\frac{x}{2}}\right)^2 = \frac{1}{2}.$

例 4 求 $\lim\limits_{x \to 0} \frac{\tan x - \sin x}{x^3}.$

解 $\lim\limits_{x \to 0} \frac{\tan x - \sin x}{x^3} = \lim\limits_{x \to 0} \frac{\sin x(1 - \cos x)}{x^3 \cos x} = \lim\limits_{x \to 0} \frac{\sin x}{x} \cdot \frac{1 - \cos x}{x^2} \cdot \frac{1}{\cos x} = \frac{1}{2}.$

例 5 求 $\lim\limits_{x \to 0} \frac{\arcsin x}{x}.$

解 设 $u = \arcsin x$. 则当 $x \to 0$ 时, 有 $u \to 0$, 于是

$$\lim_{x \to 0} \frac{\arcsin x}{x} = \lim_{u \to 0} \frac{u}{\sin u} = 1.$$

例 6 求 $\lim\limits_{x \to \infty} x \sin \frac{1}{x}.$

解 令 $u = \dfrac{1}{x}$，则当 $x \to \infty$ 时，$u \to 0$，故

$$\lim_{x \to \infty} x \sin \frac{1}{x} = \lim_{u \to 0} \frac{\sin u}{u} = 1.$$

2）第二个重要极限：$\lim\limits_{x \to \infty} \left(1 + \dfrac{1}{x}\right)^x = \mathrm{e}$

在本章第 2 节例 2 中，我们已证明了数列极限 $\lim\limits_{n \to \infty} \left(1 + \dfrac{1}{n}\right)^n = \mathrm{e}$.

当 x 连续变化且趋于无穷大时，函数的极限 $\lim\limits_{x \to \infty} \left(1 + \dfrac{1}{x}\right)^x$ 存在且等于 e，即

$$\lim_{x \to \infty} \left(1 + \frac{1}{x}\right)^x = \mathrm{e}. \tag{1.5.2}$$

令 $t = \dfrac{1}{x}$，则当 $x \to \infty$ 时，$t \to 0$，上式可变为

$$\lim_{t \to 0} (1 + t)^{\frac{1}{t}} = \mathrm{e}. \tag{1.5.3}$$

以上极限可推广为：

（1）在某极限过程中，若 $\lim u(x) = \infty$，则 $\lim\left[1 + \dfrac{1}{u(x)}\right]^{u(x)} = \mathrm{e}$；

（2）在某极限过程中，若 $\lim u(x) = 0$，则 $\lim\left[1 + u(x)\right]^{\frac{1}{u(x)}} = \mathrm{e}$.

例 7 求 $\lim\limits_{x \to \infty} \left(1 + \dfrac{1}{x}\right)^{2x}$.

解 $\lim\limits_{x \to \infty} \left(1 + \dfrac{1}{x}\right)^{2x} = \lim\limits_{x \to \infty} \left[\left(1 + \dfrac{1}{x}\right)^x\right]^2 = \left[\lim\limits_{x \to \infty} \left(1 + \dfrac{1}{x}\right)^x\right]^2 = \mathrm{e}^2.$

例 8 求 $\lim\limits_{x \to \infty} \left(1 + \dfrac{1}{x}\right)^{3x+2}$.

解 $\lim\limits_{x \to \infty} \left(1 + \dfrac{1}{x}\right)^{3x+2} = \lim\limits_{x \to \infty} \left(1 + \dfrac{1}{x}\right)^{3x} \cdot \left(1 + \dfrac{1}{x}\right)^2 = \left[\lim\limits_{x \to \infty} \left(1 + \dfrac{1}{x}\right)^x\right]^3 \cdot \lim\limits_{x \to \infty} \left(1 + \dfrac{1}{x}\right)^2 = \mathrm{e}^3.$

例 9 求 $\lim\limits_{x \to \infty} \left(1 + \dfrac{k}{x}\right)^x (k \neq 0)$.

解 $\lim\limits_{x \to \infty} \left(1 + \dfrac{k}{x}\right)^x = \lim\limits_{x \to \infty} \left(1 + \dfrac{k}{x}\right)^{\frac{x}{k} \cdot k} = \lim\limits_{x \to \infty} \left[\left(1 + \dfrac{k}{x}\right)^{\frac{x}{k}}\right]^k = \mathrm{e}^k.$

例 10 求 $\lim\limits_{x \to 0} \dfrac{\ln(1 + x)}{x}$.

解 由于 $\dfrac{\ln(1 + x)}{x} = \ln(1 + x)^{\frac{1}{x}}$，故

$$\lim_{x \to 0} \frac{\ln(1 + x)}{x} = \lim_{x \to 0} \ln(1 + x)^{\frac{1}{x}} = \ln\left[\lim_{x \to 0} (1 + x)^{\frac{1}{x}}\right] = \ln \mathrm{e} = 1.$$

例 11 求 $\lim\limits_{x \to 0} \dfrac{\mathrm{e}^x - 1}{x}$.

解 令 $u = \mathrm{e}^x - 1$，则 $x = \ln(1 + u)$，当 $x \to 0$ 时，$u \to 0$，故

$$\lim_{x\to 0}\frac{\mathrm{e}^x-1}{x}=\lim_{u\to 0}\frac{u}{\ln(1+u)}=\lim_{u\to 0}\frac{1}{\frac{\ln(1+u)}{u}}=1.$$

例 12　求 $\lim\limits_{x\to a}\dfrac{\ln x-\ln a}{x-a}(a>0).$

解　令 $u=x-a$,则 $x=u+a$,当 $x\to a$ 时,$u\to 0$,故

$$\lim_{x\to a}\frac{\ln x-\ln a}{x-a}=\lim_{u\to 0}\frac{\ln(u+a)-\ln a}{u}=\lim_{u\to 0}\frac{1}{a}\ln\left(1+\frac{u}{a}\right)^{\frac{a}{u}}=\frac{1}{a}.$$

由例 11、例 12 的结论,我们很容易得到下面两个公式:

$$\lim_{x\to 0}\frac{a^x-1}{x}=\ln a;\qquad\qquad(1.5.4)$$

$$\lim_{x\to a}\frac{\ln x-\ln a}{x-a}=\frac{1}{a},\qquad\qquad(1.5.5)$$

其中 $a>0$ 且为常数.

在利用第二个重要极限来计算函数极限时,常遇到形如 $[f(x)]^{g(x)}$ 的函数(通常称为**幂指函数**)的极限. 如果 $\lim\limits_{x\to\infty}f(x)=A>0$,$\lim\limits_{x\to\infty}g(x)=B$,那么可以证明

$$\lim[f(x)]^{g(x)}=A^B.$$

事实上,因为 $[f(x)]^{g(x)}=\mathrm{e}^{g(x)\ln f(x)}$,根据复合函数求极限的法则和初等函数求极限的重要结论,可得

$$\lim[f(x)]^{g(x)}=\lim\mathrm{e}^{g(x)\ln f(x)}=\mathrm{e}^{\lim[g(x)\ln f(x)]},$$

并且

$$\lim[g(x)\cdot\ln f(x)]=\lim g(x)\cdot\lim[\ln f(x)]=\lim g(x)\cdot\ln[\lim f(x)]=B\cdot\ln A,$$

于是

$$\lim[f(x)]^{g(x)}=\mathrm{e}^{\lim[g(x)\ln f(x)]}=\mathrm{e}^{B\ln A}=A^B.$$

例 13　求 $\lim\limits_{x\to\infty}\left(\dfrac{x+1}{x+2}\right)^x.$

解　$\lim\limits_{x\to\infty}\left(\dfrac{x+1}{x+2}\right)^x=\lim\limits_{x\to\infty}\dfrac{\left(1+\frac{1}{x}\right)^x}{\left[\left(1+\frac{2}{x}\right)^{\frac{x}{2}}\right]^2}=\lim\limits_{x\to\infty}\dfrac{\left(1+\frac{1}{x}\right)^x}{\left[\left(1+\frac{2}{x}\right)^{\frac{x}{2}}\right]^2}=\dfrac{\mathrm{e}}{\mathrm{e}^2}=\mathrm{e}^{-1}.$

例 14　求 $\lim\limits_{x\to 0}(x+1)^{\frac{2}{\sin x}}.$

解　$\lim\limits_{x\to 0}(x+1)^{\frac{2}{\sin x}}=\lim\limits_{x\to 0}(x+1)^{\frac{1}{x}\cdot\frac{2x}{\sin x}}=\lim\limits_{x\to 0}[(x+1)^{\frac{1}{x}}]^{\frac{2x}{\sin x}}=\lim\limits_{x\to 0}[(x+1)^{\frac{1}{x}}]^{\lim\limits_{x\to 0}\frac{2x}{\sin x}}=\mathrm{e}^2.$

习题 1.5

1. 选择题.

(1)当 $n\to\infty$ 时,$n\sin\dfrac{1}{n}$ 是一个(　　).

　　A. 无穷小量　　　　B. 无穷大量　　　　C. 无界变量　　　　D. 有界变量

(2)若 $x\to a$ 时,有 $0\leqslant f(x)\leqslant g(x)$,则 $\lim\limits_{x\to a}g(x)=0$ 是 $f(x)$ 在 $x\to a$ 过程中为无穷小量的

（　　）.

  A. 必要条件   B. 充分条件   C. 充要条件   D. 无关条件

2. 求下列极限：

(1) $\lim\limits_{x \to 0} \dfrac{\sin 2x}{\sin 5x}$;

(2) $\lim\limits_{x \to 0} x \cot x$;

(3) $\lim\limits_{x \to 0} \ln \dfrac{\arctan x}{x}$;

(4) $\lim\limits_{x \to 0^+} \dfrac{x}{\sqrt{1 - \cos x}}$;

(5) $\lim\limits_{x \to \infty} \left(\dfrac{x+3}{x-2} \right)^{2x+1}$;

(6) $\lim\limits_{x \to \infty} \left(1 + \dfrac{1}{x} \right)^{\frac{x}{2}}$;

(7) $\lim\limits_{x \to \frac{\pi}{2}} (1 + \cos x)^{3 \sec x}$;

(8) $\lim\limits_{x \to 0} (1 + 3 \tan x^2)^{\cot^2 x}$.

3. 设 $\lim\limits_{x \to \infty} \left(\dfrac{x+k}{x} \right)^x = \lim\limits_{x \to \infty} x \sin \dfrac{2}{x}$，求 k 的值.

1.6　无穷大量与无穷小量

  在讨论函数的变化趋势时，有两种变化趋势是数学理论研究和处理实际问题时经常遇到的，这就是本节要介绍的无穷大量和无穷小量的概念，尤其是无穷小量的概念非常有用.

1.6.1　无穷大量

  在函数极限不存在的各种情形下，有一种较为特别的情形，即当 $x \to x_0$ 或 $x \to \infty$ 时，$|f(x)|$ 无限增大的情形. 例如，函数 $f(x) = \dfrac{1}{1-x}$，当 $x \to 1$ 时，$|f(x)| = \left| \dfrac{1}{1-x} \right|$ 无限增大. 这就是无穷大量.

  定义 1　在自变量的某个变化过程中，若函数 $f(x)$ 的绝对值 $|f(x)|$ 无限增大，则称 $f(x)$ 是该变化过程中的**无穷大量**，简称**无穷大**，记作 $\lim f(x) = \infty$.

  若 $f(x)$ 大于零而绝对值无限增大，则称 $f(x)$ 是**正无穷大**，记作 $\lim f(x) = +\infty$；若 $f(x)$ 小于零而绝对值无限增大，则称 $f(x)$ 是**负无穷大**，记作 $\lim f(x) = -\infty$.

  例如，$\lim\limits_{x \to 1} \dfrac{1}{(x-1)^2} = +\infty$，即 $x \to 1$ 时，$\dfrac{1}{(x-1)^2}$ 是正无穷大量；$\lim\limits_{x \to -1} \dfrac{-1}{(x+1)^2} = -\infty$，即 $x \to -1$ 时，$\dfrac{-1}{(x+1)^2}$ 是负无穷大量；$\lim\limits_{x \to 0^+} \ln x = -\infty$，$\lim\limits_{x \to \frac{\pi}{2}^-} \tan x = +\infty$，$\lim\limits_{x \to \frac{\pi}{2}^+} \tan x = -\infty$.

  注：(1) 无穷大量是一个变量，这里借用 $\lim f(x) = \infty$ 表示 $f(x)$ 是一个无穷大，并不意味着 $f(x)$ 的极限存在. 恰恰相反，$\lim f(x) = \infty$ 意味着 $f(x)$ 的极限不存在.

  (2) 称一个函数为无穷大量时，必须明确地指出自变量的变化趋势. 对于一个函数，一般来说，自变量趋向不同会导致函数值的趋向不同. 例如函数 $y = \tan x$，当 $x \to \dfrac{\pi}{2}$ 时，它是一个无穷大量，而当 $x \to 0$ 时，它趋于零.

  (3) 由无穷大量的定义可知，在某一极限过程中的无穷大量必是无界的，但其逆命题不成立. 例如,从函数 $y = x \sin x$ 的图像可以看出 $x \sin x$ 在区间 $[0, +\infty)$ 上无界,但这函数当 $x \to +\infty$ 时不是无穷大量.

例 1 $\lim\limits_{x \to +\infty} e^x = +\infty$,即当 $x \to +\infty$ 时,e^x 是正无穷大;$\lim\limits_{x \to 0^+} \ln x = -\infty$,即 $x \to 0^+$ 时,$\ln x$ 是负无穷大;$\lim\limits_{x \to \frac{\pi}{2}^-} \tan x = +\infty$,$\lim\limits_{x \to \frac{\pi}{2}^+} \tan x = -\infty$. 即 $x \to \frac{\pi}{2}^+$ 时,$\tan x$ 是负无穷大,$x \to \frac{\pi}{2}^-$ 时,$\tan x$ 是正无穷大.

1.6.2 无穷小量

定义 2 若 $\lim \alpha(x) = 0$,则称 $\alpha(x)$ 为该极限过程中的一个**无穷小量**,简称**无穷小**.

习惯上,我们往往把无穷小量说成是"极限为零的变量",这使它的判别与应用更加简单.

例如,$\lim\limits_{x \to 2}(2x - 4) = 0$,所以当 $x \to 2$ 时,$2x - 4$ 是无穷小量;$\lim\limits_{x \to \infty} \dfrac{1}{x} = 0$,当 $x \to \infty$ 时,$y = \dfrac{1}{x}$ 是无穷小量.

注:无穷小量是在自变量的某变化过程中极限为 0 的函数(变量),不是很小很小的数;除零外($\lim 0 = 0$),任何常数都不是无穷小量.

下面的定理说明了无穷小量与函数极限的关系.

定理 1 $\lim f(x) = A$ 的**充要条件**是 $f(x) = A + \alpha(x)$,即 $\lim f(x) = A \Leftrightarrow f(x) = A + \alpha(x)$,其中 $\alpha(x)$ 是自变量的同一变化中的无穷小量.

证 必要性:设 $\alpha(x) = f(x) - A$,因为 $\lim f(x) = A$,由极限运算法则知
$$\lim \alpha(x) = \lim[f(x) - A] = A - A = 0,$$
所以,$\alpha(x)$ 是自变量的同一变化中的无穷小量.

充分性:因为 $\alpha(x)$ 是自变量某变化过程中的无穷小量,所以 $\lim \alpha(x) = 0$,而
$$\lim f(x) = \lim[A + \alpha(x)] = A + \lim \alpha(x) = A + 0 = A.$$

下面推导无穷大量与无穷小量之间的关系.

定理 2 在某极限过程中,若 $f(x)$ 为无穷大量,则 $\dfrac{1}{f(x)}$ 为无穷小量;反之,若 $f(x)$ 为无穷小量,且 $f(x) \neq 0$,则 $\dfrac{1}{f(x)}$ 为无穷大量.

简单地说,无穷大量的倒数是无穷小量;无穷小量(不等于零)的倒数是无穷大量.

例 2 判断下列变量在指定的极限过程中是无穷小量还是无穷大量,或者都不是:

$(1) f(x) = 1 - e^{x-1}, x \to 1$;

$(2) f(x) = \dfrac{x^3 + 2x^2 + 1}{3x^3 + 4x + 1}, x \to \infty$;

$(3) f(x) = \ln\left(1 + \dfrac{1}{x+1}\right), x \to +\infty$;

$(4) f(x) = \dfrac{x+1}{x^2 - 3}, x \to \sqrt{3}$;

$(5) f(x) = e^x, x \to \infty$.

解 (1) 因为 $\lim\limits_{x \to 1}(1 - e^{x-1}) = 0$,所以当 $x \to 1$ 时,$1 - e^{x-1}$ 是无穷小量.

(2)因为 $\lim\limits_{x \to \infty} \dfrac{x^3+2x^2+1}{3x^3+4x+1} = \dfrac{1}{3} \neq 0$，所以当 $x \to \infty$ 时，$\dfrac{x^3+2x^2+1}{3x^3+4x+1}$ 不是无穷小量，也不是无穷大量.

(3)因为 $\lim\limits_{x \to +\infty} \ln\left(1+\dfrac{1}{x+1}\right) = 0$，所以当 $x \to +\infty$ 时，$\ln\left(1+\dfrac{1}{x+1}\right)$ 是无穷小量.

(4)因为 $\lim\limits_{x \to \sqrt{3}} \dfrac{x+1}{x^2-3} = \infty$，所以当 $x \to \sqrt{3}$ 时，$\dfrac{x+1}{x^2-3}$ 是无穷大量.

(5)因为 $\lim\limits_{x \to +\infty} e^x = +\infty$，所以当 $x \to +\infty$ 时，e^x 是无穷大量；因为 $\lim\limits_{x \to -\infty} e^x = 0$，所以当 $x \to -\infty$ 时，e^x 是无穷小量；故 $\lim\limits_{x \to \infty} e^x$ 不存在，即当 $x \to \infty$ 时，e^x 既不是无穷小量也不是无穷大量.

1.6.3 无穷小量的性质

定理3 在某一极限过程中，如果 $\alpha(x),\beta(x)$ 是无穷小量，则 $\alpha(x) \pm \beta(x)$ 也是无穷小量.

推论1 在同一极限过程中，有限个无穷小量的代数和仍为无穷小量.

定理4 在某一极限过程中，若 $\alpha(x)$ 是无穷小量，$f(x)$ 是有界变量，则 $\alpha(x)f(x)$ 仍是无穷小量.

推论2 在某一极限过程中，若 C 为常数，$\alpha(x)$ 和 $\beta(x)$ 是无穷小量，则 $C\alpha(x)$，$\alpha(x)\beta(x)$ 均为无穷小量.

这是因为 C 和无穷小量均为有界函数，由定理4即可得此推论. 此推论可推广到有限个无穷小量乘积的情形.

推论3 在同一极限过程中，有限个无穷小量的乘积为无穷小量.

定理5 在某一极限过程中，如果 $\alpha(x)$ 是无穷小量，$f(x)$ 以 A 为极限，且 $A \neq 0$，则 $\dfrac{\alpha(x)}{f(x)}$ 仍为无穷小量.

例3 求 $\lim\limits_{x \to \infty} \dfrac{1}{x} \sin x$.

解 因为 $\forall x \in (-\infty, +\infty)$，$|\sin x| \leq 1$，且 $\lim\limits_{x \to \infty} \dfrac{1}{x} = 0$，故得 $\lim\limits_{x \to \infty} \dfrac{1}{x}\sin x = 0$.

1.6.4 无穷小量的比较

同一极限过程中的无穷小量趋于零的速度并不一定相同，研究这个问题能得到一种求极限的方法，也有助于以后内容的学习. 我们用两个无穷小量比值的极限来衡量这两个无穷小量趋于零的快慢速度.

定义3 设 $\alpha(x),\beta(x)$ 是同一极限过程中的两个无穷小量，即
$$\lim \alpha(x) = 0, \lim \beta(x) = 0.$$

(1)若 $\lim \dfrac{\alpha(x)}{\beta(x)} = 0$，则称 $\alpha(x)$ 为 $\beta(x)$ 的**高阶无穷小量**，记为 $\alpha(x) = o[\beta(x)]$，也称 $\beta(x)$ 为 $\alpha(x)$ 的**低阶无穷小量**；

(2)若 $\lim \dfrac{\alpha(x)}{\beta(x)} = A,(A \neq 0)$，则称 $\alpha(x)$ 是 $\beta(x)$ 的**同阶无穷小量**.

特别地，当 $A = 1$ 时，则称 $\alpha(x)$ 与 $\beta(x)$ 是**等价无穷小量**，记为 $\alpha(x) \sim \beta(x)$.

例如:因为 $\lim\limits_{x\to 0}\dfrac{1-\cos x}{x}=0$,所以当 $x\to 0$ 时,$1-\cos x$ 是 x 的高阶无穷小量,即

$$1-\cos x = o(x)\,(x\to 0).$$

因为 $\lim\limits_{x\to 0}\dfrac{1-\cos x}{x^2}=\dfrac{1}{2}$,所以当 $x\to 0$ 时,$1-\cos x$ 是 x^2 的同阶无穷小量.

因为 $\lim\limits_{x\to 0}\dfrac{\sin x}{x}=1$,所以当 $x\to 0$ 时,$\sin x$ 与 x 是等价无穷小量,即

$$\sin x \sim x\,(x\to 0).$$

等价无穷小量在极限计算中有重要作用.

设 $\alpha,\alpha',\beta,\beta'$ 为同一极限过程的无穷小量,我们有如下定理:

定理 6 设 $\alpha \sim \alpha',\beta \sim \beta'$,若 $\lim\dfrac{\alpha}{\beta}$ 存在,则

$$\lim\frac{\alpha'}{\beta'}=\lim\frac{\alpha}{\beta}.$$

证 因为 $\alpha \sim \alpha',\beta \sim \beta'$,则 $\lim\dfrac{\alpha'}{\alpha}=1$,$\lim\dfrac{\beta'}{\beta}=1$,由于 $\dfrac{\alpha'}{\beta'}=\dfrac{\alpha'}{\alpha}\cdot\dfrac{\alpha}{\beta}\cdot\dfrac{\beta}{\beta'}$,又 $\lim\dfrac{\alpha}{\beta}$ 存在,所以

$$\lim\frac{\alpha'}{\beta'}=\lim\frac{\alpha'}{\alpha}\cdot\lim\frac{\alpha}{\beta}\cdot\lim\frac{\beta}{\beta'}=\lim\frac{\alpha}{\beta}.$$

定理 6 表明,在求极限的乘除运算中,无穷小量因子可用与其等价的无穷小量替代.

在极限运算中,常用的等价无穷小量有下列几种:

当 $x\to 0$ 时,$\sin x \sim x$,$\tan x \sim x$,$\arcsin x \sim x$,$\arctan x \sim x$,$1-\cos x \sim \dfrac{1}{2}x^2$,$\mathrm{e}^x-1 \sim x$,$\ln(1+x) \sim x$,$\sqrt{1+x}-1 \sim \dfrac{x}{2}$,$(1+x)^\alpha-1 \sim \alpha x\,(\alpha\in\mathbf{R})$.

例 4 求 $\lim\limits_{x\to 0}\dfrac{\tan 7x}{\sin 5x}$.

解 因为 $x\to 0$ 时,$\tan 7x \sim 7x$,$\sin 5x \sim 5x$,所以

$$\lim_{x\to 0}\frac{\tan 7x}{\sin 5x}=\lim_{x\to 0}\frac{7x}{5x}=\frac{7}{5}.$$

例 5 求 $\lim\limits_{x\to 0}\dfrac{\tan x-\sin x}{\ln(1+x^3)}$.

解 当 $x\to 0$ 时,$\tan x \sim x$,$1-\cos x \sim \dfrac{1}{2}x^2$,$\ln(1+x^3) \sim x^3$,故

$$\lim_{x\to 0}\frac{\tan x-\sin x}{\ln(1+x^3)}=\lim_{x\to 0}\frac{\tan x(1-\cos x)}{x^3}=\lim_{x\to 0}\frac{x\cdot\dfrac{1}{2}x^2}{x^3}=\frac{1}{2}.$$

如果直接将分子中的 $\tan x,\sin x$ 替换为 x,则

$$\lim_{x\to 0}\frac{\tan x-\sin x}{\ln(1+x^3)}=\lim_{x\to 0}\frac{x-x}{x^3}=\lim_{x\to 0}\frac{0}{x^3}=0,$$

这个结果是错误的.

例 6 求 $\lim\limits_{x\to\infty}x^2\ln\left(1+\dfrac{3}{x^2}\right)$.

解 当 $x \to \infty$ 时, $\ln\left(1 + \dfrac{3}{x^2}\right) \sim \dfrac{3}{x^2}$, 故

$$\lim_{x \to \infty} x^2 \ln\left(1 + \frac{3}{x^2}\right) = \lim_{x \to \infty}\left(x^2 \cdot \frac{3}{x^2}\right) = 3.$$

例 7 求 $\displaystyle\lim_{x \to 0} \frac{(1 + x^2)^{\frac{1}{3}} - 1}{\cos x - 1}$.

解 当 $x \to 0$ 时, $(1 + x^2)^{\frac{1}{3}} - 1 \sim \dfrac{1}{3}x^2$, $\cos x - 1 \sim -\dfrac{1}{2}x^2$, 故

$$\lim_{x \to 0} \frac{(1 + x^2)^{\frac{1}{3}} - 1}{\cos x - 1} = \lim_{x \to 0} \frac{\frac{1}{3}x^2}{-\frac{1}{2}x^2} = -\frac{2}{3}.$$

例 8 求 $\displaystyle\lim_{x \to 0} \frac{\sqrt{1 + \tan x} - \sqrt{1 - \tan x}}{\sqrt{1 + 2x} - 1}$.

解 由于 $x \to 0$ 时, $\sqrt{1 + 2x} - 1 \sim x$, $\tan x \sim x$, 故

$$\lim_{x \to 0} \frac{\sqrt{1 + \tan x} - \sqrt{1 - \tan x}}{\sqrt{1 + 2x} - 1} = \lim_{x \to 0} \frac{2\tan x}{x(\sqrt{1 + \tan x} + \sqrt{1 - \tan x})} = \lim_{x \to 0} \frac{2}{\sqrt{1 + \tan x} + \sqrt{1 - \tan x}} = 1.$$

例 9 计算 $\displaystyle\lim_{x \to 0} \frac{e^{x^2} - 1}{\cos x - 1}$.

解 注意到当 $x \to 0$ 时, $\cos x - 1 \sim -\dfrac{1}{2}x^2$, $e^{x^2} - 1 \sim x^2$, 故

$$\lim_{x \to 0} \frac{e^{x^2} - 1}{\cos x - 1} = \lim_{x \to 0} \frac{x^2}{-\frac{1}{2}x^2} = -2.$$

例 10 求 $\displaystyle\lim_{x \to 0} \frac{\ln(1 + x + x^2) + \ln(1 - x + x^2)}{\sec x - \cos x}$.

解 先用对数性质化简分子, 得

$$原式 = \lim_{x \to 0} \frac{\ln(1 + x^2 + x^4)}{\sec x - \cos x} = \lim_{x \to 0} \frac{\ln(1 + x^2 + x^4)}{\sin^2 x} \cdot \cos x = \lim_{x \to 0} \frac{\ln(1 + x^2 + x^4)}{\sin^2 x} \cdot \lim_{x \to 0} \cos x$$

因为当 $x \to 0$ 时, 有 $\ln(1 + x^2 + x^4) \sim x^2 + x^4$, $\sin^2 x \sim x^2$.

所以 $\displaystyle\lim_{x \to 0} \frac{\ln(1 + x^2 + x^4)}{\sin^2 x} \cdot \lim_{x \to 0} \cos x = \lim_{x \to 0} \frac{x^2 + x^4}{x^2} = 1.$

习题 1.6

1. 选择题.

(1) 设 α 和 β 分别是同一变化过程中的无穷小量与无穷大量, 则 $\alpha + \beta$ 是同一变化过程中的( ).

    A. 无穷小量   B. 有界变量   C. 常量   D. 无穷大量

(2) "当 $x \to x_0$ 时, $f(x) - A$ 是一个无穷小量"是"函数 $f(x)$ 在点 $x = x_0$ 处以 A 为极限"的( ).

    A. 必要而不充分条件   B. 充分而不必要的条件

　　C. 充分必要条件　　　　　　　　　　　D. 无关条件

(3) 当 $x \to 0$ 时, $\dfrac{1}{x} \cos \dfrac{1}{x}$ 是(　　　).

　　A. 无穷小量　　　　B. 无穷大量　　　　C. 无界变量　　　　D. 有界变量

2. 求下列极限:

(1) $\lim\limits_{x \to 0} x^2 \cos \dfrac{1}{x}$;　　　　　　　　　　　　(2) $\lim\limits_{x \to \infty} \dfrac{\arctan x}{x}$.

3. 当 $x \to 0$ 时, $2x - x^2$ 与 $x^2 - x^3$ 相比,哪个是高阶无穷小量?

4. 当 $x \to 1$ 时,无穷小量 $1 - x$ 与 (1) $1 - x^3$; (2) $\dfrac{1}{2}(1 - x^2)$ 是否同阶? 是否等价?

5. 利用等价无穷小量,求下列极限:

(1) $\lim\limits_{x \to 0} \dfrac{\sin mx}{\sin nx}$;　　　　　　　(2) $\lim\limits_{x \to 0} x \cot x$;

(3) $\lim\limits_{x \to 0} \dfrac{1 - \cos 2x}{x \sin x}$;　　　　　　(4) $\lim\limits_{x \to 0} \dfrac{\mathrm{e}^{\tan x} - 1}{1 - \mathrm{e}^{\sin 6x}}$;

(5) $\lim\limits_{x \to 0} \dfrac{\sin(\sin x)}{\sin x}$;　　　　　　(6) $\lim\limits_{x \to 0} \dfrac{\ln(1 - x)}{x}$;

(7) $\lim\limits_{x \to 0} \dfrac{\dfrac{x}{\sqrt{1 - x^2}}}{\ln(1 - x)}$;　　　　　　(8) $\lim\limits_{x \to 0} \dfrac{\mathrm{e}^{2x} - 1}{x}$.

1.7　函数的连续性

　　前面已经讨论了函数的单调性、有界性、奇偶性、周期性等,在实际问题中,我们遇到的函数常常具有另一类重要特征,如运动着的质点,其位移 s 是时间 t 的函数,时间产生一微小的改变时,质点也将移动微小的距离(从其运动轨迹来看是一段连绵不断的曲线),函数的这种特征称为函数的连续性,与连续相对立的一个概念称为**间断**. 下面将利用极限来严格表述连续性这个概念.

1.7.1　函数的连续性

　　定义 1　设函数 $f(x)$ 在 x_0 的某邻域 $U(x_0)$ 内有定义,且有
$$\lim_{x \to x_0} f(x) = f(x_0),$$
则称函数 $f(x)$ 在点 x_0 处连续, x_0 称为函数 $f(x)$ 的连续点.

　　例 1　证明函数 $f(x) = 3x^2 - 1$ 在点 $x = 1$ 处连续.

　　证　因为 $f(1) = 3 \times 1^2 - 1 = 2$,且
$$\lim_{x \to 1} f(x) = \lim_{x \to 1} (3x^2 - 1) = 2,$$
故函数 $f(x) = 3x^2 - 1$ 在点 $x = 1$ 处连续.

　　定义 2　设函数 $y = f(x)$ 在点 x_0 的某个邻域内有定义,当自变量从 x_0 变到 x,相应的函数

值从 $f(x_0)$ 变到 $f(x)$，则称 $x - x_0$ 为**自变量的改变量**（或增量），记作 $\Delta x = x - x_0$，称 $f(x) - f(x_0)$ 为**函数的改变量**（或增量），记作 Δy，即

$$\Delta y = f(x) - f(x_0) \text{ 或 } \Delta y = f(x_0 + \Delta x) - f(x_0).$$

在几何上，函数的改变量表示当自变量从 x_0 变到 $x_0 + \Delta x$ 时，曲线上相应点的纵坐标的改变量，如图 1.7.1 所示.

注：改变量可能为正，可能为负，还可能为零.

于是，函数连续性又可定义为：

定义 3 设函数 $f(x)$ 在点 x_0 的某个邻域内有定义，如果

$$\lim_{\Delta x \to 0} \Delta y = \lim_{\Delta x \to 0} \left[f(x_0 + \Delta x) - f(x_0) \right] = 0,$$

则称函数 $f(x)$ 在点 x_0 处连续，x_0 称为函数 $f(x)$ 的连续点.

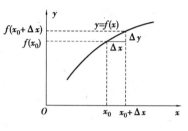

图 1.7.1

由于当 $x \to x_0$ 时，函数有左、右极限的定义，因此对于函数也可以定义左、右连续.

定义 4 设函数 $f(x)$ 在点 x_0 及其某个左（右）有定义，且有

$$\lim_{x \to x_0^-} f(x) = f(x_0) \left(\lim_{x \to x_0^+} f(x) = f(x_0) \right),$$

则称函数 $f(x)$ 在点 x_0 处是左（右）连续的.

函数在点 x_0 的左、右连续性统称为函数的单侧连续性.

由函数的极限与其左、右极限的关系，容易得到函数的连续性与其左、右连续性的关系.

定理 1 $f(x)$ 在点 x_0 处连续的**充要条件**是 $f(x)$ 在点 x_0 处左连续且右连续，即

$$\lim_{x \to x_0} f(x) = f(x_0) \Leftrightarrow \lim_{x \to x_0^-} f(x) = \lim_{x \to x_0^+} f(x) = f(x_0).$$

例 2 证明 $y = f(x) = |x|$ 在点 $x = 0$ 处连续.

证 $y = f(x) = |x|$ 在点 $x = 0$ 的邻域内有定义，且

$$f(0) = 0, \lim_{x \to 0} f(x) = \lim_{x \to 0} |x| = \lim_{x \to 0} \sqrt{x^2} = 0.$$

从而 $\lim_{x \to 0} f(x) = 0 = f(0)$，因此函数 $y = f(x)$ 在点 $x = 0$ 处连续.

例 3 设函数

$$f(x) = \begin{cases} -1, & x < 0, \\ 1, & x \geq 0, \end{cases}$$

试问在点 $x_0 = 0$ 处函数 $f(x)$ 是否连续？

解 由于 $f(0) = 1$，而 $\lim_{x \to 0^-} f(x) = -1$，因此函数 $f(x)$ 在点 $x_0 = 0$ 处不是左连续的，从而函数 $f(x)$ 在 $x_0 = 0$ 处不连续.

例 4 设函数

$$f(x) = \begin{cases} x^2 + 3, & x \geq 0, \\ a - x, & x < 0, \end{cases}$$

问 a 为何值时，函数 $y = f(x)$ 在点 $x = 0$ 处连续？

解 因为 $f(0) = 3$，且

$$\lim_{x \to 0^-} f(x) = \lim_{x \to 0^-} (a - x) = a, \lim_{x \to 0^+} f(x) = \lim_{x \to 0^+} (x^2 + 3) = 3,$$

因此当 $a = 3$ 时，$y = f(x)$ 在点 $x = 0$ 处连续.

例 5 设函数

$$f(x) = \begin{cases} \dfrac{e^{2x}-1}{\sin x}, & x > 0, \\ a, & x = 0, \\ \cos x + b, & x < 0, \end{cases}$$

问 a, b 为何值时,函数 $f(x)$ 在点 $x = 0$ 处连续?

解 因为 $f(x)$ 在点 $x = 0$ 处连续,所以

$$\lim_{x \to 0^+} f(x) = \lim_{x \to 0^-} f(x) = f(0) = a.$$

而 $\lim\limits_{x \to 0^+} f(x) = \lim\limits_{x \to 0^+} \dfrac{e^{-2x}-1}{\sin x} = \lim\limits_{x \to 0^+} \dfrac{2x}{x} = 2$,$\lim\limits_{x \to 0^-} f(x) = \lim\limits_{x \to 0^-} (\cos x + b) = 1 + b$,由定理 1 知,$2 = a = 1 + b$,即当 $a = 2, b = 1$ 时,$f(x)$ 在点 $x = 0$ 处连续.

定义 5 若函数 $y = f(x)$ 在区间 (a, b) 内任一点均连续,则称函数 $y = f(x)$ 在区间 (a, b) 内连续,称函数 $f(x)$ 为区间 (a, b) 内的连续函数. 若函数 $y = f(x)$ 不仅在 (a, b) 内连续,且在 a 点右连续,在 b 点左连续,则称 $y = f(x)$ 在闭区间 $[a, b]$ 上连续,称函数 $f(x)$ 为闭区间 $[a, b]$ 内的连续函数. 半开半闭区间上的连续性可类似定义.

函数 $y = f(x)$ 在其连续区间上的图形是一条连绵不断的曲线.

1.7.2 连续函数的基本性质

由连续函数的定义及极限的运算法则和性质,立即可得到连续函数的下列性质和运算法则.

定理 2 若函数 $f(x), g(x)$ 均在点 x_0 处连续,则

(1) $af(x) + bg(x)$(a, b 为常数);

(2) $f(x)g(x)$;

(3) $\dfrac{f(x)}{g(x)}[g(x_0) \neq 0]$

均在点 x_0 处连续.

定理 3(连续函数的反函数的连续性) 若函数 $f(x)$ 是在区间 (a, b) 内单调的连续函数,则其反函数是在相应区间内单调的连续函数.

从几何上看,该定理是显然的,因为函数 $y = f(x)$ 与其反函数 $x = f^{-1}(y)$ 在 xOy 坐标面上为同一条曲线.

由连续函数的定义及复合函数的极限定理可以得到下面有关复合函数的连续性定理.

定理 4(复合函数的连续性) 设函数 $y = f(u)$ 在点 u_0 处连续,又函数 $u = \varphi(x)$ 在点 x_0 处连续,且 $u_0 = \varphi(x_0)$,则复合函数 $y = f(\varphi(x))$ 在点 x_0 处连续.

这个法则说明连续函数的复合函数仍为连续函数,并可得到如下结论:

如果 $\lim\limits_{x \to x_0} \varphi(x) = \varphi(x_0)$,$\lim\limits_{u \to u_0} f(u) = f(u_0)$,且 $u_0 = \varphi(x_0)$,则

$$\lim_{x \to x_0} f(\varphi(x)) = f(\varphi(x_0)).$$

由定理 4 可以讨论幂指函数 $[f(x)]^{g(x)}$ 的极限问题. 幂指函数的定义域要求 $f(x) > 0$. 当 $f(x), g(x)$ 均为连续函数,且 $f(x) > 0$ 时,$[f(x)]^{g(x)}$ 也是连续函数. 在求 $\lim\limits_{x \to x_0} [f(x)]^{g(x)}$ 时,有以

下几种结果:

（1）如果 $\lim\limits_{x\to x_0}f(x)=A>0,\lim\limits_{x\to x_0}g(x)=B$，则

$$\lim_{x\to x_0}[f(x)]^{g(x)}=A^B;$$

（2）如果 $\lim\limits_{x\to x_0}f(x)=1,\lim\limits_{x\to x_0}g(x)=\infty$，由于当 $x\to x_0$ 时，$\ln f(x)\sim f(x)-1$，则

$$\lim_{x\to x_0}[f(x)]^{g(x)}=\mathrm{e}^{\lim\limits_{x\to x_0}\ln f(x)g(x)}=\mathrm{e}^{\lim\limits_{x\to x_0}[f(x)-1]g(x)};$$

（3）如果 $\lim\limits_{x\to x_0}f(x)=A\neq 1(A>0),\lim\limits_{x\to x_0}g(x)=\pm\infty$，则 $\lim\limits_{x\to x_0}[f(x)]^{g(x)}$ 可根据具体情况直接求得.

例如，$\lim\limits_{x\to x_0}f(x)=A>1,\lim\limits_{x\to x_0}g(x)=\pm\infty$，则

$$\lim_{x\to x_0}[f(x)]^{g(x)}=+\infty.$$

又如，$\lim\limits_{x\to x_0}f(x)=A(0<A<1),\lim\limits_{x\to x_0}g(x)=+\infty$，则

$$\lim_{x\to x_0}[f(x)]^{g(x)}=0.$$

上面结果仅对 $x\to x_0$ 时写出，实际上这些结果对 $x\to\infty$ 等的极限过程仍然成立.

例 6　求 $\lim\limits_{x\to\infty}\sin\left(1+\dfrac{1}{x}\right)^x$.

解　$\lim\limits_{x\to\infty}\sin\left(1+\dfrac{1}{x}\right)^x=\sin\left[\lim\limits_{x\to\infty}\left(1+\dfrac{1}{x}\right)^x\right]=\sin\mathrm{e}$.

例 7　求 $\lim\limits_{x\to 0}\left(\dfrac{\sin 2x}{x}\right)^{1+x}$.

解　因为 $\lim\limits_{x\to 0}\dfrac{\sin 2x}{x}=2,\lim\limits_{x\to 0}(1+x)=1$，所以

$$\lim_{x\to 0}\left(\frac{\sin 2x}{x}\right)^{1+x}=2^1=2.$$

例 8　求 $\lim\limits_{x\to\infty}\left(\dfrac{x+1}{2x+1}\right)^{x^2}$.

解　由于 $\lim\limits_{x\to\infty}\dfrac{x+1}{2x+1}=\dfrac{1}{2},\lim\limits_{x\to\infty}x^2=+\infty$，因此

$$\lim_{x\to\infty}\left(\frac{x+1}{2x+1}\right)^{x^2}=0.$$

例 9　求 $\lim\limits_{x\to\infty}\left(\dfrac{x-1}{x+1}\right)^x$.

解　方法 1：由于 $\lim\limits_{x\to\infty}\dfrac{x-1}{x+1}=1,\lim\limits_{x\to\infty}x=\infty$，因此

$$\lim_{x\to\infty}\left(\frac{x-1}{x+1}\right)^x=\mathrm{e}^{\lim\limits_{x\to\infty}\left(\frac{x-1}{x+1}-1\right)x}=\mathrm{e}^{\lim\limits_{x\to\infty}\frac{-2x}{x+1}}=\mathrm{e}^{-2}.$$

方法 2：$\lim\limits_{x\to\infty}\left(\dfrac{x-1}{x+1}\right)^x=\lim\limits_{x\to\infty}\dfrac{\left(1-\dfrac{1}{x}\right)^x}{\left(1+\dfrac{1}{x}\right)^x}=\dfrac{\mathrm{e}^{-1}}{\mathrm{e}}=\mathrm{e}^{-2}.$

我们遇到的函数大部分为初等函数，它是由基本初等函数经过有限次四则运算及有限次

复合运算而成的. 由函数极限的讨论以及函数的连续性的定义可知:基本初等函数在其定义域内是连续的. 由连续函数的定义及运算法则,可得出:

定理 5 初等函数在其有定义的区间内是连续的.

注:对初等函数在其有定义的区间的点求极限时,只需求相应函数值即可.

例 10 求 $\lim\limits_{x \to 1} \dfrac{x^2 + \ln(4 - 3x)}{\arctan x}$.

解 初等函数 $f(x) = \dfrac{x^2 + \ln(4 - 3x)}{\arctan x}$ 在 $x = 1$ 的某邻域内有定义,所以

$$\lim_{x \to 1} \frac{x^2 + \ln(4 - 3x)}{\arctan x} = \frac{1 + \ln(4 - 3)}{\arctan 1} = \frac{4}{\pi}.$$

例 11 求 $\lim\limits_{x \to 0} \dfrac{4x^2 - 1}{2x^2 - 3x + 5}$.

解 $\lim\limits_{x \to 0} \dfrac{4x^2 - 1}{2x^2 - 3x + 5} = \dfrac{4 \times 0 - 1}{2 \times 0 - 3 \times 0 + 5} = -\dfrac{1}{5}.$

1.7.3 函数的间断点及其分类

定义 6 设函数 $f(x)$ 在点 x_0 的任何去心邻域内存在有定义的点,而 $f(x)$ 在点 x_0 处不连续,则称 $f(x)$ 在点 x_0 处间断,x_0 是函数 $f(x)$ 的间断点.

函数在 x_0 处连续的定义可简述为:函数 $f(x)$ 在 x_0 处的极限存在并且等于 x_0 点的函数值. 由此可知,函数 $f(x)$ 在点 x_0 处间断有下列 3 种情形:

(1)$f(x)$ 在 x_0 点无定义,但在 x_0 的任何去心邻域内存在有定义的点;

(2)$f(x)$ 在 x_0 点有定义,但 $\lim\limits_{x \to x_0} f(x)$ 不存在;

(3)$f(x)$ 在 x_0 点有定义,并且 $\lim\limits_{x \to x_0} f(x)$ 存在,但 $\lim\limits_{x \to x_0} f(x) \neq f(x_0)$.

此时,$f(x)$ 所表示的曲线在点 x_0 处是断开的.

下面举例说明函数间断点的几种常用类型.

例 12 考虑函数 $f(x) = \dfrac{\sin x}{x}$ 在点 $x_0 = 0$ 处的连续性.

解 由于 $\lim\limits_{x \to 0} \dfrac{\sin x}{x} = 1$,但在 $x_0 = 0$ 处,函数 $f(x) = \dfrac{\sin x}{x}$ 无定义,故 $f(x) = \dfrac{\sin x}{x}$ 在 $x_0 = 0$ 处不连续. 若补充定义函数值 $f(0) = 1$,则函数

$$f(x) = \begin{cases} \dfrac{\sin x}{x}, & x \neq 0, \\ 1, & x = 0 \end{cases}$$

在点 $x_0 = 0$ 处连续.

例 13 讨论函数

$$f(x) = \begin{cases} 2x, & x \neq 0, \\ 1, & x = 0 \end{cases}$$

在点 $x_0 = 0$ 处的连续性.

解 由于 $\lim\limits_{x \to 0} f(x) = \lim\limits_{x \to 0} 2x = 0$,而 $f(0) = 1$,由定义知函数 $f(x)$ 在点 $x_0 = 0$ 处不连续. 若修

改函数在 $x_0 = 0$ 的定义,令 $f(0) = 0$,则函数

$$f(x) = \begin{cases} 2x, & x \neq 0, \\ 0, & x = 0 \end{cases}$$

在点 $x_0 = 0$ 处连续,如图 1.7.2 所示.

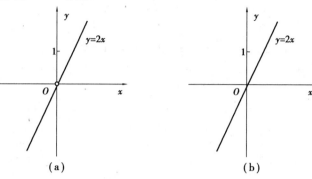

(a)　　　　　　　　　　　(b)

图 1.7.2

例 14 讨论函数

$$y = f(x) = \begin{cases} \arctan \dfrac{1}{x}, & x \neq 0, \\ 0, & x = 0 \end{cases}$$

在点 $x_0 = 0$ 处的连续性.

解 由于

$$\lim_{x \to 0^+} \arctan \frac{1}{x} = \frac{\pi}{2}, \quad \lim_{x \to 0^-} \arctan \frac{1}{x} = -\frac{\pi}{2}$$

函数 $y = f(x)$ 在点 $x_0 = 0$ 处的左右极限存在,但不相等,故 $y = f(x)$ 在 $x_0 = 0$ 处不连续. 此时,不论如何改变函数在点 $x_0 = 0$ 处的函数值,均不能使函数在这点连续,如图 1.7.3 所示.

例 15 讨论函数

$$y = f(x) = \begin{cases} \dfrac{1}{x}, & x \neq 0, \\ 0, & x = 0 \end{cases}$$

在点 $x_0 = 0$ 处的连续性.

解 由于 $\lim\limits_{x \to 0} \dfrac{1}{x} = \infty$,故函数在点 $x_0 = 0$ 处间断,如图 1.7.4 所示.

例 16 讨论函数

$$y = \begin{cases} \sin \dfrac{1}{x}, & x \neq 0, \\ 0, & x = 0 \end{cases}$$

在 $x_0 = 0$ 处的连续性.

解 由于 $\lim\limits_{x \to 0} \sin \dfrac{1}{x}$ 不存在,随着 x 趋近于零,函数值在 -1 与 1 之间来回振荡,故函数在点 $x_0 = 0$ 处间断,如图 1.7.5 所示.

从上述分析和例子中我们知道,有各种情形的间断点,为了方便,通常把间断点分成两大类:

(1)若 x_0 点是函数 $f(x)$ 的间断点,但左极限 $f(x_0^-)$ 及右极限 $f(x_0^+)$ 都存在,那么 x_0 点称为函数 $f(x)$ 的**第一类间断点**.

如果 $f(x)$ 在点 x_0 处的左、右极限存在且相等,即 $\lim\limits_{x \to x_0} f(x)$ 存在,但不等于该点处的函数值,即 $\lim\limits_{x \to x_0} f(x) = A \neq f(x)$;或者 $\lim\limits_{x \to x_0} f(x)$ 存在,但函数在 x_0 处无定义,则称 x_0 为函数 $f(x)$ 的可去间断点. 此时,若补充或改变函数 $y = f(x)$ 在点 x_0 处的值为 $f(x_0) = a$,则可得到一个在点 x_0 处连续的函数,这也是为什么把这类间断点称为可去间断点的原因.

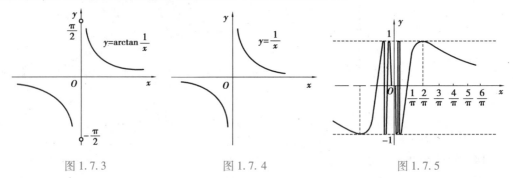

图 1.7.3   图 1.7.4   图 1.7.5

如果 $f(x)$ 在点 x_0 处的左、右极限存在但不相等,则称 x_0 为函数 $f(x)$ 的**跳跃间断点**.

(2)若 x_0 点是函数 $f(x)$ 的间断点,左极限 $f(x_0^-)$ 及右极限 $f(x_0^+)$ 至少有一个不存在,则称 x_0 点为函数 $f(x)$ 的**第二类间断点**.

若 $\lim\limits_{x \to x_0^-} f(x)$,$\lim\limits_{x \to x_0^+} f(x)$ 至少有一个为 ∞,则称 x_0 为函数 $f(x)$ 的**无穷间断点**.

若当 $x \to x_0$ 时,函数 $y = f(x)$ 的值呈振荡无极限状态,则称点 x_0 为函数 $y = f(x)$ 的**振荡间断点**.

1.7.4 闭区间上连续函数的性质

在闭区间上连续的函数有一些重要的性质,它们可作为分析和论证某些问题时的理论依据,这些性质的几何意义十分明显,在此不作证明.

1)根的存在定理(零点存在定理)

定理 6   若函数 $y = f(x)$ 在闭区间 $[a,b]$ 上连续,且 $f(a) \cdot f(b) < 0$,则至少存在一点 $x_0 \in (a,b)$,使 $f(x_0) = 0$.

$x = x_0$ 称为函数 $y = f(x)$ 的**零点**. 由零点存在定理可知,$x = x_0$ 为方程 $f(x) = 0$ 的一个根,且 x_0 位于开区间 (a,b) 内,所以利用零点存在定理可以判断方程 $f(x) = 0$ 在某个开区间内存在实根. 故零点存在定理也称为**方程实根的存在定理**,定理 6 的几何意义是:若函数 $y = f(x)$ 在闭区间 $[a,b]$ 上连续,且 $f(a)$ 与 $f(b)$ 不同号,则函数 $y = f(x)$ 对应的曲线至少穿过 x 轴一次,如图 1.7.6 所示.

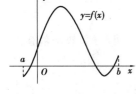

图 1.7.6

例 17   证明三次代数方程 $x^3 - 4x^2 + 1 = 0$ 在区间 $(0,1)$ 内至少有一个实根.

     证明   设 $f(x) = x^3 - 4x^2 + 1$. 因为函数 $f(x)$ 在闭区间 $[0,1]$ 上连续,又有

$$f(0) = 1, f(1) = -2, \quad \text{故 } f(0) \cdot f(1) < 0,$$

根据根的存在定理知,至少存在一点 $\xi \in (0,1)$,使 $f(\xi) = 0$,

即 $$\xi^3 - 4\xi^2 + 1 = 0.$$

因此,方程 $x^3 - 4x^2 + 1 = 0$ 在 $(0,1)$ 内至少有一个实根 ξ.

例 18 证明方程 $\ln(1 + e^x) = 2x$ 至少有一个小于 1 的正根.

证 设 $f(x) = \ln(1 + e^x) - 2x$,则显然 $f(x)$ 在 $[0,1]$ 上连续,又

$$f(0) = \ln 2 > 0, \quad f(1) = \ln(1 + e) - 2 = \ln(1 + e) - \ln e^2 < 0,$$

由根的存在定理知,至少存在一点 $x_0 \in (0,1)$,使 $f(x_0) = 0$. 即方程 $\ln(1 + e^x) = 2x$ 至少有一个小于 1 的正根.

例 17、例 18 表明,可利用根的存在定理来证明某些方程的解的存在性.

2) 介值定理

定理 7 设函数 $y = f(x)$ 是闭区间 $[a,b]$ 上的连续函数,$f(a) \neq f(b)$,则对介于 $f(a)$ 与 $f(b)$ 之间的任一值 c,至少存在一点 $x_0 \in (a,b)$,使 $f(x_0) = c$.

定理 7 的几何意义为:若 $f(x)$ 为 $[a,b]$ 上的连续函数,c 为介于 $f(a)$ 与 $f(b)$ 之间的数,则直线 $y = c$ 与曲线 $y = f(x)$ 至少相交一次,如图 1.7.7 所示.

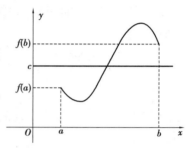

图 1.7.7

3) 最大最小值定理

定理 8(闭区间上连续函数的最值定理) 若函数 $y = f(x)$ 是闭区间 $[a,b]$ 上的连续函数,则它一定在闭区间 $[a,b]$ 上取得最大值和最小值. 即在 $[a,b]$ 内上至少存在两点 x_1, x_2,使得对于任何 $x \in [a,b]$,都有

$$f(x_1) \leqslant f(x) \leqslant f(x_2).$$

这里,$f(x_1)$ 和 $f(x_2)$ 分别称为函数 $f(x)$ 在闭区间 $[a,b]$ 上的最小值和最大值,如图 1.7.8 所示.

注:(1) 对于开区间内的连续函数或在闭区间上有间断点的函数,定理的结论不一定成立. 例如,函数 $y = x^2$ 在开区间 $(0,1)$ 内连续,但它在 $(0,1)$ 内不存在最大值和最小值. 又如函数

$$f(x) = \begin{cases} x + 1, & -1 \leqslant x < 0, \\ 0, & x = 0, \\ x - 1, & 0 < x \leqslant 1 \end{cases}$$

在闭区间 $[-1,1]$ 上有间断点 $x = 0$,$f(x)$ 在闭区间 $[-1,1]$ 上也不存在最大值和最小值,如图 1.7.9 所示.

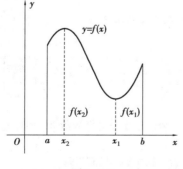

图 1.7.8

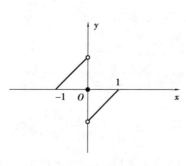

图 1.7.9

(2)定理中达到最大值和最小值的点也可能是区间$[a,b]$的端点,例如,函数$y=2x+1$在$[-1,2]$上连续,其最大值为$f(2)=5$,最小值为$f(-1)=-1$,均在区间$[-1,2]$的端点上取得.

习题 1.7

1. 研究下列函数的连续性,并画出图形:

$(1)f(x)=\begin{cases} x^2, & 0\leqslant x\leqslant 1, \\ 2-x, & 1<x<2; \end{cases}$

$(2)f(x)=\begin{cases} x, & |x|\leqslant 1, \\ 1, & |x|>1. \end{cases}$

2. 求下列函数的间断点,并判断其类型. 如果是可去间断点,则补充或改变函数的定义,使其在该点连续:

$(1)y=\dfrac{1-\cos 2x}{x^2};$ $(2)y=\dfrac{2\tan x}{x};$ $(3)y=e^{-\frac{1}{x}};$

$(4)y=\dfrac{x^2-1}{x^2-3x+2};$ $(5)f(x)=\begin{cases} \dfrac{\ln(x+1)}{x}, & x\neq 0, \\ -1, & x=0; \end{cases}$ $(6)f(x)=\begin{cases} \dfrac{\sin x}{|x|}, & x\neq 0, \\ 0, & x=0. \end{cases}$

3. 求下列极限:

$(1)\lim\limits_{x\to 1}\dfrac{e^x+1}{x^2};$ $(2)\lim\limits_{x\to \frac{\pi}{4}}\ln(3\cos 8x);$ $(3)\lim\limits_{x\to 0}\dfrac{e^{x^2}}{\arcsin(1+x)};$ $(4)\lim\limits_{x\to \frac{\pi}{2}}\left(\tan\dfrac{x}{2}\right)^3.$

4. 设函数$f(x)=\dfrac{\tan 2x}{x}$,当$x=0$时,确定$f(0)$的值,使其在$x=0$处连续.

5. 怎样选取a,b的值,使$f(x)$在$(-\infty,+\infty)$上连续?

$(1)f(x)=\begin{cases} e^x, & x<0, \\ a+x, & x\geqslant 0; \end{cases}$ $(2)f(x)=\begin{cases} ax+1, & x<\dfrac{\pi}{2}, \\ \sin x+b, & x\geqslant\dfrac{\pi}{2}. \end{cases}$

6. 试证:方程$x\cdot 2^x=1$至少有一个小于1的正根.

习题 1

1. 填空题.

(1)已知当$x\to 0$时,$1-\sqrt{1+ax^2}$与x^2是等价无穷小,则常数$a=$_____.

$(2)\lim\limits_{x\to 0}\dfrac{x\ln(1+x)}{1-\cos x}=$_____.

$(3)\lim\limits_{x\to\infty}\left(\dfrac{x^3+2}{x^3-3}\right)^{x^3}=$_____.

(4)若函数$f(x)=\begin{cases} x^2-c^2, & x<4, \\ cx+20, & x\geqslant 4, \end{cases}$在$(-\infty,+\infty)$上连续,则常数$c$的值为_____.

(5)已知$x=0$是函数$y=\dfrac{e^{2x}+a}{x}$的第一类间断点,则常数a的值为_____.

(6) 若 $\lim\limits_{x\to\infty}\dfrac{x^k+1}{4x^3+5x^2+3x-2}=\dfrac{1}{4}$,则 $k=$ _____.

2. 选择题.

(1) 函数 $f(x)$ 在点 x_0 具有极限是 $f(x)$ 在点 x_0 连续的( ).

A. 必要条件   B. 充分条件   C. 充要条件   D. 无关条件

(2) 当 $x\to0^+$ 时,与 $\sqrt{x}$ 等价的无穷小量是( ).

A. $1-\mathrm{e}^{\sqrt{x}}$ B. $\ln\dfrac{1-x}{1-\sqrt{x}}$ C. $\sqrt{1+\sqrt{x}}-1$ D. $1-\cos\sqrt{x}$

(3) 极限 $\lim\limits_{x\to\infty}\left[\dfrac{x^2}{(x-a)(x+b)}\right]^x=($),这里 a,b 为常数.

A. 1   B. e C. e^{a-b} D. e^{b-a}

(4) 下列极限存在的是( ).

A. $\lim\limits_{x\to\infty}\dfrac{x(x+1)}{x^2}$ B. $\lim\limits_{x\to\frac{1}{2}}\dfrac{1}{2x-1}$ C. $\lim\limits_{x\to0}\mathrm{e}^{\frac{1}{x}}$ D. $\lim\limits_{x\to+\infty}\sqrt{\dfrac{x^2+1}{x}}$

(5) 设 $n\in\mathbf{N}^*$,则函数 $f(x)=\dfrac{1+x}{1+x^{2n}}($).

A. 存在间断点 $x=1$ B. 存在间断点 $x=-1$

C. 存在间断点 $x=0$ D. 不存在间断点

3. 求函数 $y=\begin{cases}\sin\dfrac{1}{x}, & x\neq0,\\ 0, & x=0\end{cases}$ 的定义域与值域.

4. 判断下列函数的奇偶性:

(1) $f(x)=\sqrt{1-x}+\sqrt{1+x}$;   (2) $y=\mathrm{e}^{2x}-\mathrm{e}^{-2x}+\sin x$.

5. 设 $f(x)$ 定义在 $(-\infty,+\infty)$ 上,证明:

(1) $f(x)+f(-x)$ 为偶函数;   (2) $f(x)-f(-x)$ 为奇函数.

6. 某厂生产某种产品,年销售量为 10^6 件,每批生产需要准备费 10^3 元,而每件的年库存费为 0.05 元,如果销售是均匀的,求准备费与库存费之和的总费用与年销售批数之间的函数(销售均匀是指商品库存数为批量的一半).

7. 设函数 $f(x)=\dfrac{x}{\sqrt{1+x^2}}$,令 $\varphi_1(x)=f(x),\varphi_n(x)=f(\varphi_{n-1}(x)),n=2,3,\cdots$,试计算极限 $\lim\limits_{n\to\infty}\sqrt{n}\varphi_n(x)$.

8. 求下列极限:

(1) $\lim\limits_{n\to\infty}(1+x)(1+x^2)(1+x^4)\cdots(1+x^{2n})\ (|x|<1)$;   (2) $\lim\limits_{x\to\infty}\left(\dfrac{x-1}{x+1}\right)^x$;

(3) $\lim\limits_{x\to0}\left(\dfrac{\sin 2x}{x}\right)^{1+x}$;   (4) $\lim\limits_{x\to\infty}\left(\dfrac{x+1}{2x+1}\right)^{x^2}$.

9. 利用等价无穷小量,计算下列极限:

(1) $\lim\limits_{x\to0}\dfrac{\arctan 3x}{x}$;   (2) $\lim\limits_{n\to\infty}2^n\sin\dfrac{x}{2^n}$;

$(3) \lim\limits_{x \to \frac{1}{2}} \dfrac{4x^2 - 1}{\arcsin(1 - 2x)};$

$(4) \lim\limits_{x \to 0} \dfrac{\arctan x^2}{\sin \dfrac{x}{2} \ \arcsin x};$

$(5) \lim\limits_{x \to 0} \dfrac{\tan x - \sin x}{\sin x^3};$

$(6) \lim\limits_{x \to 0} \dfrac{\cos \alpha x - \cos \beta x}{x^2};$

$(7) \lim\limits_{x \to 0} \dfrac{\arcsin \dfrac{x}{\sqrt{1 - x^2}}}{\ln(1 - x)};$

$(8) \lim\limits_{x \to 0} \dfrac{1 - \cos 4x}{2 \sin^2 x + x \tan^2 x};$

$(9) \lim\limits_{x \to 0} \dfrac{\ln \cos ax}{\ln \cos bx};$

$(10) \lim\limits_{x \to 0} \dfrac{\ln(\sin^2 x + \mathrm{e}^x) - x}{\ln(x^2 + \mathrm{e}^{2x}) - 2x}.$

10. 下列函数在指定点处间断,说明它们属于哪一类间断点?

$(1) y = \cos \dfrac{1}{x^2}, x = 0;$

$(2) y = \begin{cases} x - 1, & x \leqslant 1, \\ 3 - x, & x > 1, \end{cases} x = 1.$

11. 当 $x = 0$ 时,下列函数无定义,试定义 $f(0)$ 的值,使其在 $x = 0$ 处连续.

$(1) f(x) = \sin x \sin \dfrac{1}{x};$

$(2) f(x) = (1 + x)^{\frac{1}{x}}.$

12. 试证:方程 $x = a \sin x + b$ 至少有一个不超过 $a + b$ 的正根,其中 $a > 0, b > 0$.

13. 设 a 为正常数,$f(x)$ 在 $[0, 2a]$ 上连续,且 $f(0) = f(2a)$,证明:方程 $f(x) = f(x + a)$ 在 $[0, a]$ 内至少有一根.

14. 设 $f(x)$ 在 $[0, 1]$ 上连续,且 $0 \leqslant f(x) \leqslant 1$,证明:至少存在一点 $\xi \in [0, 1]$,使 $f(\xi) = \xi$.

第 1 章参考答案

第 **2** 章
一元函数微分学

微分学是微积分的重要组成部分,它的基本概念是导数与微分,其中导数反映出函数相对于自变量的变化而变化的快慢程度,而微分则指明当自变量有微小变化时,函数值变化的近似值. 本章以极限为基础,引进导数与微分的定义,建立导数与微分的计算方法.

2.1 导数的概念

2.1.1 引例

1) 变速直线运动的瞬时速度

设 s 表示一物体从某时刻 t_0 开始到时刻 t 作直线运动的路程,则 s 是关于时间 t 的函数 $s = s(t)$. 当时间 t 由 t_0 改变到 $t_0 + \Delta t$ 时,物体所经过的距离为 $\Delta s = s(t_0 + \Delta t) - s(t_0)$.

当物体作匀速直线运动时,速度是一个常量,不随时间的变化而变化,即速度 v 为物体在时刻 t_0 到 t 的位移差 $s(t) - s(t_0)$ 与相应的时间差 $t - t_0$ 的商

$$v = \frac{s(t) - s(t_0)}{t - t_0}.$$

当物体作变速直线运动时,速度随时间的变化而变化,则上面的公式就不能用来求物体在某一时刻的瞬时速度. 不过,可先求出物体从时刻 t_0 到 t 的平均速度,然后假定 $t \to t_0$,最后求平均速度的极限 $\lim\limits_{t \to t_0} \dfrac{s(t) - s(t_0)}{t - t_0}$.

若此极限存在,则称此极限为物体在 t_0 时刻的瞬时速度,即

$$v(t_0) = \lim_{\Delta t \to 0} \frac{\Delta s}{\Delta t} = \lim_{\Delta t \to 0} \frac{s(t_0 + \Delta t) - s(t_0)}{\Delta t}. \tag{2.1.1}$$

2) 平面曲线切线问题

设曲线方程为 $y = f(x)$,经过定点 $M(x_0, y_0)$,取曲线上动点 $N(x_0 + \Delta x, y_0 + \Delta y)$,作割线 MN,如图 2.1.1 所示. 设割线 MN 与 x 轴的夹角为 φ,则割线的斜率为

$$\tan \varphi = \frac{\Delta y}{\Delta x} = \frac{f(x_0 + \Delta x) - f(x_0)}{\Delta x}$$

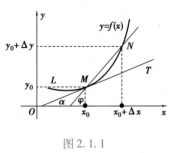

图 2.1.1

当 $\Delta x \to 0$ 时,动点 N 沿着曲线趋向于定点 M,这时割线 MN 的极限位置为直线 MT,直线 MT 称为曲线在 M 点处的切线,它的倾角记作 α. 当 $\Delta x \to 0$ 时,倾角 φ 趋向于切线 MT 的倾角 α,即

$$\tan \alpha = \lim_{\varphi \to \alpha} \tan \varphi = \lim_{\Delta x \to 0} \frac{\Delta y}{\Delta x} = \lim_{\Delta x \to 0} \frac{f(x_0 + \Delta x) - f(x_0)}{\Delta x} \left(\alpha \neq \frac{\pi}{2} \right).$$

(2.1.2)

当 $\alpha = \frac{\pi}{2}$ 时,切线为过 $M(x_0, y_0)$ 的竖直直线,其方程为 $x = x_0$.

以上两个例子的背景虽然不同,但其实质都是一个特定的极限:当自变量的改变量趋于零时,函数改变量与自变量之比的极限,即函数对自变量的变化率. 此特定的极限就称为导数.

从数学角度来看,$\frac{f(x) - f(x_0)}{x - x_0}$ 称为函数 $y = f(x)$ 在 x_0 与 x 的**差商**,而把 $x \to x_0$ 时,该差商的极限值(如果存在的话)称为函数 $f(x)$ 在 x_0 处的**导数**. 一般说来,工程技术中一个变量相对另一个变量的变化率问题,可以化成导数的问题进行处理.

2.1.2 导数的定义

定义 设函数 $y = f(x)$ 在点 x_0 的某个邻域内有定义. 如果极限

$$\lim_{x \to x_0} \frac{f(x) - f(x_0)}{x - x_0}$$

(2.1.3)

存在,则称函数 $f(x)$ 在点 x_0 处**可导**,该极限值为 $f(x)$ 在点 x_0 处的**导数**,记为

$$f'(x_0), \frac{\mathrm{d}y}{\mathrm{d}x}\bigg|_{x=x_0}, \frac{\mathrm{d}f(x)}{\mathrm{d}x}\bigg|_{x=x_0}, y'\bigg|_{x=x_0}.$$

导数 $f'(x_0)$ 可以表示为下面的形式:

(1)令 $x = x_0 + \Delta x$,则

$$f'(x_0) = \lim_{\Delta x \to 0} \frac{\Delta y}{\Delta x} = \lim_{\Delta x \to 0} \frac{f(x_0 + \Delta x) - f(x_0)}{\Delta x};$$

(2.1.4)

(2)令 $h = \Delta x$,则

$$f'(x_0) = \lim_{h \to 0} \frac{f(x_0 + h) - f(x_0)}{h}.$$

(2.1.5)

如果式(2.1.3)、式(2.1.4)和式(2.1.5)中右边的极限不存在,则称 $y = f(x)$ 在点 x_0 处不可导. 当 $\lim\limits_{x \to x_0} \frac{f(x) - f(x_0)}{x - x_0} = \infty$ 时,通常说函数 $y = f(x)$ 在点 x_0 处的**导数为无穷大**.

利用导数的定义求导数的步骤:

(1)求函数增量 $\Delta y = f(x_0 + \Delta x) - f(x_0)$;(2)求 $\frac{\Delta y}{\Delta x}$;(3)求 $\lim\limits_{\Delta x \to 0} \frac{\Delta y}{\Delta x}$.

例 1 求函数 $y = x^2$ 在 $x = 3$ 处的导数 $f'(3)$.

解 根据导数的定义求导数:

当 x 由 3 变到 $3 + \Delta x$ 时,函数相应的增量为

$$\Delta y = (3 + \Delta x)^2 - 3^2 = (\Delta x)^2 + 6 \cdot \Delta x$$

$$\frac{\Delta y}{\Delta x} = \frac{(\Delta x)^2 + 6 \cdot \Delta x}{\Delta x} = \Delta x + 6,$$

所以

$$f'(1) = \lim_{\Delta x \to 0} \frac{\Delta y}{\Delta x} = \lim_{\Delta x \to 0} (\Delta x + 6) = 6.$$

由函数 $y = f(x)$ 在点 x_0 处导数 $f'(x_0)$ 的定义可知,它是一种极限:

$$f'(x_0) = \lim_{x \to x_0} \frac{f(x) - f(x_0)}{x - x_0},$$

而极限存在的充要条件是左、右极限都存在且相等. 因此 $f'(x_0)$ 存在[即 $f(x)$ 在点 x_0 处可导]的充要条件应是下面的左、右极限

$$\lim_{x \to x_0^-} \frac{f(x) - f(x_0)}{x - x_0}, \quad \lim_{x \to x_0^+} \frac{f(x) - f(x_0)}{x - x_0}$$

都存在且相等. 这两个极限分别称为函数 $f(x)$ 在点 x_0 处的**左导数**和**右导数**,记为 $f'_-(x_0)$ 和 $f'_+(x_0)$,即

$$f'_-(x_0) = \lim_{x \to x_0^-} \frac{f(x) - f(x_0)}{x - x_0},$$

$$f'_+(x_0) = \lim_{x \to x_0^+} \frac{f(x) - f(x_0)}{x - x_0};$$

或写成增量形式

$$f'_-(x_0) = \lim_{\Delta x \to 0^-} \frac{f(x_0 + \Delta x) - f(x_0)}{\Delta x},$$

$$f'_+(x_0) = \lim_{\Delta x \to 0^+} \frac{f(x_0 + \Delta x) - f(x_0)}{\Delta x}.$$

定理 1　函数 $y = f(x)$ 在点 x_0 处可导的充要条件是: $f'_-(x_0)$ 及 $f'_+(x_0)$ 存在且相等.

注: 定理 1 常用于讨论分段函数在分段点的导数是否存在.

例 2　讨论函数 $f(x) = |x|$ 在点 $x = 0$ 处是否可导?

解　因为 $\dfrac{f(0 + \Delta x) - f(0)}{\Delta x} = \dfrac{|\Delta x| - 0}{\Delta x} = \operatorname{sgn}(\Delta x),$

所以

$$f'_+(0) = \lim_{\Delta x \to 0^+} \operatorname{sgn}(\Delta x) = 1,$$

$$f'_-(0) = \lim_{\Delta x \to 0^-} \operatorname{sgn}(\Delta x) = -1,$$

由于 $f'_+(0) \neq f'_-(0)$,因此 $f(x) = |x|$ 在点 $x = 0$ 处不可导.

例 3　试讨论函数

$$f(x) = \begin{cases} x, & x < 0, \\ \ln(1 + x), & x \geq 0 \end{cases}$$

在点 $x = 0$ 处的可导性.

解　显然 $f(x)$ 在点 $x = 0$ 处连续,而

$$f'_+(0) = \lim_{x \to 0^+} \frac{f(x) - f(0)}{x} = \lim_{x \to 0^+} \frac{\ln(1 + x) - 0}{x} = \lim_{x \to 0^+} \ln(1 + x)^{\frac{1}{x}} = 1,$$

$$f'_-(0) = \lim_{x \to 0^-} \frac{f(x) - f(0)}{x} = \lim_{x \to 0^-} \frac{x - 0}{x} = 1,$$

由于 $f'_+(0) = f'_-(0) = 1$, 故 $f(x)$ 在点 $x = 0$ 处可导, 且 $f'(0) = 1$.

如果函数 $y = f(x)$ 在开区间 (a, b) 内的每一点处都可导, 则称 $f(x)$ 在此开区间 (a, b) 内可导. 这时, 对任一 $x \in (a, b)$, 对应着 $f(x)$ 的一个确定的导数值, 这是一个新的函数关系, 称该函数为原来函数 $f(x)$ 的导函数, 记为 $f'(x), y', \dfrac{\mathrm{d}f(x)}{\mathrm{d}x}, \dfrac{\mathrm{d}y}{\mathrm{d}x}$ 等, 此时

$$f'(x) = \lim_{\Delta x \to 0} \frac{f(x + \Delta x) - f(x)}{\Delta x}, x \in (a, b). \qquad (2.1.6)$$

显然, $f(x)$ 在点 $x_0 \in (a, b)$ 的导数 $f'(x_0)$ 就是导函数 $f'(x)$ 在点 $x = x_0$ 处的函数值, 即 $f'(x_0) = f'(x) \big|_{x = x_0}$.

为方便起见, 我们简称函数的导函数为导数.

下面利用式 $(2.1.6)$ 来计算一些常用初等函数的导数.

例 4 求函数 $f(x) = C, x \in (-\infty, +\infty)$ 的导数, 其中 C 为常数.

解
$$f'(x) = \lim_{\Delta x \to 0} \frac{f(x + \Delta x) - f(x)}{\Delta x} = \lim_{\Delta x \to 0} \frac{C - C}{\Delta x} = 0,$$

即
$$(C)' = 0.$$

通常说成: 常数的导数等于零.

例 5 设 $y = x^n$, n 为正整数, 求 y'.

解
$$y' = \lim_{\Delta x \to 0} \frac{(x + \Delta x)^n - x^n}{\Delta x}$$

$$= \lim_{\Delta x \to 0} \left[nx^{n-1} + C_n^2 x^{n-2}(\Delta x) + \cdots + (\Delta x)^{n-1} \right]$$

$$= nx^{n-1},$$

即
$$(x^n)' = nx^{n-1}.$$

特别地, $n = 1$ 时, 有 $(x)' = 1$.

例 6 设 $y = x^3$, 求 $y' \big|_{x=2}$.

解 由例 5 可得
$$y' = (x^3)' = 3x^{3-1} = 3x^2,$$

所以
$$y' \big|_{x=2} = 3x^2 \big|_{x=2} = 3 \times 2^2 = 12.$$

例 7 设 $y = \sin x$, 求 y'.

解
$$y' = \lim_{\Delta x \to 0} \frac{\sin(x + \Delta x) - \sin x}{\Delta x} = \lim_{\Delta x \to 0} \frac{2\cos \dfrac{2x + \Delta x}{2} \sin \dfrac{\Delta x}{2}}{\Delta x}$$

$$= \lim_{\Delta x \to 0} \frac{\sin \dfrac{\Delta x}{2} \cos \dfrac{2x + \Delta x}{2}}{\Delta x} = \cos x.$$

即
$$(\sin x)' = \cos x.$$

类似可得: $(\cos x)' = -\sin x$.

例 8 设 $y = a^x, x \in (-\infty, +\infty), a > 0$ 且 $a \neq 1$, 求 y'.

解 注意到 $u \to 0$ 时, 由式 $(1.5.4)$ 得 $a^u - 1 \sim u \ln a$, 从而

$$y' = \lim_{\Delta x \to 0} \frac{a^{x+\Delta x} - a^x}{\Delta x} = \lim_{\Delta x \to 0} \frac{a^x(a^{\Delta x} - 1)}{\Delta x}$$

$$= a^x \lim_{\Delta x \to 0} \frac{a^{\Delta x} - 1}{\Delta x} = a^x \lim_{\Delta x \to 0} \frac{\Delta x \ln a}{\Delta x} = a^x \ln a,$$

即
$$(a^x)' = a^x \ln a \,(a > 0 \text{ 且 } a \neq 1).$$

特别地
$$(\mathrm{e}^x)' = \mathrm{e}^x.$$

例 9　设 $y = \log_a x, x \in (0, +\infty), a > 0$ 且 $a \neq 1$，求 y'.

解
$$y' = \lim_{\Delta x \to 0} \frac{\log_a(x + \Delta x) - \log_a x}{\Delta x} = \lim_{\Delta x \to 0} \frac{\log_a\left(1 + \dfrac{\Delta x}{x}\right)}{\Delta x}$$

$$= \lim_{\Delta x \to 0} \frac{1}{x} \log_a\left(1 + \frac{\Delta x}{x}\right)^{\frac{x}{\Delta x}} = \frac{1}{x} \log_a \mathrm{e} = \frac{1}{x \ln a},$$

即
$$(\log_a x)' = \frac{1}{x \ln a}.$$

特别地
$$(\ln x)' = \frac{1}{x}.$$

以上推导的导数公式可直接应用于解决相关问题，必须熟练掌握.

例 10　讨论函数

$$f(x) = \begin{cases} x \sin \dfrac{1}{x}, & x \neq 0, \\ 0, & x = 0 \end{cases}$$

在点 $x = 0$ 处的连续性和可导性.

解　因为

$$\lim_{x \to 0} f(x) = \lim_{x \to 0} x \sin \frac{1}{x} = 0 = f(0),$$

所以 $f(x)$ 在点 $x = 0$ 处连续，但是

$$\lim_{x \to 0} \frac{f(x) - f(0)}{x - 0} = \lim_{x \to 0} \frac{x \sin \dfrac{1}{x} - 0}{x} = \lim_{x \to 0} \sin \frac{1}{x}$$

不存在，故 $f(x)$ 在点 $x = 0$ 处不可导.

此例说明"连续不一定可导"，连续只是可导的必要条件，故有下面定理成立.

定理 2　若 $y = f(x)$ 在点 x_0 处可导，则 $f(x)$ 在点 x_0 处必连续.

证　由于 $f(x)$ 在点 x_0 可导，即

$$\lim_{x \to x_0} \frac{f(x) - f(x_0)}{x - x_0} = f'(x_0)$$

存在. 由无穷小量与函数极限的关系得

$$\frac{f(x) - f(x_0)}{x - x_0} = f'(x_0) + \alpha,$$

其中 $\alpha \to 0 (x \to x_0)$，于是

$$f(x) - f(x_0) = f'(x_0)(x - x_0) + \alpha(x - x_0),$$

故
$$\lim_{x \to x_0} \big(f(x) - f(x_0)\big) = \lim_{x \to x_0} \big(f'(x_0)(x - x_0) + \alpha(x - x_0)\big) = 0.$$

即 $$\lim_{x \to x_0} f(x) = \lim_{x \to x_0} \big(f(x) - f(x_0) + f(x_0) \big) = f(x_0).$$

故 $f(x)$ 在点 x_0 处连续.

2.1.3 导数的几何意义

由引例中平面曲线切线问题可知,若函数 $y = f(x)$ 可导,则 $y = f(x)$ 在点 x_0 处的导数 $f'(x_0)$,就是曲线 $y = f(x)$ 在对应点 $M(x_0, y_0)$ 处的切线的斜率,即 $f'(x_0)$ 的几何意义.

曲线 $y = f(x)$ 在点 $M(x_0, y_0)$ 处的切线方程为:

$$y - f(x_0) = f'(x_0)(x - x_0);$$

通过切点 M_0 且垂直于切线的直线称为曲线在该点的法线. 曲线 $y = f(x)$ 在点 $M(x_0, y_0)$ 的法线方程为:

$$y - f(x_0) = -\frac{1}{f'(x_0)}(x - x_0) \quad (f'(x_0) \neq 0);$$

$$x = x_0 \quad (f'(x_0) = 0);$$

若函数 $f(x)$ 在点 x_0 处连续, $f'(x_0) = \infty$,则切线方程为 $x = x_0$,法线方程为 $y = y_0$.

例 11 求曲线 $y = \dfrac{1}{x}$ 在点 $\left(\dfrac{1}{2}, 2\right)$ 处的切线的斜率,并写出该点处的切线方程和法线方程.

解 由导数的几何意义,得切线的斜率为

$$k = y' \big|_{x = \frac{1}{2}} = \left(\frac{1}{x}\right)' \Big|_{x = \frac{1}{2}} = -\frac{1}{x^2} \Big|_{x = \frac{1}{2}} = -4.$$

所求切线方程为 $y - 2 = -4\left(x - \dfrac{1}{2}\right)$,即 $4x + y - 4 = 0$;

法线方程为 $y - 2 = \dfrac{1}{4}\left(x - \dfrac{1}{2}\right)$,即 $2x - 8y + 15 = 0$.

例 12 求过点 $(0, -4)$ 且与曲线 $y = \dfrac{1}{x}$ 相切的直线方程.

解 显然,点 $(0, -4)$ 不在曲线 $y = \dfrac{1}{x}$ 上. 由导数的几何意义可知,若设切点为 (x_0, y_0),则 $y_0 = \dfrac{1}{x_0}$,且所求切线的斜率

$$k = \left(\frac{1}{x}\right)' \Big|_{x = x_0} = -\frac{1}{x_0^2},$$

故所求切线方程为

$$y - \frac{1}{x_0} = -\frac{1}{x_0^2}(x - x_0).$$

又切线过点 $(0, -4)$,所以有

$$-4 - \frac{1}{x_0} = -\frac{1}{x_0^2}(-x_0).$$

于是得 $x_0 = -\dfrac{1}{2}, y_0 = -2$,从而所求切线方程为

$$y + 2 = -4\left(x + \frac{1}{2}\right), \quad 即 \; y = -4x - 4.$$

例 13　在曲线 $y = x^4$ 上求一点,使该点处的曲线的切线与直线 $y = -32x + 5$ 平行.

解　在 $y = x^4$ 上的任一点 $M(x, y)$ 处的切线的斜率

$$k = y' = (x^4)' = 4x^3,$$

而已知直线 $y = -32x + 5$ 的斜率 $k_1 = -32$.

令 $k = k_1$,即 $4x^3 = -32$,解之得 $x = -2$,代入曲线方程得

$$y = (-2)^4 = 16,$$

故所求点为 $(-2, 16)$.

习题 2.1

1. 设 $s = \dfrac{1}{2}gt^2$,求 $\dfrac{ds}{dt}\bigg|_{t=2}$.

2. 下列各题中均假定 $f'(x_0)$ 存在,按照导数定义观察下列极限,指出各题 A 表示什么:

$(1)\ \lim\limits_{\Delta x \to 0} \dfrac{f(x_0 - \Delta x) - f(x_0)}{\Delta x} = A$;

$(2)\ f(x_0) = 0,\ \lim\limits_{x \to x_0} \dfrac{f(x)}{x_0 - x} = A$;

$(3)\ \lim\limits_{h \to 0} \dfrac{f(x_0 + h) - f(x_0 - h)}{h} = A$.

3. (1) 设 $f(x) = \dfrac{1}{x}$,求 $f'(x_0)$ $(x_0 \neq 0)$;

(2) 设 $f(x) = x(x-1)(x-2) \cdots (x-n)$,求 $f'(0)$.

4. 讨论函数 $y = \sqrt[3]{x}$ 在 $x = 0$ 点处的连续性和可导性.

5. 设函数

$$f(x) = \begin{cases} x^2, & x \leq 1, \\ ax + b, & x > 1, \end{cases}$$

为了使函数 $f(x)$ 在 $x = 1$ 点处连续且可导,a, b 应取什么值?

6. 试求过点 $(3, 8)$ 且与曲线 $y = x^2$ 相切的直线方程.

2.2　求 导 法 则

对于一些复杂的函数,直接利用导数定义求其导数是很困难的,因此本节介绍计算导数的基本法则,利用本节所介绍的这些法则及上节中已经求得的一些简单函数的导数公式,可以方便地计算较复杂函数的导数.

2.2.1　函数四则运算的求导法

定理 1　设函数 $u = u(x), v = v(x)$ 在点 x 处可导,k_1, k_2 为常数,则下列各等式成立:

$(1)\ \left(k_1 u(x) + k_2 v(x)\right)' = k_1 u'(x) + k_2 v'(x)$;

$(2) \left(u(x)v(x) \right)' = u'(x)v(x) + u(x)v'(x);$

$(3) \left(\dfrac{u(x)}{v(x)} \right)' = \dfrac{u'(x)v(x) - u(x)v'(x)}{v^2(x)} \left(v(x) \neq 0 \right).$

证 仅以(3)式为例进行证明. 记 $g(x) = \dfrac{u(x)}{v(x)}$,且 $v(x) \neq 0$,则

$$
\begin{aligned}
g'(x) &= \lim_{\Delta x \to 0} \frac{1}{\Delta x} \left[\frac{u(x + \Delta x)}{v(x + \Delta x)} - \frac{u(x)}{v(x)} \right] \\
&= \lim_{\Delta x \to 0} \left[\frac{1}{v(x)v(x + \Delta x)} \left(\frac{u(x + \Delta x) - u(x)}{\Delta x} v(x) - u(x) \frac{v(x + \Delta x) - v(x)}{\Delta x} \right) \right] \\
&= \lim_{\Delta x \to 0} \frac{1}{v(x)v(x + \Delta x)} \left(v(x) \lim_{\Delta x \to 0} \frac{u(x + \Delta x) - u(x)}{\Delta x} - u(x) \lim_{\Delta x \to 0} \frac{v(x + \Delta x) - v(x)}{\Delta x} \right) \\
&= \frac{u'(x)v(x) - u(x)v'(x)}{v^2(x)}.
\end{aligned}
$$

定理中的(1)式和(2)式均可推广至有限多个函数的情形. 请读者自行完成.

例 1 设 $y = x^4 + \sin x - \ln x$,求 y'.

解 $y' = (x^4 + \sin x - \ln x)' = (x^4)' + (\sin x)' - (\ln x)' = 4x^3 + \cos x - \dfrac{1}{x}$.

例 2 设 $y = a^x \sin x$,求 y'.

解 $y' = (a^x \sin x)' = (a^x)' \sin x + a^x (\sin x)' = a^x \ln a \sin x + a^x \cos x$.

例 3 设 $y = e^x(\sin x + \cos x)$,求 y'.

解 $y' = \left(e^x(\sin x + \cos x) \right)' = (e^x)'(\sin x + \cos x) + e^x(\sin x + \cos x)'$

$\qquad = e^x(\sin x + \cos x) + e^x(\cos x - \sin x) = 2e^x \cos x.$

例 4 设 $y = x^3 \cos x \sin x$,求 y'.

解 $y' = (x^3 \cos x \sin x)'$

$\qquad = (x^3)' \cos x \sin x + x^3 (\cos x)' \sin x + x^3 \cos x (\sin x)'$

$\qquad = 3x^2 \cos x \sin x - x^3 \sin^2 x + x^3 \cos^2 x.$

例 5 设 $y = \tan x$,求 y'.

解 $y' = (\tan x)' = \left(\dfrac{\sin x}{\cos x} \right)'$

$\qquad = \dfrac{(\sin x)' \cos x - \sin x (\cos x)'}{\cos^2 x}$

$\qquad = \dfrac{\cos^2 x + \sin^2 x}{\cos^2 x} = \dfrac{1}{\cos^2 x},$

即
$$(\tan x)' = \frac{1}{\cos^2 x} = \sec^2 x = 1 + \tan^2 x.$$

类似地,可得 $(\cot x)' = -\dfrac{1}{\sin^2 x} = -\csc^2 x = -(1 + \cot^2 x)$.

例 6 设 $y = \sec x$,求 y'.

解 在定理 1 的(3)中,取 $u(x) \equiv 1$,则有

$$\left(\frac{1}{v(x)}\right)' = -\frac{v'(x)}{v^2(x)}.$$

于是

$$y' = (\sec x)' = \left(\frac{1}{\cos x}\right)' = -\frac{(\cos x)'}{\cos^2 x} = \frac{\sin x}{\cos^2 x} = \sec x \tan x,$$

即
$$(\sec x)' = \sec x \tan x.$$
类似地,可得
$$(\csc x)' = -\csc x \cot x.$$

2.2.2　复合函数求导法

定理 2(链导法)　若 $u = \varphi(x)$ 在点 x 处可导,而 $y = f(u)$ 在相应点 $u = \varphi(x)$ 处可导,则复合函数 $y = f(\varphi(x))$ 在点 x 处可导,且 $\dfrac{dy}{dx} = \dfrac{dy}{du} \cdot \dfrac{du}{dx}$,或记为

$$(y = f(\varphi(x)))' = f'(\varphi(x)) \cdot \varphi'(x).$$

证　因为 $y = f(u)$ 在 u 的导数 $f'(u) = \lim\limits_{\Delta u \to 0} \dfrac{\Delta y}{\Delta x}$ 存在,所以

$$\frac{\Delta y}{\Delta u} = f'(u) + \alpha,\text{其中 } \alpha \to 0(\Delta u \to 0),$$

故
$$\Delta y = f'(u)\Delta u + \alpha \Delta u,$$
从而
$$\lim_{\Delta x \to 0} \frac{\Delta y}{\Delta x} = \lim_{\Delta x \to 0}\left(f'(u)\frac{\Delta u}{\Delta x} + \alpha \frac{\Delta u}{\Delta x}\right)$$

$$= f'(u)\lim_{\Delta x \to 0}\frac{\Delta u}{\Delta x} + \lim_{\Delta x \to 0}\alpha \lim_{\Delta x \to 0}\frac{\Delta u}{\Delta x}.$$

又 $u = \varphi(x)$ 在点 x 处可导,故 $\varphi(x)$ 必在点 x 处连续,因此 $\Delta x \to 0$ 时,必有 $\Delta u \to 0$. 又 $\lim\limits_{\Delta u \to 0}\alpha = 0$,于是 $\lim\limits_{\Delta x \to 0}\alpha = 0$,且

$$\lim_{\Delta x \to 0}\frac{\Delta y}{\Delta x} = f'(u)\varphi'(x) + \lim_{\Delta u \to 0}\alpha \lim_{\Delta x \to 0}\frac{\Delta u}{\Delta x}$$

$$= f'(u)\varphi'(x) = f'(\varphi(x))\varphi'(x),$$

而 $\lim\limits_{\Delta x \to 0}\dfrac{\Delta y}{\Delta x} = (f(\varphi(x)))'$,定理证毕.

链导法可以推广到多个函数复合的情形,如设 $y = f(u)$,$u = g(v)$,$v = \varphi(x)$ 均可导,则复合函数 $y = f(g(\varphi(x)))$ 对 x 的导数为

$$\frac{dy}{dx} = \frac{dy}{du} \cdot \frac{du}{dv} \cdot \frac{dv}{dx}\text{或者}\frac{dy}{dx} = f'(g(\varphi(x))) \cdot g'(\varphi(x)) \cdot \varphi'(x).$$

例 7　设 $y = e^{x^3}$,求 y'.

解　令 $u = x^3$,则 $y = e^u$,从而

$$\frac{dy}{dx} = \frac{dy}{du} \cdot \frac{du}{dx} = \frac{d(e^u)}{du} \cdot \frac{d(x^3)}{dx} = e^u \cdot 3x^2 = e^{x^3} \cdot 3x^2.$$

即
$$(e^{x^3})' = e^{x^3} \cdot 3x^2.$$

例 8　设 $y = (2x+1)^5$,求 y'.

解　令 $u = 2x + 1$,则 $y = u^5$,从而

$$\frac{\mathrm{d}y}{\mathrm{d}x} = \frac{\mathrm{d}y}{\mathrm{d}u} \cdot \frac{\mathrm{d}u}{\mathrm{d}x} = \frac{\mathrm{d}(u^5)}{\mathrm{d}u} \cdot \frac{\mathrm{d}(2x+1)}{\mathrm{d}x} = 5u^4 \cdot 2 = 10(2x+1)^4,$$

即

$$\left((2x+1)^5\right)' = 10(2x+1)^4.$$

例 9 设 $y = \sin^2 x$，求 y'.

解 令 $u = \sin x$，则 $y = u^2$，从而

$$\frac{\mathrm{d}y}{\mathrm{d}x} = \frac{\mathrm{d}y}{\mathrm{d}u} \cdot \frac{\mathrm{d}u}{\mathrm{d}x} = \frac{\mathrm{d}(u^2)}{\mathrm{d}u} \cdot \frac{\mathrm{d}(\sin x)}{\mathrm{d}x} = 2u \cdot \cos x = 2\sin x \cdot \cos x.$$

即

$$(\sin^2 x)' = 2\sin x \cdot \cos x.$$

对复合函数的分解熟练后，就不必再写出中间变量，而可按下列各题的方式进行计算.

例 10 设 $y = \sin\dfrac{1}{1+x}$，求 y'.

解 $y' = \cos\dfrac{1}{1+x}\left(\dfrac{1}{1+x}\right)' = -\dfrac{1}{(1+x)^2}\cos\dfrac{1}{1+x}.$

例 11 设 $y = \sqrt{\sin e^{x^2}}$，求 y'.

解 $y' = (\sqrt{\sin e^{x^2}})' = \dfrac{1}{2\sqrt{\sin e^{x^2}}}(\sin e^{x^2})' = \dfrac{1}{2\sqrt{\sin e^{x^2}}}\cos e^{x^2}(e^{x^2})'$

$$= \dfrac{1}{2\sqrt{\sin e^{x^2}}}\cos e^{x^2} \cdot e^{x^2}(x^2)' = \dfrac{1}{2\sqrt{\sin e^{x^2}}}\cos e^{x^2} \cdot e^{x^2} 2x = \dfrac{x e^{x^2}\cos e^{x^2}}{\sqrt{\sin e^{x^2}}}.$$

例 12 设 $y = \ln\tan x$，求 y'.

解 $y' = (\ln\tan x)' = \dfrac{1}{\tan x}(\tan x)' = \dfrac{1}{\tan x}\sec^2 x = \dfrac{1}{\sin x \cos x}.$

例 13 设 $y = \ln(x+\sqrt{1+x^2})$，求 y'.

解 $y' = \left[\ln(x+\sqrt{1+x^2})\right]' = \dfrac{1}{x+\sqrt{1+x^2}}(x+\sqrt{1+x^2})'$

$$= \dfrac{1}{x+\sqrt{1+x^2}}\left(1+\dfrac{(1+x^2)'}{2\sqrt{1+x^2}}\right) = \dfrac{1}{x+\sqrt{1+x^2}}\left(1+\dfrac{x}{\sqrt{1+x^2}}\right) = \dfrac{1}{\sqrt{1+x^2}}.$$

2.2.3 反函数求导法

定理 3 设函数 $y = f(x)$ 与 $x = \varphi(y)$ 互为反函数，$f(x)$ 在点 x 处可导，$\varphi(y)$ 在相应点 y 处可导，且 $\dfrac{\mathrm{d}x}{\mathrm{d}y} = \varphi'(y) \neq 0$，则

$$\frac{\mathrm{d}y}{\mathrm{d}x} = \frac{1}{\dfrac{\mathrm{d}x}{\mathrm{d}y}}，或 f'(x) = \frac{1}{\varphi'(y)}.$$

简单地说成：反函数的导数是其直接函数导数的倒数.

证 由 $x = \varphi(y) = \varphi(f(x))$ 及 $y = f(x)$，$x = \varphi(y)$ 的可导性，利用复合函数的求导法，得

$$1 = \varphi'(f(x))f'(x) = \varphi'(y)f'(x),$$

故

$$f'(x) = \frac{1}{\varphi'(y)}, \quad \varphi'(y) \neq 0 \quad .$$

例 14　设 $y = \arcsin x$，求 y'.

解　由定理 3 及 $x = \sin y$ 可知

$$y' = \frac{1}{(\sin y)'_y} = \frac{1}{\cos y} = \frac{1}{\sqrt{1 - \sin^2 y}} = \frac{1}{\sqrt{1 - x^2}}.$$

这里记号 $(\sin y)'_y$ 表示求导是对变量 y 进行的.

由上式，得

$$(\arcsin x)' = \frac{1}{\sqrt{1 - x^2}}.$$

同理，可得

$$(\arccos x)' = \frac{-1}{\sqrt{1 - x^2}}, (\arctan x)' = \frac{1}{1 + x^2}, (\operatorname{arc cot} x)' = \frac{-1}{1 + x^2}.$$

2.2.4　由参数方程确定的函数求导法

若方程 $x = \varphi(t)$ 和 $y = \psi(t)$ 确定 y 与 x 间的函数关系，则称此函数关系所表达的函数为由参数方程

$$\begin{cases} x = \varphi(t), \\ y = \psi(t), \end{cases} t \in (\alpha, \beta),$$

所确定的函数. 下面讨论由参数方程所确定的函数的导数.

设 $t = \varphi^{-1}(x)$ 为 $x = \varphi(t)$ 的反函数，在 $t \in (\alpha, \beta)$ 中，函数 $x = \varphi(t)$，$y = \psi(t)$ 均可导，这时由复合函数的导数和反函数的导数公式，有

$$\frac{\mathrm{d}y}{\mathrm{d}x} = (\psi(\varphi^{-1}(x)))' = \psi'(\varphi^{-1}(x))(\varphi^{-1}(x))'$$

$$= \psi'(\varphi^{-1}(x)) \frac{1}{\varphi'(t)} = \frac{\psi'(t)}{\varphi'(t)} \quad (\varphi'(t) \neq 0).$$

于是，由参数方程所确定的函数 $y = y(x)$ 的导数为

$$\frac{\mathrm{d}y}{\mathrm{d}x} = \frac{\dfrac{\mathrm{d}y}{\mathrm{d}t}}{\dfrac{\mathrm{d}x}{\mathrm{d}t}} = \frac{\psi'(t)}{\varphi'(t)}, \left(\varphi'(t) \neq 0\right).$$

例 15　设 $\begin{cases} x = a \cos^3 t, \\ y = a \sin^3 t, \end{cases}$ 求 $\dfrac{\mathrm{d}y}{\mathrm{d}x}$.

解　$\dfrac{\mathrm{d}y}{\mathrm{d}x} = \dfrac{(a \sin^3 t)'_t}{(a \cos^3 t)'_t} = \dfrac{3a \sin^2 t \cos t}{3a \cos^2 t(-\sin t)} = -\tan t, \left(t \neq \dfrac{n\pi}{2}, n \text{ 为整数}\right).$

例 16　设 $\begin{cases} x = \dfrac{3at}{1 + t^2}, \\ y = \dfrac{3at^2}{1 + t^2}, \end{cases} -\infty < t < +\infty$，求 $\dfrac{\mathrm{d}y}{\mathrm{d}x}$.

解　$\dfrac{\mathrm{d}y}{\mathrm{d}x} = \dfrac{\left(\dfrac{3at^2}{1 + t^2}\right)'_t}{\left(\dfrac{3at}{1 + t^2}\right)'_t} = \dfrac{6at(1 + t^2) - 6at^2}{3a(1 + t^2) - 6at^2} = \dfrac{2t}{1 - t^2}, (t \neq \pm 1).$

例 17　求由方程 $r = e^{a\theta}\left(0 < \theta < \dfrac{\pi}{4}, a > 1\right)$ 所确定的函数 $y = y(x)$ 的导数.

解　由已知条件得

$$\begin{cases} x = r\cos\theta = e^{a\theta}\cos\theta, \\ y = r\sin\theta = e^{a\theta}\sin\theta, \end{cases}$$

故

$$\frac{dy}{dx} = \frac{(e^{a\theta}\cos\theta)'_\theta}{(e^{a\theta}\sin\theta)'_\theta} = \frac{ae^{a\theta}\sin\theta + e^{a\theta}\cos\theta}{ae^{a\theta}\cos\theta - e^{a\theta}\sin\theta} = \frac{a\sin\theta + \cos\theta}{a\cos\theta - \sin\theta}.$$

例 18　求椭圆 $\begin{cases} x = a\cos t, \\ y = b\sin t \end{cases}$ 在 $t = \dfrac{\pi}{4}$ 处的切线方程和法线方程.

解

$$\frac{dy}{dx} = \frac{(b\sin t)'}{(a\cos t)'} = -\frac{b}{a}\cot t,$$

所以在椭圆上对应于 $t = \dfrac{\pi}{4}$ 的点 $\left(\dfrac{a}{\sqrt{2}}, \dfrac{b}{\sqrt{2}}\right)$ 处的切线和法线的斜率为

$$k_{切} = \frac{dy}{dx}\bigg|_{t=\frac{\pi}{4}} = -\frac{b}{a}\cot\frac{\pi}{4} = -\frac{b}{a},$$

$$k_{法} = \frac{a}{b},$$

切线方程和法线方程分别为

$$bx + ay = \sqrt{2}ab \ \text{和} \ ax - by = \frac{1}{\sqrt{2}}(a^2 - b^2).$$

2.2.5　隐函数求导法

如果在含变量 x 和 y 的关系式 $F(x,y) = 0$ 中,当 x 取某区间 I 内的任一值时,相应地总有满足该方程唯一的 y 值与之对应,那么就说方程 $F(x,y) = 0$ 在该区间内确定了一个隐函数 $y = y(x)$. 这时 $y(x)$ 不一定都能用关于 x 的表达式表示出来. 例如,方程 $e^y + xy - e^{-x} = 0$ 和 $y = \cos(x+y)$ 都能确定隐函数 $y = y(x)$. 如果 $F(x,y) = 0$ 确定的隐函数 $y = y(x)$ 能用关于 x 的表达式表示,则称该隐函数可显化. 例如 $x^3 + y^5 - 1 = 0$,解出 $y = \sqrt[5]{1 - x^3}$,就把隐函数化成了显函数.

如何计算隐函数的导数? 如果一个隐函数可以化为显函数,则对显化后的函数直接求导数. 如果隐函数不能化为显函数,则采用下面的求导法则来求解隐函数的导数.

隐函数求导法则:设 $F(x,y) = 0$ 确定的隐函数 $y = y(x)$,则将 $y = y(x)$ 代入方程 $F(x,y) = 0$ 中,得 $F(x,y(x)) \equiv 0$;将 y 看成关于 x 的函数,利用复合函数求导法则,上式两边关于 x 求导(若可导),从求导所得等式中解出 $\dfrac{dy}{dx}$.

例 19　求方程 $y = \cos(x+y)$ 所确定的隐函数 $y = y(x)$ 的导数.

解　将方程两边关于 x 求导,注意 y 是 x 的函数,得

$$y' = -\sin(x+y)(1+y'),$$

即

$$y' = \frac{-\sin(x+y)}{1 + \sin(x+y)}, 1 + \sin(x+y) \neq 0.$$

例 20　求由方程 $e^y + xy - e^{-x} = 0$ 所确定的隐函数 $y = y(x)$ 的导数.

解　将方程两边关于 x 求导,得

$$e^y y' + y + xy' + e^{-x} = 0,$$

故

$$y' = -\frac{y + e^{-x}}{x + e^y}(x + e^y \neq 0).$$

对数求导法则:隐函数的求导法也常用来求一些较复杂的显函数的导数. 如在计算幂指函数的导数以及某些乘幂、连乘积、带根号函数的导数时,可以采用先取对数化显函数为隐函数形式,再求导的方法,简称对数求导法. 它的运算过程如下:

在 $y = f(x)\left(f(x) > 0\right)$ 的两边取对数,得

$$\ln y = \ln f(x).$$

上式两边对 x 求导,注意到 y 是 x 的函数,得

$$\frac{y'}{y} = [\ln f(x)]',$$

即 $y' = y[\ln f(x)]'$.

例 21　求 $y = \dfrac{(x^2 + 2)^2}{(x^4 + 1)(x^2 + 1)}$ 的导数.

解　先在两边取对数,得

$$\ln y = 2\ln(x^2 + 2) - \ln(x^4 + 1) - \ln(x^2 + 1),$$

上式两边对 x 求导,注意到 y 是 x 的函数,得

$$\frac{y'}{y} = \frac{4x}{x^2 + 2} - \frac{4x^3}{x^4 + 1} - \frac{2x}{x^2 + 1},$$

于是

$$y' = y\left(\frac{4x}{x^2 + 2} - \frac{4x^3}{x^4 + 1} - \frac{2x}{x^2 + 1}\right).$$

即

$$y' = \frac{(x^2 + 2)^2}{(x^4 + 1)(x^2 + 1)}\left(\frac{4x}{x^2 + 2} - \frac{4x^3}{x^4 + 1} - \frac{2x}{x^2 + 1}\right).$$

例 22　设 $y = \dfrac{(x + 1) \cdot \sqrt[3]{x - 1}}{(x + 4)^2 \cdot e^x}$,求 y'.

解　两边同时取对数,并利用对数的运算性质化简得

$$\ln y = \ln(x + 1) + \frac{1}{3}\ln(x - 1) - 2\ln(x + 4) - x,$$

上式两边对 x 求导,得

$$\frac{y'}{y} = \frac{1}{x + 1} + \frac{1}{3} \cdot \frac{1}{x - 1} - \frac{2}{x + 4} - 1,$$

于是

$$y' = \frac{(x + 1) \cdot \sqrt[3]{x - 1}}{(x + 4)^2 \cdot e^x} \cdot \left(\frac{1}{x + 1} + \frac{1}{3} \cdot \frac{1}{x - 1} - \frac{2}{x + 4} - 1\right).$$

例 23　求 $y = x^{\sin x}(x > 0)$ 的导数.

解　两边取对数得 $\ln y = \sin x \ln x$. 两边对 x 求导,得

$$\frac{y'}{y} = \cos x \ln x + \frac{\sin x}{x},$$

于是
$$y' = x^{\sin x}\left(\cos x \, \ln x + \frac{\sin x}{x}\right).$$

习题 2.2

1. 求下列函数的导数：

$(1)\, y = \sqrt{x}$;

$(2)\, y = \dfrac{1}{\sqrt[3]{x^2}}$;

$(3)\, y = \dfrac{x^2 \cdot \sqrt[3]{x^2}}{\sqrt{x^5}}$;

$(4)\, y = 3\ln x + \sin \dfrac{\pi}{7}$;

$(5)\, y = \sqrt{x}\ln x$;

$(6)\, y = (1 - x^2) \cdot \sin x \cdot (1 - \sin x)$;

$(7)\, y = \dfrac{1 - \sin x}{1 - \cos x}$;

$(8)\, y = \tan x + e^{\pi}$;

$(9)\, y = \dfrac{\sec x}{x} - 3\sec x$;

$(10)\, y = \ln x - 2 \lg x + 3 \log_2 x$;

$(11)\, y = \dfrac{1}{1 + x + x^2}$.

2. 求下列复合函数的导数：

$(1)\, y = e^{3x}$;

$(2)\, y = \arctan x^2$;

$(3)\, y = e^{\sqrt{2x+1}}$;

$(4)\, y = (1 + x^2)\ln(x + \sqrt{1 + x^2})$;

$(5)\, y = x^2 \cdot \sin \dfrac{1}{x^2}$;

$(6)\, y = \cos^2 ax^3$ (a 为常数)；

$(7)\, y = \arccos \dfrac{1}{x}$;

$(8)\, y = \left(\arcsin \dfrac{x}{2}\right)^2$.

3. $y = \arccos \dfrac{x-3}{3} - 2\sqrt{\dfrac{6-x}{x}}$, 求 $y'|_{x=3}$.

4. 试求曲线 $y = e^{-x} \cdot \sqrt[3]{x+1}$ 在点 $(0,1)$ 及点 $(-1,0)$ 处的切线方程和法线方程.

5. 求下列参数方程所确定的函数的导数 $\dfrac{\mathrm{d}y}{\mathrm{d}x}$:

$(1)\, \begin{cases} x = a\cos bt + b\sin at \\ y = a\sin bt - b\cos at \end{cases}$, $(a, b$ 为常数)；

$(2)\, \begin{cases} x = \theta(1 - \sin \theta) \\ y = \theta \cos \theta \end{cases}$.

6. 已知 $\begin{cases} x = e^t\sin t \\ y = e^t\cos t \end{cases}$, 求当 $t = \dfrac{\pi}{3}$ 时 $\dfrac{\mathrm{d}y}{\mathrm{d}x}$ 的值.

7. 求下列隐函数的导数：

$(1)\, x^3 + y^3 - 3axy = 0$;

$(2)\, x = y\ln(xy)$;

$(3)\, xe^y + ye^x = 10$;

$(4)\, \ln(x^2 + y^2) = 2\arctan \dfrac{y}{x}$;

$(5)\, xy = e^{x+y}$.

8. 利用对数求导法，求下列函数的导数：

$(1)\, y = \dfrac{\sqrt{x+2} \cdot (3-x)^4}{(x+1)^5}$;

$(2)\, y = (\sin x)^{\cos x}$;

$(3)\, y = \dfrac{e^{2x}(x+3)}{\sqrt{(x+5)(x-4)}}$.

9. 设 $P(x) = f_1(x)f_2(x)\cdots f_n(x) \neq 0$, 且所有的函数都可导, 证明：
$$\frac{P'(x)}{P(x)} = \frac{f_1'(x)}{f_1(x)} + \frac{f_2'(x)}{f_2(x)} + \cdots + \frac{f_n'(x)}{f_n(x)}.$$

2.3 高阶导数

2.3.1 高阶导数的概念

定义 若函数 $y = f(x)$ 的导数 $f'(x)$ 仍然是 x 的函数,而且 $f'(x)$ 的导数存在,即极限

$$\lim_{\Delta x \to 0} \frac{f'(x + \Delta x) - f'(x)}{\Delta x}$$

存在,则称该极限值为函数 $f(x)$ 在点 x 处的二阶导数,记为 $f''(x)$, y'', $\dfrac{\mathrm{d}^2 y}{\mathrm{d} x^2}$, $\dfrac{\mathrm{d}^2 f(x)}{\mathrm{d} x^2}$ 等.

类似地,函数 $y = f(x)$ 的二阶导数 $f''(x)$ 仍是 x 的函数,如果它可导,则 $f''(x)$ 的导数称为原函数 $f(x)$ 的三阶导数,记为 $f'''(x)$, y''', $\dfrac{\mathrm{d}^3 y}{\mathrm{d} x^3}$, $\dfrac{\mathrm{d}^3 f(x)}{\mathrm{d} x^3}$ 等.

一般说来,函数 $y = f(x)$ 的 $n - 1$ 阶导数仍是 x 的函数,如果它可导,则它的导数称为原来函数 $f(x)$ 的 n 阶导数,记为 $f^{(n)}(x)$, $y^{(n)}$, $\dfrac{\mathrm{d}^n y}{\mathrm{d} x^n}$, $\dfrac{\mathrm{d}^n f(x)}{\mathrm{d} x^n}$ 等. 通常四阶和四阶以上的导数都采用这套记号,且在后面为了表述方便,也将利用记号 $f^{(0)}(x) = f(x)$.

由以上叙述可知,求一个函数的高阶导数,原则上是没有什么困难的,只需运用求一阶导数的法则按下列公式计算

$$y^{(n)} = \left(y^{(n-1)} \right)' \quad (n = 1, 2, \cdots),$$

或写成

$$\frac{\mathrm{d}^n y}{\mathrm{d} x^n} = \frac{\mathrm{d}}{\mathrm{d} x} \left(\frac{\mathrm{d}^{n-1} y}{\mathrm{d} x^{n-1}} \right), \quad f^{(n)}(x) = f^{(n-1)}(x)'.$$

为了名称的统一,将函数 $y = f(x)$ 在区间 I 上的导数 $f'(x)$ 称为函数 $y = f(x)$ 的一阶导数,而 $f(x)$ 称为它自己的零阶导数.

例 1 设 $y = x^n$, n 为正整数,求它的各阶导数.

解
$$y' = (x^n)' = nx^{n-1},$$
$$y'' = (nx^{n-1})' = n(n-1)x^{n-2},$$
$$\vdots$$
$$y^{(k)} = n(n-1)\cdots(n-k+1)x^{n-k},$$
$$\vdots$$
$$y^{(n)} = n \times (n-1) \times \cdots \times 3 \times 2 \times 1 = n!,$$
$$y^{(n+1)} = \left(y^{(n)} \right)' = (n!)' = 0.$$

显然,$y = x^n$ 的 $n + 1$ 阶以上的各阶导数均为 0.

例 2 设 $y = \sin x$,求它的 n 阶导数 $y^{(n)}$.

解
$$y' = \cos x = \sin\left(x + \frac{\pi}{2} \right),$$

$$y'' = (y')' = \cos\left(x + \frac{\pi}{2}\right) = \sin\left(x + 2 \times \frac{\pi}{2}\right),$$

设

$$y^{(k)} = \sin\left(x + k \cdot \frac{\pi}{2}\right),$$

则

$$y^{(k+1)} = \left(y^{(k)}\right)' = \cos\left(x + k \cdot \frac{\pi}{2}\right) = \sin\left(x + (k+1)\frac{\pi}{2}\right).$$

由数学归纳法,可证

$$(\sin x)^{(n)} = \sin\left(x + \frac{n}{2}\pi\right), \quad n = 1, 2, \cdots$$

由此式,我们可得到 $y = \cos x$ 的高阶导数公式:

$$(\cos x)^{(n)} = (-\sin x)^{(n-1)} = -\sin\left(x + \frac{n-1}{2}\pi\right) = \cos\left(x + \frac{n}{2}\pi\right),$$

即

$$(\cos x)^{(n)} = \cos\left(x + \frac{n}{2}\pi\right), n = 1, 2, \cdots$$

例3 设 $y = \ln(1 + x)$,求 $y^{(n)}$.

解
$$y' = \frac{1}{1+x},$$

$$y'' = (y')' = \left(\frac{1}{1+x}\right)' = -\frac{1}{(1+x)^2},$$

$$y''' = (y'')' = \left(-\frac{1}{(1+x)^2}\right)' = \frac{2}{(1+x)^3},$$

运用数学归纳法,可知

$$y^{(n)} = (-1)^{n-1}\frac{(n-1)!}{(1+x)^n}, n = 1, 2, 3, \cdots$$

例4 设 $y = a^x (a > 0)$,求 $y^{(n)}$.

解
$$y' = (a^x)' = a^x\ln a,$$
$$y'' = (a^x\ln a)' = a^x\ln^2 a.$$

设

$$y^{(k)} = a^x\ln^k a,$$

则

$$y^{(k+1)} = (a^x\ln^k a)' = a^x\ln^{k+1} a.$$

故

$$(a^x)^{(n)} = a^x\ln^n a \quad n = 1, 2, \cdots$$

特别地,有

$$(e^x)^{(n)} = e^x \quad n = 1, 2, \cdots.$$

例5 设 $e^{x+y} - xy = 1$,求 $y''(0)$.

解 方程两边对 x 求导,得

$$(1 + y')e^{x+y} - y - xy' = 0,$$

上式两边再对 x 求导,得

$$(1 + y')e^{x+y} + y''e^{x+y} - 2y' - xy'' = 0,$$

令 $x = 0$,可得 $y = 0, y'(0) = -1$,代入上式得

$$y''(0) = -2.$$

例6 已知 $\begin{cases} x = a\cos t, \\ y = b\sin t, \end{cases}$ a 和 b 为非零常数,求 $\dfrac{d^2 y}{dx^2}$.

解
$$\frac{\mathrm{d}y}{\mathrm{d}x} = \frac{(b\sin t)'}{(a\cos t)'} = -\frac{b\cos t}{a\sin t} = -\frac{b}{a}\cot t.$$

注：$\dfrac{\mathrm{d}y}{\mathrm{d}x} = -\dfrac{b}{a}\cot t, x = a\cos t$ 仍是参数方程，所以仍需用参数方程求导法则，从而

$$\frac{\mathrm{d}^2 y}{\mathrm{d}x^2} = \frac{\dfrac{\mathrm{d}}{\mathrm{d}t}\left(\dfrac{\mathrm{d}y}{\mathrm{d}x}\right)}{\dfrac{\mathrm{d}x}{\mathrm{d}t}} = \frac{\left(-\dfrac{b}{a}\cot t\right)'}{(a\cos t)'} = \frac{b}{a}\cdot\csc^2 t\cdot\frac{1}{-a\sin t} = -\frac{b}{a^2}\cdot\csc^3 t.$$

2.3.2　高阶导数的运算法则

设函数 $u = u(x)$ 和 $v = v(x)$ 在点 x 处都具有直到 n 阶的导数，则 $u(x) \pm v(x), u(x)v(x)$ 在点 x 处也具有 n 阶导数，且

$$(u \pm v)^{(n)} = u^{(n)} \pm v^{(n)},\tag{2.3.1}$$

$$(u \cdot v)^{(n)} = u^{(n)}\cdot v + n\cdot u^{(n-1)}\cdot v' + \frac{n(n-1)}{2!}u^{(n-2)}v'' + \cdots +$$

$$\frac{n(n-1)\cdots(n-k+1)}{k!}u^{(n-k)}v^{(k)} + \cdots + uv^{(n)}$$

$$= \sum_{i=0}^{n} C_n^i\cdot u^{(n-i)}\cdot v^{(i)},\tag{2.3.2}$$

其中 $u^{(0)} = u, v^{(0)} = v, C_n^i = \dfrac{n(n-1)\cdots(n-i+1)}{i!}$.

式(2.3.2)称为莱布尼茨(Leibniz)公式，将它与二项展开式对比，就很容易记住.

式(2.3.1)由数学归纳法易证. 式(2.3.2)证明如下：

当 $n = 1$ 时，由 $(uv)' = u'v + uv'$ 知公式成立.

设当 $n = k$ 时公式成立，即

$$y^{(k)} = \sum_{i=0}^{k} C_k^i\cdot u^{(k-i)}\cdot v^{(i)},$$

两边求导，得

$$y^{(k+1)} = u^{(k+1)}v + \sum_{i=0}^{k-1}(C_k^{i+1} + C_k^i)u^{(k-i)}v^{(i+1)} + uv^{(k+1)} = \sum_{i=0}^{k+1} C_{k+1}^i\cdot u^{(k+1-i)}\cdot v^{(i)},$$

即 $n = k+1$ 时式(2.3.2)也成立，从而式(2.3.2)对任意正整数 n 都成立.

例 7　设 $y = x^2\cdot\mathrm{e}^{2x}$，求 $y^{(20)}$.

解　设 $u = \mathrm{e}^{2x}, v = x^2$，则

$$u^{(i)} = 2^i\cdot\mathrm{e}^{2x}(i = 1, 2, \cdots, 20),$$

$$v' = 2x, v'' = 2, v^{(i)} = 0(i = 3, 4, \cdots, 20),$$

代入莱布尼茨公式，得

$$y^{(20)} = (x^2\cdot\mathrm{e}^{2x})^{(20)}$$

$$= 2^{20}\cdot\mathrm{e}^{2x}\cdot x^2 + 20\cdot 2^{19}\cdot\mathrm{e}^{2x}\cdot 2x + \frac{20\cdot 19}{2!}\cdot 2^{18}\cdot\mathrm{e}^{2x}\cdot 2$$

$$= 2^{20}\cdot\mathrm{e}^{2x}\cdot(x^2 + 20x + 95).$$

习题 2.3

1. 求自由落体运动 $s(t) = \dfrac{1}{2} g t^2$ 的加速度.

2. 求 n 次多项式 $y = a_0 x^n + a_1 x^{n-1} + \cdots + a_{n-1} x + a_n$ 的 n 阶导数.

3. 求下列函数的二阶导数:

$(1) y = x^2 + \mathrm{e}^{3x} - \ln x$; $\qquad (2) y = \sqrt{1 + x^2}$; $\qquad (3) y = \dfrac{\sin x}{x}$;

$(4) y = \dfrac{\mathrm{e}^x}{x}$; $\qquad (5) y = \ln \sin x$; $\qquad (6) y = x^2 \arctan x$.

4. 验证:函数 $y = \mathrm{e}^x \sin x$ 满足关系式 $y'' - 2y' + 2y = 0$.

5. 求下列函数在指定点的高阶导数:

$(1) f(x) = \dfrac{x}{\sqrt{1 + x^2}}$,求 $f''(0)$;

$(2) f(x) = \mathrm{e}^{2x-1}$,求 $f''(0)$,$f'''(0)$;

$(3) f(x) = (x + 10)^6$,求 $f^{(5)}(0)$,$f^{(6)}(0)$.

6. 已知 $f''(x)$ 存在,求 $\dfrac{\mathrm{d}^2 y}{\mathrm{d} x^2}$:

$(1) y = f(x^2)$; $\qquad\qquad\qquad\qquad (2) y = \ln f(x)$.

7. 求由下列参数方程所确定函数的二阶导数 $\dfrac{\mathrm{d}^2 y}{\mathrm{d} x^2}$:

$(1) \begin{cases} x = a(t - \sin t) \\ y = a(1 - \cos t) \end{cases} (a \text{ 为常数})$;

$(2) \begin{cases} x = f'(t) \\ y = t f'(t) - f(t) \end{cases}$ 设 $f''(x)$ 存在且不为零.

2.4 函数的微分

2.4.1 微分的概念

微分也是微积分中的一个重要概念,它与导数等概念有着极为密切的关系. 如果说导数来源于求函数增量与自变量的增量之比,当自变量的增量趋近于零时的极限,那么微分就来源于求函数的增量的近似值.

例如,一块边长为 x_0 的正方形金属薄片,受热后发生膨胀,边长增长了 Δx,其面积的增量为 $\Delta y = (x_0 + \Delta x)^2 - x_0^2 = 2 x_0 \Delta x + (\Delta x)^2$. 这个增量分成两部分,第一部分 $2 x_0 \Delta x$ 是 Δx 的线性函数,第二部分 $(\Delta x)^2$ 是 $\Delta x \to 0$ 时,Δx 的高阶无穷小量,也就是说,$(\Delta x)^2$ 趋近于零的速度比 Δx 快得多,因此当 Δx 很小时,Δy 的表达式中,第一部分起主导作用,第二部分可以忽略不计. 因此,当给 x 以微小增量 Δx 时,由此所引起的面积增量 Δy 可近似地用 $2 x_0 \Delta x$ 来代替,相差仅是一个以 Δx 为边长的正方形面积,如图 2.4.1 所示,故当 $|\Delta x|$ 越小时相差也越小. 于是得到

$\Delta y \approx 2x_0 \Delta x$，$2x_0 \Delta x$ 称为函数 $y = x^2$ 在 x_0 点的微分.

定义 1　设函数 $y = f(x)$ 在点 x_0 的某个邻域内有定义，Δx 是 x 在 x_0 点的增量，$x_0 + \Delta x$ 在该邻域内，如果函数的增量

$$\Delta y = f(x_0 + \Delta x) - f(x_0)$$

可表示为

$$\Delta y = A\Delta x + o(\Delta x), \qquad (2.4.1)$$

其中 A 是不依赖于 Δx 的常数，则称函数 $y = f(x)$ 在点 x_0 处可微分（简称可微），线性部分 $A\Delta x$ 称为 $f(x)$ 在 x_0 处的微分，记为 $\mathrm{d}y$，即

$$\mathrm{d}y = A\Delta x,$$

A 称为微分系数.

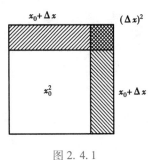

图 2.4.1

2.4.2　可微与可导的关系

定理 1　函数 $y = f(x)$ 在点 x_0 处可微的充要条件是函数 $y = f(x)$ 在点 x_0 处可导.

证明　设函数 $y = f(x)$ 在 x_0 处可微，由定义有 $\Delta y = A\Delta x + o(\Delta x)$ 成立，两边同时除以 Δx，并取极限得

$$\lim_{\Delta x \to 0} \frac{\Delta y}{\Delta x} = \lim_{x \to x_0} \frac{f(x_0 + \Delta x) - f(x_0)}{\Delta x} = \lim_{x \to x_0} \frac{A\Delta x + o(\Delta x_0)}{\Delta x} = A,$$

所以函数 $y = f(x)$ 在 x_0 处可导，且 $f'(x_0) = A$.

设函数 $y = f(x)$ 在 x_0 处可导，由导数定义有

$$\lim_{x \to x_0} \frac{f(x) - f(x_0)}{x - x_0} = \lim_{\Delta x \to 0} \frac{\Delta y}{\Delta x} = f'(x_0),$$

则存在 α 满足

$$\frac{\Delta y}{\Delta x} = f'(x_0) + \alpha,$$

其中 $\lim\limits_{\Delta x \to 0} \alpha = 0$，于是有

$$\Delta y = f'(x_0)\Delta x + o(\Delta x),$$

所以函数 $y = f(x)$ 在 x_0 处可微.

该定理说明，函数的可微性与可导性是等价的. 当 $f(x)$ 在点 x_0 处可微时，必有 $\mathrm{d}y = f'(x_0)\Delta x$.

函数 $y = f(x)$ 在任意点 x 的微分，称为函数的微分，记为

$$\mathrm{d}y = f'(x)\Delta x. \qquad (2.4.2)$$

当函数 $y = x$ 时，函数的微分 $\mathrm{d}y = \mathrm{d}x = x'\Delta x = \Delta x$，即自变量的微分 $\mathrm{d}x$ 与其改变量 Δx 是相等的，所以函数的微分可以写成

$$\mathrm{d}y = f'(x)\mathrm{d}x. \qquad (2.4.3)$$

在导数的定义中，导数符号 $\dfrac{\mathrm{d}y}{\mathrm{d}x}$ 是一个整体符号，引进微分概念以后，$\dfrac{\mathrm{d}y}{\mathrm{d}x}$ 也可表示为函数微分与自变量微分的商，故导数也称为"微商".

例 1　设 $y = x^2 \cdot \mathrm{e}^x$，求 $\mathrm{d}y$.

解　$\mathrm{d}y = (x^2 \cdot \mathrm{e}^x)' \mathrm{d}x = (2x + x^2) \cdot \mathrm{e}^x \mathrm{d}x.$

例 2　设 $x^3 = \mathrm{e}^y - \cos y$，求 $\mathrm{d}y$.

解 等式两边关于 x 求导得

$$3x^2 = e^y \cdot y' + \sin y \cdot y',$$

整理得

$$y' = \frac{3x^2}{e^y + \sin y},$$

所以

$$dy = \frac{3x^2}{e^y + \sin y} dx.$$

例3 设 $\begin{cases} x = \ln(1+t^2), \\ y = t + \arctan t, \end{cases}$ 求 dy.

解 因 $dy = (t + \arctan t)' dt = \left(1 + \frac{1}{1+t^2}\right) dt$, $dx = \left(\ln(1+t^2)\right)' dt = \frac{2t}{1+t^2} dt$,

则

$$\frac{dy}{dx} = \frac{\left(1 + \frac{1}{1+t^2}\right) dt}{\frac{2t}{1+t^2} dt} = \frac{2+t^2}{2t},$$

所以

$$dy = \frac{2+t^2}{2t} dx.$$

由微分的定义及微分表达式(2.4.2)可知,若函数 $y = f(x)$ 在点 x_0 的某个邻域 $U(x_0)$ 内有定义,且在 x_0 处可微,则当 $x \in U(x_0)$ 且 $\Delta x = x - x_0$ 的绝对值充分小时,有

$$\Delta y = f(x_0 + \Delta x) - f(x_0) = dy\big|_{x=x_0} + o(\Delta x) \approx dy\big|_{x=x_0},$$

即

$$f(x_0 + \Delta x) - f(x_0) \approx dy\big|_{x=x_0}, \tag{2.4.4}$$

或写成

$$f(x) - f(x_0) \approx f'(x_0)(x - x_0), \tag{2.4.5}$$

由此有

$$f(x_0 + \Delta x) \approx f(x_0) + f'(x_0)\Delta x, \tag{2.4.6}$$

或写成

$$f(x) \approx f(x_0) + f'(x_0)(x - x_0). \tag{2.4.7}$$

式(2.4.4)和式(2.4.5)称为利用微分计算函数值增量的近似公式,式(2.4.6)和式(2.4.7)称为利用微分计算函数值的近似公式.

利用式(2.4.6)和式(2.4.7)作近似计算的前提条件是函数 $f(x)$ 及其导数 $f'(x)$ 在 x_0 处的值容易计算,且 $|x - x_0|$ 充分小.

例4 求 $\sqrt[3]{1.02}$ 的近似值.

解 取 $f(x) = \sqrt[3]{x}$. 令 $x_0 = 1, \Delta x = 0.02$,则

$$f(x_0) = f(1) = 1, \quad f'(x_0) = \frac{1}{3}x^{-\frac{2}{3}}\bigg|_{x=1} = \frac{1}{3},$$

故由式(2.4.7)有

$$\sqrt[3]{1.02} \approx f(1) + f'(1) \times 0.02 = 1 + \frac{1}{3} \times 0.02 \approx 1.007.$$

在几何上,$y = f(x)$ 在 x_0 处的微分 $dy = f'(x_0)\Delta x$ 表示曲线 $y = f(x)$ 在点 $M(x_0, f(x_0))$ 处切线 MT 的纵坐标相应于 Δx 的改变量 PQ,如图2.4.2所示,因此 $dy = \Delta x \tan \alpha$.

2.4.3　微分的运算公式

1）函数四则运算的微分

设 $u = u(x)$，$v = v(x)$ 在点 x 处均可微，则有

$$\mathrm{d}(Cu) = C\mathrm{d}u\,(C\text{ 为常数})，$$
$$\mathrm{d}(u + v) = \mathrm{d}u + \mathrm{d}v，$$
$$\mathrm{d}(uv) = u\mathrm{d}v + v\mathrm{d}u，$$
$$\mathrm{d}\left(\frac{u}{v}\right) = \frac{v\mathrm{d}u - u\mathrm{d}v}{v^2}，v \neq 0.$$

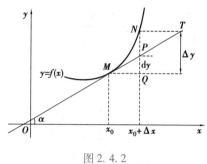

图 2.4.2

这些公式由微分的定义及相应的求导公式立即可证得.

2）复合函数的微分

若 $y = f(u)$ 及 $u = \varphi(x)$ 均可导，则复合函数 $y = f(\varphi(x))$ 对 x 的微分为

$$\mathrm{d}y = f'(u)\varphi'(x)\mathrm{d}x， \tag{2.4.8}$$

注意到 $\mathrm{d}u = \varphi'(x)\mathrm{d}x$，则函数 $y = f(u)$ 对 u 的微分为

$$\mathrm{d}y = f'(u)\mathrm{d}u. \tag{2.4.9}$$

将式（2.4.9）与式（2.4.3）比较可知，无论 u 是自变量还是中间变量，微分形式 $\mathrm{d}y = f'(u)\mathrm{d}u$ 保持不变. 此性质称为一阶微分的形式不变性. 由此性质，可以把导数记号 $\frac{\mathrm{d}y}{\mathrm{d}x}, \frac{\mathrm{d}y}{\mathrm{d}u}$ 等理解为两个变量的微分之商了，因此，导数有时也称微商. 用微商来理解复合函数的导数，求复合函数的导数就方便多了.

例 5　设 $y = \sqrt{a^2 + x^2}$，利用微分形式不变性求 $\mathrm{d}y$.

解　记 $u = a^2 + x^2$，则 $y = \sqrt{u}$，于是

$$\mathrm{d}y = y'_u \mathrm{d}u = \frac{1}{2\sqrt{u}}\mathrm{d}u，$$

又

$$\mathrm{d}u = u'_x \mathrm{d}x = 2x\mathrm{d}x，$$

故

$$\mathrm{d}y = \frac{1}{2\sqrt{a^2 + x^2}} \cdot 2x\mathrm{d}x = \frac{x}{\sqrt{a^2 + x^2}}\mathrm{d}x.$$

为了读者使用的方便，将一些基本初等函数的导数和微分公式对应列表，见表 2.4.1.

表 2.4.1

导数公式	微分公式
$(C)' = 0，C\text{ 为常数}$	$\mathrm{d}(C) = 0，C\text{ 为常数}$
$(x^\mu)' = \mu \cdot x^{\mu-1}，\mu\text{ 为常数}$	$\mathrm{d}(x^\mu) = \mu \cdot x^{\mu-1}\mathrm{d}x，\mu\text{ 为常数}$
$(\sin x)' = \cos x$	$\mathrm{d}(\sin x) = \cos x\mathrm{d}x$
$(\cos x)' = -\sin x$	$\mathrm{d}(\cos x) = -\sin x\mathrm{d}x$
$(\tan x)' = \sec^2 x$	$\mathrm{d}(\tan x) = \sec^2 x\mathrm{d}x$
$(\cot x)' = -\csc^2 x$	$\mathrm{d}(\cot x) = -\csc^2 x\mathrm{d}x$

续表

导数公式	微分公式
$(\sec x)' = \sec x \cdot \tan x$	$d(\sec x) = \sec x \cdot \tan x dx$
$(\csc x)' = -\csc x \cdot \cot x$	$d(\csc x) = -\csc x \cdot \cot x dx$
$(a^x)' = a^x \cdot \ln a$ a 为常数,$a > 0$ 且 $a \neq 1$	$d(a^x) = a^x \cdot \ln a dx$ a 为常数,$a > 0$ 且 $a \neq 1$
$(e^x)' = e^x$	$d(e^x) = e^x dx$
$(\log_a x)' = \dfrac{1}{x \cdot \ln a}$ a 为常数,$a > 0$ 且 $a \neq 1$	$d(\log_a x) = \dfrac{1}{x \cdot \ln a} dx$ a 为常数,$a > 0$ 且 $a \neq 1$
$(\ln|x|)' = \dfrac{1}{x}$	$d(\ln|x|) = \dfrac{1}{x} dx$
$(\arcsin x)' = \dfrac{1}{\sqrt{1-x^2}}$	$d(\arcsin x) = \dfrac{1}{\sqrt{1-x^2}} dx$
$(\arccos x)' = -\dfrac{1}{\sqrt{1-x^2}}$	$d(\arccos x) = -\dfrac{1}{\sqrt{1-x^2}} dx$
$(\arctan x)' = \dfrac{1}{1+x^2}$	$d(\arctan x) = \dfrac{1}{1+x^2} dx$
$(\text{arccot } x)' = -\dfrac{1}{1+x^2}$	$d(\text{arccot } x) = -\dfrac{1}{1+x^2} dx$

习题 2.4

1. 在括号内填入适当的函数,使等式成立:

(1) $d(\quad) = \cos t dt$;

(2) $d(\quad) = \sin \omega x dx$;

(3) $d(\quad) = \dfrac{1}{1+x} dx$;

(4) $d(\quad) = e^{-2x} dx$;

(5) $d(\quad) = \dfrac{1}{\sqrt{x}} dx$;

(6) $d(\quad) = \sec^2 3x dx$;

(7) $d(\quad) = \dfrac{1}{x} \ln x dx$;

(8) $d(\quad) = \dfrac{x}{\sqrt{1-x^2}} dx$.

2. 求下列函数的微分:

(1) $y = x e^x$;

(2) $y = \dfrac{\ln x}{x}$;

(3) $y = \cos \sqrt{x}$;

(4) $y = 5^{\ln \tan x}$;

(5) $y = e^{\frac{\pi}{2}} \ln x$;

(6) $y = \sqrt{\arcsin x} + (\arctan x)^2$.

3. 求由下列方程确定的隐函数 $y = y(x)$ 的微分 $\mathrm{d}y$：

（1）$y = 1 + xe^y$；

（2）$\dfrac{x^2}{a^2} + \dfrac{y^2}{b^2} = 1$；

（3）$y = x + \dfrac{1}{2}\sin y$；

（4）$y^2 - x = \arccos y$.

4. 利用一阶微分形式的不变性，求下列函数的微分，其中 f 和 φ 均为可微函数：

（1）$y = f\left(x^3 + \varphi(x^4)\right)$；

（2）$y = f(1 - 2x) + 3\sin f(x)$.

习题 2

1. 填空题.

（1）曲线 $y = \ln x$ 上与直线 $x + y = 1$ 垂直的切线方程为_____.

（2）已知函数 $f(x) = \begin{cases} x\arctan\dfrac{1}{x^2}, & x \neq 0 \\ 0, & x = 0 \end{cases}$，则 $f'(0) =$ _____.

（3）已知函数 $f'(x) = \sqrt{1 + x^4}$，$y = f(e^{2x})$，则 $\mathrm{d}y\big|_{x=0} =$ _____.

（4）设 $y = y(x)$ 是由方程 $e^y - \sin x + y = 1$ 确定的隐函数，则 $\mathrm{d}y\big|_{x=0} =$ _____.

（5）$f(x)$ 在 x_0 点处可导是 $f(x)$ 在 x_0 点处可微的_____条件.

（6）$f(x)$ 在 x_0 点处可导是 $f(x)$ 在 x_0 点处连续的_____条件；$f(x)$ 在 x_0 点处连续是 $f(x)$ 在 x_0 点处可导的_____条件.

（7）已知 $f'(x_0) = k$（k 为常数），则

$$\lim_{\Delta x \to 0}\frac{f(x_0 + 2\Delta x) - f(x_0)}{\Delta x} = \underline{\qquad};$$

$$\lim_{h \to 0}\frac{f(x_0 + h) - f(x_0 - 2h)}{h} = \underline{\qquad}.$$

2. 选择题.

（1）设函数 $f(x) = x\ln 3x$ 在点 x_0 处可导，且 $f'(x_0) = 1$，则 $f(x_0) = ($).

　A. $\dfrac{1}{3}$ 　　　　B. 0 　　　　C. 1 　　　　D. -1

（2）函数 $f(x) = |\sin x|$ 在点 $x = 0$ 处（ ）.

　A. 可导 　　B. 连续但不可导 　　C. 不连续 　　D. 极限不存在

（3）设 $f(x)$ 对定义域中的任意 x 均满足 $f(x + 1) = mf(x)$，且 $f'(0) = n$，则必有（ ）.

　A. $f'(1)$ 不存在 　　B. $f'(1) = m$ 　　C. $f'(1) = n$ 　　D. $f'(1) = mn$

（4）设函数 $f(x) = \begin{cases} x^2, & x \leq 1 \\ ax + b, & x > 1 \end{cases}$，在 $x = 1$ 处可导，则（ ）.

　A. $a = 0, b = 1$ 　　B. $a = 2, b = -1$ 　　C. $a = 3, b = -2$ 　　D. $a = -1, b = 2$

（5）在 $x = 1$ 处连续但不可导的函数是（ ）.

$A.f(x) = \dfrac{1}{x-1}$ $B.f(x) = |x-1|$

$C.f(x) = \ln(x^2 - 1)$ $D.f(x) = (x-1)^2$

(6) 设 $f(x) = (x-a)g(x)$ 在 $x=a$ 处可导,其中 $g(x)$ 在 $x=a$ 点处连续,则( ).

     $A.f'(x) = g(x)$ $B.f'(a) = g(a)$

     $C.f'(a) = g'(a)$ $D.f'(x) = g(x) + (x-a)$

(7) 设函数 $y = f(\sin x)$,则 $\mathrm{d}y = ($).

     $A.f'(\sin x)\mathrm{d}x$ $B.f'(\sin x)\sin x\mathrm{d}x$ $C.f'(\sin x)\cos x\mathrm{d}x$ $D.f'(x)\sin x\mathrm{d}x$

(8) 设函数 $f(x)$ 可微,则当 $\Delta x \to 0$ 时,$\Delta y - \mathrm{d}y$ 与 Δx 相比是(   ).

     A. 高阶无穷小量   B. 等价无穷小量

     C. 同阶非等价无穷小量   D. 低阶无穷小量

(9) 若抛物线 $y = ax^2$ 与曲线 $y = \ln x$ 相切,则 $a = ($).

     A. 1   B. 2e   C. $\dfrac{1}{2e}$ D. $\dfrac{1}{2}$

(10) 函数 $y = f(x)$ 在点 x_0 处的左导数 $f'_-(x_0)$ 和右导数 $f'_+(x_0)$ 都存在,是 $f(x)$ 在 x_0 处可导的(   ).

     A. 充分必要条件   B. 充分但非必要条件

     C. 必要但非充分条件   D. 既非充分又非必要条件

3. 求下列函数在 x_0 处的左、右导数,从而证明函数在 x_0 处不可导:

(1) $y = \begin{cases} \sin x, & x \geq 0, \\ x^3, & x < 0, \end{cases} x_0 = 0;$

(2) $y = \begin{cases} \dfrac{x}{1 + e^{\frac{1}{x}}}, & x \neq 0, \\ 0, & x = 0, \end{cases} x_0 = 0;$

(3) $y = \begin{cases} \sqrt{x}, & x \geq 1, \\ x^2, & x < 1, \end{cases} x_0 = 1.$

4. 已知 $f(x) = \begin{cases} \sin x, & x < 0, \\ x, & x \geq 0, \end{cases}$ 求 $f'(x)$.

5. 设 $f(x) = |x-a|\varphi(x)$,其中 a 为常数,$\varphi(x)$ 为连续函数,讨论 $f(x)$ 在 $x=a$ 处的可导性.

6. 讨论下列函数在指定点的连续性与可导性:

(1) $y = |\sin x|, x = 0;$

(2) $y = \begin{cases} x^2\sin\dfrac{1}{x}, & x \neq 0 \\ 0, & x = 0 \end{cases}, x = 0;$

(3) $y = \begin{cases} x, & x \leq 1 \\ 2-x, & x > 1 \end{cases}, x = 1.$

7. 已知 $f(x) = \max\{x^2, 3\}$,求 $f'(x)$.

8. 证明:双曲线 $xy = a^2$ 上任一点处的切线与两坐标轴构成的三角形的面积都等于 $2a^2$.

9. 已知 $f(x)$ 在 $x = x_0$ 点可导，证明：
$$\lim_{h \to 0} \frac{f(x_0 + \alpha h) - f(x_0 - \beta h)}{h} = (\alpha + \beta) f'(x_0) \quad (\alpha, \beta \text{ 为常数}).$$

10. 垂直向上抛一物体，其上升高度与时间 t 的关系式为 $h(t) = 10t - \dfrac{1}{2} g t^2 \, (\text{m})$，求：

（1）物体从 $t = 1(\text{s})$ 到 $t = 1.2(\text{s})$ 的平均速度；

（2）速度函数 $v(t)$；

（3）物体何时到达最高点.

11. 求下列函数在给定点处的导数：

（1）$y = x \sin x + \dfrac{1}{2} \cos x$，求 $\dfrac{\mathrm{d}y}{\mathrm{d}x} \Big|_{x = \frac{\pi}{4}}$；

（2）$f(x) = \dfrac{3}{5 - x} + \dfrac{x^2}{5}$，求 $f'(0)$ 和 $f'(2)$；

（3）$f(x) = \begin{cases} 5x - 4, & x \leqslant 1, \\ 4x^2 - 3x, & x > 1, \end{cases}$ 求 $f'(1)$.

12. 求下列函数的导数：

（1）$y = \sqrt{1 + \ln^2 x}$；　　　　　　　　　（2）$y = \sin^n x \cdot \cos nx$；

（3）$y = \dfrac{\sqrt{1 + x} - \sqrt{1 - x}}{\sqrt{1 + x} + \sqrt{1 - x}}$；　　　　　　（4）$y = \arcsin \sqrt{\dfrac{1 - x}{1 + x}}$；

（5）$y = \dfrac{x}{2} \sqrt{a^2 - x^2} + \dfrac{a^2}{2} \arcsin \dfrac{x}{a} \quad (a > 0 \text{ 为常数}).$

13. 设 $f(x)$ 可导，求下列函数的导数 $\dfrac{\mathrm{d}y}{\mathrm{d}x}$：

（1）$y = f(x^2)$；　　　　　　　　　　　（2）$y = f(\sin^2 x) + f(\cos^2 x)$.

14. 求下列函数的高阶导数：

（1）$y = \mathrm{e}^x \cdot \sin x$，求 $y^{(4)}$；　　　　（2）$y = x^2 \cdot \mathrm{e}^{2x}$，求 $y^{(6)}$；

（3）设 $y = x^2 \cdot \sin x$，求 $y^{(80)}$.

15. 设 $f(x)$ 是由方程组
$$\begin{cases} x = 3t^2 + 2t + 3, \\ y = \mathrm{e}^y \sin t + 1 \end{cases}$$
所确定的隐函数，求 $\dfrac{\mathrm{d}^2 y}{\mathrm{d}x^2} \Big|_{t = 0}$.

第 2 章参考答案

第 **3** 章
一元函数微分学的应用

本章将首先介绍微分学基本定理——中值定理. 它是从函数局部性质推断整体性态的有力工具. 然后通过导数来研究函数及其曲线的某些性态, 并利用这些知识解决一些实际问题.

3.1 微分中值定理

本节介绍微分学中有重要应用的、反映导数更深刻性质的微分中值定理.

3.1.1 罗尔中值定理

定理1 若 $f(x)$ 在闭区间 $[a,b]$ 上连续, 在 (a,b) 内可导, 且 $f(a)=f(b)$, 则至少存在一点 $\xi \in (a,b)$ 使得 $f'(\xi)=0$.

证 由 $f(x)$ 在闭区间 $[a,b]$ 上连续可知, 在 $[a,b]$ 上必取得最大值 M 与最小值 m.

若 $M > m$, 则 M 与 m 中至少有一个不等于 $f(x)$ 在区间端点的函数值. 不妨设 $M \neq f(a)$, 由最值定理, $\exists \xi \in (a,b)$, 使 $f(\xi)=M$. 则有

$$f'_+(\xi) = \lim_{\Delta x \to 0^+} \frac{f(\xi+\Delta x)-f(\xi)}{\Delta x} = \lim_{\Delta x \to 0^+} \frac{f(\xi+\Delta x)-M}{\Delta x} \leqslant 0,$$

$$f'_-(\xi) = \lim_{\Delta x \to 0^-} \frac{f(\xi+\Delta x)-f(\xi)}{\Delta x} = \lim_{\Delta x \to 0^-} \frac{f(\xi+\Delta x)-M}{\Delta x} \geqslant 0.$$

又由于 $f(x)$ 在 (a,b) 内可导, 故在点 ξ 处的导数存在, 因此有

$$f'(\xi)=0.$$

若 $M=m$, 则 $f(x)$ 在 $[a,b]$ 上为常数, 故 (a,b) 内任一点都可成为 ξ, 使

$$f'(\xi)=0.$$

罗尔定理的几何意义是: 若 $y=f(x)$ 满足定理的条件, 则其图像在 $[a,b]$ 上对应的曲线弧 $\overset{\frown}{AB}$ 上至少存在一点具有水平切线, 如图 3.1.1 所示.

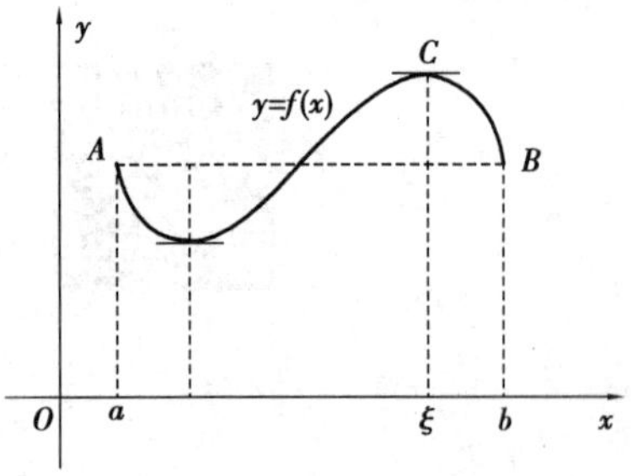

图 3.1.1

注:(1)罗尔定理的 3 个条件是使结论成立的充分而非必要条件;

(2)方程 $f'(x)=0$ 在 (a,b) 内至少有一个实根. 因此可应用该定理解决方程根的存在问题.

例 1　对函数 $f(x)=\sin 2x$ 在区间 $[0,\pi]$ 上验证罗尔定理的正确性.

解　显然 $f(x)$ 在 $[0,\pi]$ 上连续,在 $(0,\pi)$ 内可导,且 $f(0)=f(\pi)=0$,所以 $f(x)=\sin 2x$ 在 $(0,\pi)$ 内存在一点 $\xi=\dfrac{\pi}{4}$,使

$$f'\left(\frac{\pi}{4}\right)=(2\cos 2x)\bigg|_{x=\frac{\pi}{4}}=0.$$

例 2　验证函数 $f(x)=\begin{cases}\sin x, & 0<x\leqslant\pi\\ 1, & x=0\end{cases}$ 在区间 $[0,\pi]$ 上是否满足罗尔定理的 3 个条件? 有没有满足定理结论的 ξ?

解　因为 $f(0)=1\neq f(\pi)=0$,且 $f(x)$ 在区间 $[0,\pi]$ 上不连续,所以 $f(x)$ 不满足罗尔定理的条件.

而 $f'(x)=\cos x(0<x<\pi)$,取 $\xi=\dfrac{\pi}{2}$,使 $f'(\xi)=0$,有满足罗尔定理结论的 $\xi=\dfrac{\pi}{2}$.

故 $f(x)$ 不满足罗尔定理的条件,但有满足定理的结论 $\xi=\dfrac{\pi}{2}$.

例 3　设函数 $f(x)=x(x-2)(x-4)(x-5)$,判断方程 $f'(x)=0$ 在 $(-\infty,+\infty)$ 内有几个实根,并指出它们所属的区间.

解　因为 $f(0)=f(2)=f(4)=f(5)=0$,所以 $f(x)$ 在闭区间 $[0,2]$、$[2,4]$ 和 $[4,5]$ 上均满足罗尔定理的 3 个条件,从而,在 $(0,2)$ 内至少存在一点 ξ_1,使 $f'(\xi_1)=0$,即 ξ_1 是 $f'(x)=0$ 的一个根;在 $(2,4)$ 内至少存在一点 ξ_2,使 $f'(\xi_2)=0$,即 ξ_2 是 $f'(x)=0$ 的一个根;在 $(4,5)$ 内至少存在一点 ξ_3,使 $f'(\xi_3)=0$,即 ξ_3 是 $f'(x)=0$ 的一个根.

又因为 $f'(x)$ 是三次多项式,所以 $f'(x)=0$ 最多只能有 3 个根,故 $f'(x)=0$ 恰好有 3 个根,分别在区间 $(0,2)$、$(2,4)$ 和 $(4,5)$ 内.

例 4　设 $f(x)$ 在 $[0,1]$ 上连续,在 $(0,1)$ 上可导,且 $f(1)=0$,证明:在 $(1,2)$ 内至少存在一点 ξ,使得 $f(\xi)=-\xi f'(\xi)$.

证　设 $g(x)=xf(x)$,则 $g(x)$ 在 $[0,1]$ 上连续,在 $(0,1)$ 上可导. 且
$$g(1)=f(1)=0,g(0)=0.$$

由罗尔定理可知:$\exists\xi\in(0,1)$,使得 $g'(\xi)=f(\xi)+\xi f'(\xi)=0$,
即得 $f(\xi)=-\xi f'(\xi)$.

注:本例题的关键是重新构造一个新的函数,使得该函数的导数刚好与要证明的式子相同或相关.

3.1.2　拉格朗日(Lagrange)中值定理

定理 2　若 $f(x)$ 在闭区间 $[a,b]$ 上连续,在 (a,b) 内可导,则至少存在一点 $\xi\in(a,b)$ 使得
$$f(b)-f(a)=f'(\xi)(b-a). \tag{3.1.1}$$

证　考虑辅助函数 $\Phi(x)=f(x)-\lambda(x-a)$,其中

$$\lambda = \frac{f(b) - f(a)}{b - a},$$

显然 $\varPhi(x)$ 满足定理 1 的条件,即 $\varPhi(x)$ 在闭区间 $[a,b]$ 上连续,在 (a,b) 内可导,且 $\varPhi(a) = \varPhi(b)$,则至少存在一点 $\xi \in (a,b)$ 使得 $\varPhi'(\xi) = 0$,而

$$\varPhi'(x) = f'(x) - \frac{f(b) - f(a)}{b - a},$$

故有

$$f(b) - f(a) = f'(\xi)(b - a).$$

如图 3.1.2 所示,连接曲线弧 $\overset{\frown}{AB}$ 两端的弦 $\overline{AB}$,其斜率为 $\dfrac{f(b) - f(a)}{b - a}$.

拉格朗日中值定理的几何意义:满足定理条件的曲线弧 $\overset{\frown}{AB}$ 上至少存在一点具有平行于弦 $\overline{AB}$ 的切线,即该点处切线斜率为 $\dfrac{f(b) - f(a)}{b - a}$.

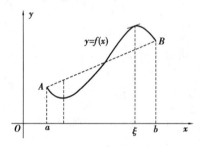

图 3.1.2

式(3.1.1)称为**拉格朗日中值公式**,显然,罗尔定理是拉格朗日中值定理的特殊情形.

注:拉格朗日中值公式反映了可导函数在 $[a,b]$ 上整体平均变化率与在 (a,b) 内某点 ξ 处函数的局部变化率的关系. 当 $b < a$ 时,公式也成立.

推论 1　若函数 $f(x)$ 在区间 I 上的导数恒为零,则 $f(x)$ 在区间 I 上为一常数.

证　任取 $x_1, x_2 \in I$,且 $x_1 < x_2$,则 $f(x)$ 在闭区间 $[x_1, x_2]$ 上连续,$f(x)$ 在 (x_1, x_2) 内可导,由定理 2,得

$$f(x_2) - f(x_1) = f'(\xi)(x_2 - x_1), \xi \in (x_1, x_2).$$

由于 $f'(\xi) = 0$,故 $f(x_2) = f(x_1)$. 由 x_1, x_2 的任意性可知,函数 $f(x)$ 在区间 I 上为一常数.

我们知道"常数的导数为零",推论 1 就是其逆命题. 由推论 1 立即可得以下结论.

推论 2　函数 $f(x)$ 及 $g(x)$ 在区间 I 上可导,若对任一 $x \in I$,有 $f'(x) = g'(x)$,则

$$f(x) = g(x) + C$$

对任意 $x \in I$ 成立,其中 C 为常数.

例 5　求证 $\arcsin x + \arccos x = \dfrac{\pi}{2}, x \in [-1,1]$.

证　令 $f(x) = \arcsin x + \arccos x$,则

$$f'(x) = \frac{1}{\sqrt{1-x^2}} - \frac{1}{\sqrt{1-x^2}} = 0, x \in (-1,1),$$

由推论 1 得 $f(x) = C, x \in (-1,1)$. 又因 $f(0) = \dfrac{\pi}{2}$,且 $f(\pm 1) = \dfrac{\pi}{2}$.

故
$$f(x)=\arcsin x+\arccos x=\frac{\pi}{2}, x\in[-1,1].$$

例 6　证明不等式 $\arctan x_2-\arctan x_1\leqslant x_2-x_1$ （其中 $x_1<x_2$）.

证　设 $f(x)=\arctan x$,在 $[x_1,x_2]$ 上利用拉格朗日中值定理,得
$$\arctan x_2-\arctan x_1=\frac{1}{1+\xi^2}(x_2-x_1), x_1<\xi<x_2.$$

因为 $\dfrac{1}{1+\xi^2}\leqslant1$,所以
$$\arctan x_2-\arctan x_1\leqslant x_2-x_1.$$

例 7　若 $f(x)>0$ 在 $[a,b]$ 上连续,在 (a,b) 内可导,则 $\exists\xi\in(a,b)$,使得
$$\ln\frac{f(b)}{f(a)}=\frac{f'(\xi)}{f(\xi)}(b-a).$$

证　原式可化为
$$\ln f(b)-\ln f(a)=\frac{f'(\xi)}{f(\xi)}(b-a).$$

令 $\varphi(x)=\ln f(x)$,有 $\varphi'(x)=\dfrac{f'(x)}{f(x)}$.

显然 $\varphi(x)$ 在 $[a,b]$ 上满足拉格朗日中值定理的条件,$\exists\xi\in(a,b)$,使得
$$\ln f(b)-\ln f(a)=\frac{f'(\xi)}{f(\xi)}(b-a)$$

成立,故可得所证.

下面再考虑由参数方程 $x=g(t), y=f(t), t\in[a,b]$ 给出的曲线段,其两端点分别为 $A[g(a),f(a)], B[g(b),f(b)]$. 连接 A,B 的弦 $\overline{AB}$ 的斜率为 $\dfrac{f(b)-f(a)}{g(b)-g(a)}$,如图 3.1.3 所示,而曲线上任何一点处的切线斜率为 $\dfrac{\mathrm{d}y}{\mathrm{d}x}=\dfrac{f'(t)}{g'(t)}$.

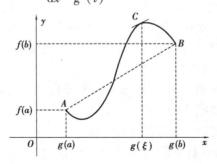

图 3.1.3

若曲线上存在一点 C(对应参数 $t=\xi\in(a,b)$),在该点曲线的切线与弦 $\overline{AB}$ 平行,则可得
$$\frac{f(b)-f(a)}{g(b)-g(a)}=\frac{f'(\xi)}{g'(\xi)}.$$

*3.1.3　柯西(Cauchy)中值定理

定理 3　若 $f(x),g(x)$ 在闭区间 $[a,b]$ 上连续,且均在 (a,b) 内可导,$g'(x)\neq0$,则至少存

在一点 $\xi \in (a,b)$，使得

$$\frac{f(b) - f(a)}{g(b) - g(a)} = \frac{f'(\xi)}{g'(\xi)}.$$

显而易见，若取 $g(x) \equiv x$，则定理 3 成为定理 2，因此定理 3 是定理 1、定理 2 的推广，它是这三个中值定理中最一般的形式.

例8 设函数 $f(x)$ 在 $[x_1, x_2]$ 上连续，在 (x_1, x_2) 内可导，且 $x_1 \cdot x_2 > 0$，证明存在 $\xi \in (x_1, x_2)$，使得下式成立

$$\frac{x_1 f(x_2) - x_2 f(x_1)}{x_1 - x_2} = f(\xi) - \xi f'(\xi).$$

证 原式可写成

$$\frac{\dfrac{f(x_2)}{x_2} - \dfrac{f(x_1)}{x_1}}{\dfrac{1}{x_2} - \dfrac{1}{x_1}} = f(\xi) - \xi f'(\xi),$$

令 $\varphi(x) = \dfrac{f(x)}{x}$，$\psi(x) = \dfrac{1}{x}$，它们在 $[x_1, x_2]$ 上满足柯西中值定理的条件，且有

$$\frac{\varphi'(x)}{\psi'(x)} = f(x) - x f'(x),$$

应用柯西中值定理即得所证.

*3.1.4 泰勒(Taylor)中值定理

对于一些比较复杂的函数，为便于研究，往往希望用一些简单的函数来近似表示它们，而多项式表示的函数，只要对自变量进行有限次加、减、乘三种算数运算，便能求出它的函数值. 因此在实际问题中，常考虑用多项式来近似表示一个函数.

在前面章节已知道，如果 $f(x)$ 在点 x_0 处可微，则

$$f(x) = f(x_0) + f'(x_0)(x - x_0) + o(x - x_0).$$

此式表明：对于任何在 x_0 处有一阶导数的函数，在 $U(x_0)$ 内能用关于 $(x - x_0)$ 的一个一次多项式来近似表示它，多项式的系数就是该函数在 x_0 处的函数值和一阶导数值，这种近似表示的误差是 $(x - x_0)$ 的高阶无穷小量.

于是，人们猜想：如果函数 $f(x)$ 在点 x_0 处有 n 阶导数，则可以用一个关于 $(x - x_0)$ 的 n 次多项式来近似表示 $f(x)$，该多项式的系数仅与函数 $f(x)$ 在点 x_0 处的函数值和各阶导数值有关，这种近似表示的误差是 $(x - x_0)^n$ 的高阶无穷小量.

泰勒(Taylor)对这个猜想进行了研究，并得到了下面的结论.

定理4(泰勒中值定理) 若 $f(x)$ 在 x_0 的某个邻域 $U(x_0)$ 内具有直到 $n+1$ 阶导数，则对任一 $x \in U(x_0)$，有

$$f(x) = \sum_{k=0}^{n} \frac{f^{(k)}(x_0)}{k!}(x - x_0)^k + R_n(x), \tag{3.1.2}$$

其中 $R_n(x) = o\left((x - x_0)^n\right)$，且

$$R_n(x) = \frac{f^{(n+1)}(\xi)}{(n+1)!}(x - x_0)^{n+1}, \tag{3.1.3}$$

ξ 是介于 x 与 x_0 之间的某个值,有时也记 $\xi = x_0 + \theta(x - x_0)$, $0 < \theta < 1$.

式(3.1.2)称为 $f(x)$ 在点 x_0 处的 n 阶泰勒公式,式中 $R_n(x)$ 称为余项;式(3.1.3)表示的余项称为拉格朗日余项, $R_n(x) = o\left((x - x_0)^n\right)$ 称为皮亚诺(Peano)余项. 而

$$P_n(x) = \sum_{k=0}^{n} \frac{f^{(k)}(x_0)}{k!}(x - x_0)^k$$

称为 n 阶泰勒多项式. 运用泰勒多项式近似表示函数 $f(x)$ 的误差,可由余项进行估计. 例如,若任意 $x \in U(x_0)$,有 $|f^{(n+1)}(x)| \le M$,则可得误差估计式

$$|R_n(x)| = |f(x) - P_n(x)| \le \frac{M}{(n+1)!}|x - x_0|^{n+1}.$$

可以借助柯西中值定理来给出上述泰勒中值定理的证明,在此从略. 若只考虑带皮亚诺余项的泰勒公式,而不要给出其余项的具体表达式(3.1.3),则利用柯西中值定理可证明下面的结论.

定理 5　若 $f(x)$ 在 x_0 的某个邻域 $U(x_0)$ 内具有直到 $n-1$ 阶的导数,且 $f^{(n)}(x_0)$ 存在,则对任一 $x \in U(x_0)$,有

$$f(x) = \sum_{k=0}^{n} \frac{f^{(k)}(x_0)}{k!}(x - x_0)^k + o\left((x - x_0)^n\right). \tag{3.1.4}$$

式(3.1.4)称为 n 阶带皮亚诺余项的泰勒公式. 带拉格朗日余项和带皮亚诺余项的泰勒公式统称为泰勒公式.

特别地,当式(3.1.2)和式(3.1.4)中的 $x_0 = 0$ 时,通常称为麦克劳林(Maclaurin)公式, n 阶带拉格朗日余项的麦克劳林公式为

$$f(x) = \sum_{k=0}^{n} \frac{f^{(k)}(0)}{k!}x^k + \frac{f^{(n+1)}(\theta x)}{(n+1)!}x^{n+1}, 0 < \theta < 1; \tag{3.1.5}$$

n 阶带皮亚诺余项的麦克劳林公式为

$$f(x) = \sum_{k=0}^{n} \frac{f^{(k)}(0)}{k!}x^k + o(x^n). \tag{3.1.6}$$

例 9　求 $f(x) = e^x$ 的 n 阶麦克劳林公式.

解　$f^{(k)}(x) = e^x$, $f^{(k)}(0) = 1$ 　$(k = 0,1,2,\cdots)$

$$e^x = 1 + x + \frac{x^2}{2!} + \cdots + \frac{x^n}{n!} + o(x^n),$$

其拉格朗日余项为

$$R_n(x) = \frac{e^{\theta x}}{(n+1)!}x^{n+1}, \theta \in (0,1).$$

例 10　求 $f(x) = \sin x$ 的 n 阶麦克劳林公式.

解　$f^{(k)}(x) = \sin\left(x + k \cdot \frac{\pi}{2}\right)$, 　$(k = 0,1,2,\cdots)$,故

$$f^{(k)}(0) = \begin{cases} 0, & k = 2j \\ (-1)^j, & k = 2j+1, \end{cases} (j = 0,1,2,\cdots).$$

取 $n = 2m$,得

$$\sin x = x - \frac{x^3}{3!} + \frac{x^5}{5!} - \cdots + (-1)^{m-1}\frac{x^{2m-1}}{(2m-1)!} + o(x^{2m}),$$

其拉格朗日余项为

$$R_{2m}(x) = \frac{\sin\left(\theta x + \frac{(2m+1)\pi}{2}\right)}{(2m+1)!}x^{2m+1} = (-1)^m\frac{\cos\theta x}{(2m+1)!}x^{2m+1}, \theta\in(0,1).$$

类似地,有

$$\cos x = 1 - \frac{x^2}{2!} + \frac{x^4}{4!} - \cdots + (-1)^m\frac{x^{2m}}{(2m)!} + o(x^{2m+1}),$$

其拉格朗日余项为

$$R_{2m+1}(x) = (-1)^{m+1}\frac{\cos\theta x}{(2m+2)!}x^{2m+2}, \theta\in(0,1).$$

例 11 求 $f(x) = \ln(1+x)$ 的 n 阶麦克劳林展开式.

解 $f^{(k)}(x) = (-1)^{k-1}\frac{(k-1)!}{(1+x)^k}, (k=0,1,2,\cdots)$,故

$$f^{(k)}(0) = (-1)^{k-1}(k-1)! \quad (k=0,1,2,\cdots).$$

又 $$f(0)=0, f^{(n+1)}(\xi) = (-1)^n\frac{n!}{(1+\xi)^{n+1}}$$

其中 ξ 在 0 与 x 之间. 于是,当 $x\in(-1,+\infty)$ 时,

$$\ln(1+x) = x - \frac{x^2}{2} + \frac{x^3}{3} - \frac{x^4}{4} + \cdots + (-1)^n\frac{x^{n+1}}{(n+1)(1+\xi)^{n+1}},$$

其中 ξ 在 0 与 x 之间.

由以上求麦克劳林公式的方法,类似可得到其他常用初等函数的麦克劳林公式,为应用方便,将这些公式汇总如下:

$$e^x = 1 + x + \frac{x^2}{2!} + \cdots + \frac{x^n}{n!} + \frac{e^{\theta x}}{(n+1)!}x^{n+1}$$

$$\sin x = x - \frac{x^3}{3!} + \frac{x^5}{5!} - \cdots + (-1)^n\frac{x^{2n+1}}{(2n+1)!} + o(x^{2n+1})$$

$$\cos x = 1 - \frac{x^2}{2!} + \frac{x^4}{4!} - \frac{x^6}{6!} + \cdots + (-1)^n\frac{x^{2n}}{(2n)!} + o(x^{2n})$$

$$\ln(1+x) = x - \frac{x^2}{2} + \frac{x^3}{3} - \cdots + (-1)^{n-1}\frac{x^n}{n} + o(x^n)$$

$$\frac{1}{1-x} = 1 + x + x^2 + \cdots + x^n + o(x^n).$$

利用泰勒公式可以求某些函数的极限.

例 12 求极限 $\lim\limits_{x\to 0}\frac{\cos x - e^{-\frac{x^2}{2}}}{x^4}$.

解 利用泰勒公式,有

$$\cos x = 1 - \frac{x^2}{2!} + \frac{x^4}{4!} + o(x^4),$$

$$e^{-\frac{x^2}{2}} = 1 + \left(-\frac{x^2}{2}\right) + \frac{1}{2!}\left(-\frac{x^2}{2}\right)^2 + o(x^4),$$

于是
$$\cos x - e^{-\frac{x^2}{2}} = -\frac{1}{12}x^4 + o(x^4).$$

故
$$\lim_{x\to 0}\frac{\cos x - e^{-\frac{x^2}{2}}}{x^4} = \lim_{x\to 0}\frac{-\frac{1}{12}x^4 + o(x^4)}{x^4} = -\frac{1}{12}.$$

习题 3.1

1. 验证:函数 $f(x) = \ln \sin x$ 在 $\left[\frac{\pi}{6}, \frac{5\pi}{6}\right]$ 上满足罗尔定理的条件,并求出相应的 ξ,使 $f'(\xi) = 0$.

2. 下列函数在指定区间上是否满足罗尔定理的 3 个条件? 有没有满足定理结论的 ξ?

$(1)f(x) = \begin{cases} x^2, & 0 \leqslant x < 1, \\ 0, & x = 1, \end{cases} [0,1];$ $\qquad$ $(2)f(x) = |x-1|, [0,2].$

3. 函数 $f(x) = (x-2)(x-1)x(x+1)(x+2)$ 的导函数有几个零点? 各位于哪个区间内?

4. 验证拉格朗日定理对函数 $f(x) = x^3 + 2x$ 在区间 $[0,1]$ 上的正确性.

5. 已知函数 $f(x)$ 在 $[a,b]$ 上连续,在 (a,b) 内可导,且 $f(a) = f(b) = 0$,试证:在 (a,b) 内至少存在一点 ξ,使得

$$f(\xi) + f'(\xi) = 0, \xi \in (a,b).$$

6. 证明:恒等式

$$2\arctan x + \arcsin \frac{2x}{1+x^2} = \pi (x \geqslant 1).$$

7. (1) 证明不等式: $\frac{x}{1+x} < \ln(1+x) < x (x > 0)$;

(2) 设 $a > b > 0, n > 1$,证明:

$$nb^{n-1}(a-b) < a^n - b^n < na^{n-1}(a-b);$$

(3) 设 $a > b > 0$,证明:

$$\frac{a-b}{a} < \ln \frac{a}{b} < \frac{a-b}{b}.$$

*8. 利用泰勒公式,求下列极限:

$(1)\lim_{x\to 0}\frac{x - \sin x}{x^3}$; $\qquad$ $(2)\lim_{x\to 0}\frac{e^{\tan x} - 1}{x}$;

$(3)\lim_{x\to\infty}\left(x - x^2\ln\left(1+\frac{1}{x}\right)\right).$

*9. 求函数 $f(x) = xe^x$ 的 n 阶麦克劳林公式.

3.2　洛必达法则

本节将利用微分中值定理来考虑某些重要类型的极限.

由第 2 章可知,在某一极限过程中, $f(x)$ 和 $g(x)$ 都是无穷小量或都是无穷大量时, $\frac{f(x)}{g(x)}$

的极限可能存在,也可能不存在. 通常称这种极限为**不定式**(或**待定型**),并分别简记为 $\frac{0}{0}$ 型或 $\frac{\infty}{\infty}$ 型.

洛必达(L' Hospital)**法则**是处理不定式极限的重要工具,是计算 $\frac{0}{0}$ 型、$\frac{\infty}{\infty}$ 型极限的简单而有效的法则. 该法则的理论依据是柯西中值定理.

3.2.1 $\frac{0}{0}$ 型和 $\frac{\infty}{\infty}$ 型不定式

定理1 设 $f(x)$,$g(x)$ 满足下列条件:

(1) $\lim\limits_{x \to x_0} f(x) = 0$,$\lim\limits_{x \to x_0} g(x) = 0$(或 $\lim\limits_{x \to x_0} f(x) = \infty$,$\lim\limits_{x \to x_0} g(x) = \infty$);

(2)在 x_0 的某个去心邻域内可导,且 $g'(x) \neq 0$;

(3) $\lim\limits_{x \to x_0} \dfrac{f'(x)}{g'(x)} = A$(或为 ∞),

则
$$\lim\limits_{x \to x_0} \frac{f(x)}{g(x)} = \lim\limits_{x \to x_0} \frac{f'(x)}{g'(x)} = A(\text{或} \infty).$$

推论 设 $f(x)$,$g(x)$ 满足下列条件:

(1) $\lim\limits_{x \to \infty} f(x) = 0$,$\lim\limits_{x \to \infty} g(x) = 0$(或 $\lim\limits_{x \to \infty} f(x) = \infty$,$\lim\limits_{x \to \infty} g(x) = \infty$);

(2)存在常数 $X > 0$,当 $|x| > X$ 时 $f(x)$,$g(x)$ 可导,且 $g'(x) \neq 0$;

(3) $\lim\limits_{x \to \infty} \dfrac{f'(x)}{g'(x)} = A$(或为 ∞),

则
$$\lim\limits_{x \to \infty} \frac{f(x)}{g(x)} = \lim\limits_{x \to \infty} \frac{f'(x)}{g'(x)} = A(\text{或为} \infty).$$

注:定理及推论中的结论对极限过程 $x \to x_0^+$,$x \to x_0^-$,$x \to +\infty$,$x \to -\infty$ 仍然成立.

例1 求 $\lim\limits_{x \to a} \dfrac{e^x - e^a}{x - a}$.

解 该极限为 $\frac{0}{0}$ 型不定式,由洛必达法则有
$$\lim\limits_{x \to a} \frac{e^x - e^a}{x - a} = \lim\limits_{x \to a} \frac{(e^x - e^a)'}{(x - a)'} = \lim\limits_{x \to a} \frac{e^x}{1} = e^a.$$

注:使用洛必达法则时,是对分子、分母分别求导数.

例2 求 $\lim\limits_{x \to 2} \dfrac{x^3 - 12x + 16}{x^3 - 2x^2 - 4x + 8}$.

解 该极限为 $\frac{0}{0}$ 型不定式,由洛必达法则有
$$\lim\limits_{x \to 2} \frac{x^3 - 12x + 16}{x^3 - 2x^2 - 4x + 8} = \lim\limits_{x \to 2} \frac{(x^3 - 12x + 16)'}{(x^3 - 2x^2 - 4x + 8)'} = \lim\limits_{x \to 2} \frac{3x^2 - 12}{3x^2 - 4x - 4}$$
$$= \lim\limits_{x \to 2} \frac{(3x^2 - 12)'}{(3x^2 - 4x - 4)'} = \lim\limits_{x \to 2} \frac{6x}{6x - 4} = \frac{3}{2}.$$

注:求不定式极限可有限次应用洛必达法则. 但在使用洛必达法则求极限时,必须注意验证它是不是不定式的极限,否则会导致错误结果. 例如上式中,$\lim\limits_{x \to 2} \dfrac{6x}{6x - 4}$ 已不是不定式,故不能

再使用洛必达法则.

例 3　求 $\lim\limits_{x\to+\infty}\dfrac{\dfrac{\pi}{2}-\arctan x}{\dfrac{1}{x}}$.

解　该极限为 $\dfrac{0}{0}$ 型不定式,由洛必达法则有

$$\lim_{x\to+\infty}\frac{\dfrac{\pi}{2}-\arctan x}{\dfrac{1}{x}}=\lim_{x\to+\infty}\frac{-\dfrac{1}{1+x^2}}{-\dfrac{1}{x^2}}=\lim_{x\to+\infty}\frac{x^2}{1+x^2}=1.$$

例 4　求 $\lim\limits_{x\to0}\dfrac{\ln\sin ax}{\ln\sin bx}$.

解　该极限为 $\dfrac{\infty}{\infty}$ 型不定式,由洛必达法则有

$$\lim_{x\to0}\frac{\ln\sin ax}{\ln\sin bx}=\lim_{x\to0}\frac{(\ln\sin ax)'}{(\ln\sin bx)'}=\lim_{x\to0}\frac{a\cdot\sin bx\cdot\cos ax}{b\cdot\sin ax\cdot\cos bx}$$

$$=\lim_{x\to0}\frac{\sin bx}{\sin ax}\cdot\lim_{x\to0}\frac{a\cdot\cos ax}{b\cdot\cos bx}=\frac{a}{b}\lim_{x\to0}\frac{b\cdot\cos bx}{a\cdot\cos ax}=1.$$

注:如果 $\dfrac{0}{0}$ 型和 $\dfrac{\infty}{\infty}$ 型极限中含有非零因子,应单独求极限,简化运算.

例 5　求 $\lim\limits_{x\to+\infty}\dfrac{\ln x}{x^a}(a>0)$.

解　该极限为 $\dfrac{\infty}{\infty}$ 型不定式,由洛必达法则有

$$\lim_{x\to+\infty}\frac{\ln x}{x^a}=\lim_{x\to+\infty}\frac{\dfrac{1}{x}}{ax^{a-1}}=\lim_{x\to+\infty}\frac{1}{ax^a}=0.$$

洛必达法则是求不定式的一种有效方法,但不是万能的. 要学会善于根据具体问题采取不同的方法求解,最好能与其他求极限的方法结合使用,例如,能化简时应尽可能先化简;可以应用等价无穷小替代重要极限时,应尽可能应用,这样可以使运算简捷.

例 6　求 $\lim\limits_{x\to0}\dfrac{(x\cos x-\sin x)(\mathrm{e}^x-1)}{x^3\cdot\sin x}$.

解　该极限为 $\dfrac{0}{0}$ 型不定式,但直接应用洛必达法则,分子的导数比较复杂,可考虑与等价无穷小量代换结合,简化运算. 由于 $x\to0$ 时, $\mathrm{e}^x-1\sim x$, $\sin x\sim x$,则

$$\lim_{x\to0}\frac{(x\cos x-\sin x)(\mathrm{e}^x-1)}{x^3\cdot\sin x}=\lim_{x\to0}\frac{(x\cos x-\sin x)x}{x^3\cdot x}$$

$$=\lim_{x\to0}\frac{x\cos x-\sin x}{x^3}$$

$$=\lim_{x\to0}\frac{\cos x-x\sin x-\cos x}{3x^2}$$

$$= \lim_{x \to 0} \frac{-\sin x}{3x} = -\frac{1}{3}.$$

例 7　求 $\lim\limits_{x \to \infty} \dfrac{x + \sin x}{x - \sin x}$.

解　$\lim\limits_{x \to \infty} \dfrac{x + \sin x}{x - \sin x} = \lim\limits_{x \to \infty} \dfrac{1 + \cos x}{1 - \cos x}$, 因为 $\lim\limits_{x \to \infty} \dfrac{1 + \cos x}{1 - \cos x}$ 不存在, 故不能用洛必达法则, 但该极限是存在的.

$$\lim_{x \to \infty} \frac{x + \sin x}{x - \sin x} = \lim_{x \to \infty} \frac{1 + \dfrac{\sin x}{x}}{1 - \dfrac{\sin x}{x}} = 1.$$

注: 当定理条件不成立时, 不能盲目使用洛必达法则, 这时所求极限也可能存在.

3.2.2　其他不定式

对于函数极限的其他一些不定式, 例如 $0 \cdot \infty$, $\infty - \infty$, 0^0, 1^∞ 和 ∞^0 型等. 对于 $0 \cdot \infty$ 和 $\infty - \infty$ 型不定式, 通常将函数进行恒等变形, 转化为 $\dfrac{0}{0}$ 或 $\dfrac{\infty}{\infty}$ 型, 再应用洛必达法则; 对于 0^0, 1^∞ 和 ∞^0 型, 通常采用**对数求极限法**, 先将函数转化为以 e 为底的指数函数, 利用连续函数的性质, 将所求极限转化为求指数的极限, 即 $0 \cdot \infty$ 型, 进一步转化为 $\dfrac{0}{0}$ 或 $\dfrac{\infty}{\infty}$ 型不定式, 再应用洛必达法则.

例 8　求 $\lim\limits_{x \to 0^+} x^2 \ln x$.

解　这是 $0 \cdot \infty$ 型, 可将乘积的形式化为分式的形式, 再按 $\dfrac{0}{0}$ 或 $\dfrac{\infty}{\infty}$ 型的不定式来计算.

$$\lim_{x \to 0^+} x^2 \ln x = \lim_{x \to 0^+} \frac{\ln x}{x^{-2}} = \lim_{x \to 0^+} \frac{\dfrac{1}{x}}{-2x^{-3}} = -\frac{1}{2} \lim_{x \to 0^+} x^2 = 0.$$

例 9　求 $\lim\limits_{x \to \frac{\pi}{2}} (\sec x - \tan x)$.

解　这是 $\infty - \infty$ 型, 可利用通分化为 $\dfrac{0}{0}$ 型来计算.

$$\lim_{x \to \frac{\pi}{2}} (\sec x - \tan x) = \lim_{x \to \frac{\pi}{2}} \frac{1 - \sin x}{\cos x} = \lim_{x \to \frac{\pi}{2}} \frac{-\cos x}{-\sin x} = \lim_{x \to \frac{\pi}{2}} \cot x = 0.$$

例 10　求 $\lim\limits_{x \to 1} \left(\dfrac{1}{\ln x} - \dfrac{1}{x - 1} \right)$.

解　这是 $\infty - \infty$ 型, 可利用通分化为 $\dfrac{0}{0}$ 型来计算.

$$\lim_{x \to 1} \left(\frac{1}{\ln x} - \frac{1}{x - 1} \right) = \lim_{x \to 1} \frac{x - 1 - \ln x}{(x - 1) \ln x} = \lim_{x \to 1} \frac{1 - \dfrac{1}{x}}{\ln x + \dfrac{x - 1}{x}}$$

$$= \lim_{x \to 1} \frac{x - 1}{x \ln x + x - 1} = \lim_{x \to 1} \frac{1}{\ln x + 2} = \frac{1}{2}.$$

例 11　求 $\lim\limits_{x\to 0^+} x^{\sin x}$.

解　这是 0^0 型,先将函数 $x^{\sin x}$ 转化为以 e 为底的指数函数,

设 $y = x^{\sin x}$,则 $\ln y = \sin x \ln x$,所以 $y = \mathrm{e}^{\sin x \ln x}$,有

$$\lim_{x\to 0^+} x^{\sin x} = \lim_{x\to 0^+} \mathrm{e}^{\sin x \ln x} = \mathrm{e}^{\lim\limits_{x\to 0^+} \sin x \ln x},$$

$$\lim_{x\to 0^+} (\sin x \ln x) = \lim_{x\to 0^+} \frac{\ln x}{\dfrac{1}{\sin x}} = \lim_{x\to 0^+} \frac{\dfrac{1}{x}}{-\dfrac{\cos x}{\sin^2 x}} = -\lim_{x\to 0^+} \frac{1}{\cos x} \cdot \lim_{x\to 0^+} \frac{\sin^2 x}{x} = 0.$$

所以

$$\lim_{x\to 0^+} x^{\sin x} = \mathrm{e}^0 = 1.$$

例 12　求 $\lim\limits_{x\to 0^+} \left(1 + \dfrac{1}{x}\right)^x$.

解　这是 ∞^0 型,先将函数 $\left(1 + \dfrac{1}{x}\right)^x$ 转化为以 e 为底的指数函数,

设 $y = \left(1 + \dfrac{1}{x}\right)^x$,则 $\ln y = x \ln\left(1 + \dfrac{1}{x}\right)$,所以 $y = \mathrm{e}^{x \ln\left(1 + \frac{1}{x}\right)}$,有

$$\lim_{x\to 0^+} \left(1 + \frac{1}{x}\right)^x = \lim_{x\to 0^+} \mathrm{e}^{x \ln\left(1 + \frac{1}{x}\right)} = \mathrm{e}^{\lim\limits_{x\to 0^+} x \ln\left(1 + \frac{1}{x}\right)},$$

$$\lim_{x\to 0^+} x \ln\left(1 + \frac{1}{x}\right) = \lim_{x\to 0^+} \frac{\ln\left(1 + \dfrac{1}{x}\right)}{x^{-1}} = \lim_{x\to 0^+} \frac{\ln(x+1) - \ln x}{x^{-1}}$$

$$= \lim_{x\to 0^+} \frac{(x+1)^{-1} - x^{-1}}{-x^{-2}} = \lim_{x\to 0^+} \left(x - \frac{x^2}{x+1}\right) = 0,$$

故

$$\lim_{x\to 0^+} \left(1 + \frac{1}{x}\right)^x = \mathrm{e}^0 = 1.$$

例 13　求 $\lim\limits_{x\to 1} x^{\frac{1}{x-1}}$.

解　这是 1^∞ 型,先将函数 $x^{\frac{1}{x-1}}$ 转化为以 e 为底的指数函数.

设 $y = x^{\frac{1}{x-1}}$,则 $\ln y = \dfrac{1}{x-1} \ln x$,所以 $y = \mathrm{e}^{\frac{\ln x}{x-1}}$,有

$$\lim_{x\to 1} x^{\frac{1}{x-1}} = \lim_{x\to 1} \mathrm{e}^{\frac{\ln x}{x-1}} = \mathrm{e}^{\lim\limits_{x\to 1} \frac{\ln x}{x-1}},$$

$$\lim_{x\to 1} \frac{\ln x}{x-1} = \lim_{x\to 1} \frac{\dfrac{1}{x}}{1} = 1,$$

所以

$$\lim_{x\to 1} x^{\frac{1}{x-1}} = \mathrm{e}^1 = \mathrm{e}.$$

习题 3.2

1. 选择题.

(1) $f(x) = x\left(\dfrac{\pi}{2} - \arctan x\right)$，则 $\lim\limits_{x \to +\infty} f(x)$ 是哪种类型未定式的极限? (　　)

    A. $\infty - \infty$ B. $\infty \cdot 0$ C. $\infty + \infty$ D. $\infty \cdot \infty$

(2) $\lim\limits_{x \to 0} \dfrac{1 - \cos x}{1 + x^2} = \lim\limits_{x \to 0} \dfrac{(1 - \cos x)'}{(1 + x^2)'} = \lim\limits_{x \to 0} \dfrac{\sin x}{2x} = \dfrac{1}{2}$，则此计算(　　).

    A. 正确

    B. 错误,因为 $\dfrac{1 - \cos x}{1 + x^2}$ 不是 $\dfrac{0}{0}$ 型未定式

    C. 错误,因为 $\lim\limits_{x \to 0} \dfrac{(1 - \cos x)'}{(1 + x^2)'}$ 不存在

    D. 错误,因为 $\dfrac{1 - \cos x}{1 + x^2}$ 是 $\dfrac{\infty}{\infty}$ 型未定式

(3) $\lim\limits_{x \to 0} \dfrac{f'(x)}{g'(x)} = A$(或为 ∞)是使用洛必达法则计算未定式 $\lim\limits_{x \to 0} \dfrac{f(x)}{g(x)}$ 的(　　).

    A. 必要条件   B. 充要条件   C. 充分条件   D. 无关条件

(4) 下列极限问题中,能使用洛必达法则的有(　　).

    A. $\lim\limits_{x \to 0} \dfrac{x^2 \sin \frac{1}{x}}{\sin x}$ B. $\lim\limits_{x \to \infty} \dfrac{x \sin x}{x^2}$

    C. $\lim\limits_{x \to \infty} \dfrac{x - \sin x}{x + \sin x}$ D. $\lim\limits_{x \to +\infty} x\left(\dfrac{\pi}{2} - \arctan x\right)$

(5) $\lim\limits_{x \to b} \dfrac{x^4 - bx^3}{x^4 - 2bx^3 + 2b^3 x - b^4} = ($　　$)$. (其中 b 为非零常数)

    A. 0   B. ∞ C. 1   D. $-\dfrac{1}{4}$

(6) $\lim\limits_{x \to \frac{\pi}{2}}(\sec x - \tan x) = ($　　$)$.

    A. $-\infty$ B. $+\infty$ C. 1   D. 0

(7) $\lim\limits_{x \to 0^+} \dfrac{\ln \sin 5x}{\ln \sin 2x} = ($　　$)$.

    A. 1   B. $\dfrac{2}{5}$ C. $\dfrac{5}{2}$ D. ∞

2. 利用洛必达法则求下列极限:

(1) $\lim\limits_{x \to \pi} \dfrac{\sin 3x}{\tan 5x}$;   (2) $\lim\limits_{x \to \frac{\pi}{2}} \dfrac{\ln \sin x}{(\pi - 2x)^2}$;

(3) $\lim\limits_{x \to 0} \dfrac{e^x - x - 1}{x(e^x - 1)}$;   (4) $\lim\limits_{x \to a} \dfrac{\sin x - \sin a}{x - a}$;

(5) $\lim\limits_{x \to a} \dfrac{x^m - a^m}{x^n - a^n}$;   (6) $\lim\limits_{x \to +\infty} \dfrac{\ln\left(1 + \frac{1}{x}\right)}{\operatorname{arccot} x}$;

$(7)\lim\limits_{x\to 0^+}\dfrac{\ln x}{\cot x}$;

$(8)\lim\limits_{x\to 0^+}\sin x\ln x$;

$(9)\lim\limits_{x\to 0}\left(\dfrac{e^x}{x}-\dfrac{1}{e^x-1}\right)$;

$(10)\lim\limits_{x\to 0^+}\left(\ln\dfrac{1}{x}\right)^x$.

3. 设 $\lim\limits_{x\to 1}\dfrac{x^2+mx+n}{x-1}=5$, 求常数 m,n 的值.

4. 设 $f(x)$ 二阶可导, 求 $\lim\limits_{h\to 0}\dfrac{f(x+h)-2f(x)+f(x-h)}{h^2}$.

3.3　函数的单调性与极值

3.3.1　函数单调性的判别

在第 1 章中已经介绍了函数在区间上单调的概念. 利用单调性的定义来判定函数在区间上的单调性, 一般来说比较困难. 下面将介绍一种简单而有效的判定方法.

我们知道, 函数的单调增加或减少, 在几何上表现为图形是一条沿 x 轴正向的上升或下降的曲线. 容易知道, 若曲线随 x 的增加而上升时, 其切线 (如果存在) 与 x 轴正向的夹角成锐角, 即曲线上各点处的切线斜率非负 ($f'(x)\geqslant 0$); 若曲线随 x 的增加而下降时, 切线与 x 轴正向的夹角为钝角, 即曲线各点处的切线斜率非正 ($f'(x)\leqslant 0$). 曲线的升降与曲线切线的斜率密切相关, 而曲线切线的斜率可以通过相应函数的导数来表示.

定理 1　设函数 $f(x)$ 在闭区间 $[a,b]$ 上连续, 在 (a,b) 内可导.

(1) 若在区间 (a,b) 内, 有 $f'(x)>0$, 则 $f(x)$ 在 $[a,b]$ 上严格单调增加;

(2) 若在区间 (a,b) 内, 有 $f'(x)<0$, 则 $f(x)$ 在 $[a,b]$ 上严格单调减少.

证　任取 $x_1,x_2\in[a,b]$, 不妨设 $x_1<x_2$, 应用拉格朗日中值定理, 有

$$f(x_2)-f(x_1)=f'(\xi)(x_2-x_1),\xi\in(x_1,x_2).$$

由 $f'(x)>0$ (或 $f'(x)<0$), 得 $f'(\xi)>0$ (或 $f'(\xi)<0$),

故

$$f(x_2)>f(x_1)(\text{或}f(x_2)<f(x_1)),$$

即 $f(x)$ 在 $[a,b]$ 上严格单调增加 (减少), 定理获证.

注: (1) 若在 (a,b) 内除个别点使得 $f'(x)=0$ 外, 其余处处满足定理条件, 则定理结论仍成立;

(2) 定理中的闭区间换成其他各种区间 (如开区间、半开半闭或无穷区间等), 结论仍然成立.

例 1　证明 $y=\sin x$ 在 $\left[-\dfrac{\pi}{2},\dfrac{\pi}{2}\right]$ 上严格单调增加.

证　因 $\sin x$ 在 $\left[-\dfrac{\pi}{2},\dfrac{\pi}{2}\right]$ 上连续, 并且

$$(\sin x)'=\cos x>0,\quad \forall x\in\left(-\dfrac{\pi}{2},\dfrac{\pi}{2}\right),$$

所以 $y = \sin x$ 在 $\left[-\dfrac{\pi}{2}, \dfrac{\pi}{2}\right]$ 上严格单调增加.

例2 讨论函数 $y = x - \arctan x$ 的单调性.

解 函数在 $(-\infty, +\infty)$ 内连续,求导数得

$$y' = 1 - \frac{1}{1+x^2} = \frac{x^2}{1+x^2} > 0 \quad (x \neq 0),$$

因此,在 $(-\infty, +\infty)$ 内,仅当 $x = 0$ 时,$y' = 0$;其他点处均有 $y' > 0$,故函数单调增加.

有些函数在整个定义区间的单调性并不一致,因此可用使导数等于零的点或使导数不存在的点来划分定义区间,在各部分区间中逐个判断函数导数 $f'(x)$ 的符号,从而确定函数 $y = f(x)$ 在部分区间上的单调性.

例3 讨论 $f(x) = e^{-x^2}$ 的单调性.

解 $f(x)$ 的定义域为 $(-\infty, +\infty)$,$f'(x) = -2x e^{-x^2}$.

当 $x \in (-\infty, 0)$ 时,$f'(x) > 0$,故 $f(x)$ 在 $(-\infty, 0)$ 内严格单调增加;

当 $x \in (0, +\infty)$ 时,$f'(x) < 0$,故 $f(x)$ 在 $(0, +\infty)$ 内严格单调减少,如图 3.3.1 所示.

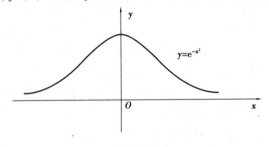

图 3.3.1

利用函数 $y = f(x)$ 的单调性,可证明不等式,还可讨论方程根的情况.

例4 证明当 $x > 0$ 时,有 $x > \ln(1+x)$.

证 令 $f(x) = x - \ln(1+x)$,则 $f(x)$ 在区间 $[0, +\infty)$ 上连续. 又

$$f(x) = \frac{x}{1+x} > 0, x \in (0, +\infty),$$

故 $f(x)$ 在 $[0, +\infty)$ 上严格单调增加,从而 $f(x) > f(0) = 0$. 因此,当 $x > 0$ 时,

$$x > \ln(1+x).$$

例5 证明方程 $x^4 + x - 1 = 0$ 有且只有一个小于 1 的正根.

证 令 $f(x) = x^4 + x - 1$,因 $f(x)$ 在闭区间 $[0,1]$ 上连续,且 $f(0) = -1 < 0$, $f(1) = 1 > 0$.

根据零点定理 $f(x)$ 在 $(0,1)$ 内至少有一个零点,即方程 $x^4 + x - 1 = 0$ 至少有一个小于 1 的正根.

在 $(0,1)$ 内,$f'(x) = 4x^3 + 1 > 0$,所以 $f(x)$ 在 $[0,1]$ 上单调增加,即曲线 $y = f(x)$ 在 $(0,1)$ 内与 x 轴至多只有一个交点.

综上所述,方程 $x^4 + x - 1 = 0$ 有且只有一个小于 1 的正根.

3.3.2 函数的极值及其判定法

在例3中,函数单调区间的分界点 $x = 0$ 具有特别意义:$f(x)$ 在 $x = 0$ 左邻域严格单调增加,在 $x = 0$ 右邻域严格单调减少. 从而存在 0 的某邻域 $U(0)$,对 $\forall x \in \overset{\circ}{U}(0)$ 总有 $f(x) < f(0)$,

这就是下面有关函数极值的概念.

定义 1　设 $f(x)$ 在 x_0 的某个邻域内有定义,若对于该邻域内任意一点 $x \neq x_0$,有

(1) $f(x) < f(x_0)$,则称 $f(x_0)$ 为 $f(x)$ 的**极大值**,点 x_0 称为 $f(x)$ 的**极大值点**;

(2) $f(x) > f(x_0)$,则称 $f(x_0)$ 为 $f(x)$ 的**极小值**,点 x_0 称为 $f(x)$ 的**极小值点**.

极大值与极小值统称为函数 $f(x)$ 的**极值**,极大值点与极小值点统称为函数 $f(x)$ 的**极值点**.

极值是局部性概念,是在一点的邻域内比较函数值的大小而产生的. 因此,对于一个定义在 (a,b) 内的函数,极值往往有很多个,且某一点取得的极大值可能会比另一点取得的极小值还要小,极大值不一定是最大值,极小值也不一定是最小值,如图 3.3.2 所示. 直观上看,函数在取得极值的地方,其切线(如果存在)都是水平的. 事实上,我们有下面的定理.

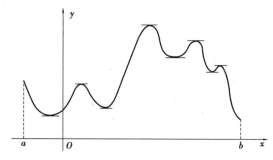

图 3.3.2

定理 2(极值的必要条件)　设函数 $f(x)$ 在某区间 I 内有定义,在该区间内的点 x_0 处取极值,且 $f'(x_0)$ 存在,则必有 $f'(x_0) = 0$.

证　不妨设 $f(x_0)$ 为极大值,则由定义,$\forall x \in \overset{\circ}{U}(x_0)$,当 $x < x_0$ 时,有

$$\frac{f(x) - f(x_0)}{x - x_0} > 0,$$

故

$$f'_-(x_0) = \lim_{x \to x_0^-} \frac{f(x) - f(x_0)}{x - x_0} \geqslant 0;$$

当 $x > x_0$ 时,有

$$\frac{f(x) - f(x_0)}{x - x_0} < 0,$$

故

$$f'_+(x_0) = \lim_{x \to x_0^+} \frac{f(x) - f(x_0)}{x - x_0} \leqslant 0.$$

从而得到

$$f'(x_0) = 0.$$

定义 2　若 $f'(x_0) = 0$,则称 x_0 为函数 $f(x)$ 的**驻点**.

由定理 2 可知,可导函数的极值点必是驻点,即可导函数的极值可能在驻点处取得,但驻点不一定是极值点,例如 $x = 0$ 是函数 $y = x^3$ 的驻点,却不是其极值点.

另外,连续函数在其导数不存在的点处也可能取到极值. 例如,$y = |x|$ 在 $x = 0$ 处取极小值.

因此,对连续函数来说,驻点和导数不存在的点都有可能是极值点,它们统称为**极值嫌疑点**,那么如何确认呢?

定理3 设 $f(x)$ 在 x_0 处连续,且在 x_0 的某个去心邻域 $\overset{\circ}{U}(x_0)$ 内可导,

(1)若当 $x \in \overset{\circ}{U}(x_0^-)$,$f'(x) > 0$,当 $x \in \overset{\circ}{U}(x_0^+)$,$f'(x) < 0$,则 $f(x)$ 在 x_0 处取得极大值;

(2)若当 $x \in \overset{\circ}{U}(x_0^-)$,$f'(x) < 0$,当 $x \in \overset{\circ}{U}(x_0^+)$,$f'(x) > 0$,则 $f(x)$ 在 x_0 处取得极小值.

证 只证(1).由拉格朗日中值定理,$\forall x \in \overset{\circ}{U}(x_0^-)$,有
$$f(x) - f(x_0) = f'(\xi_1)(x - x_0), \quad x < \xi_1 < x_0,$$
由 $f'(x) > 0$,得 $f'(\xi_1) > 0$,故 $f(x) < f(x_0)$.

同理,$\forall x \in \overset{\circ}{U}(x_0^+)$,有
$$f(x) - f(x_0) = f'(\xi_2)(x - x_0), \quad x_0 < \xi_2 < x,$$
由 $f'(x) < 0$,得 $f'(\xi_2) < 0$,故 $f(x) < f(x_0)$,从而 $f(x)$ 在 x_0 处取得极大值.

由定理3的证明可知,如果 $f'(x)$ 在 $\overset{\circ}{U}(x_0)$ 内符号不变,则 $f(x)$ 在 x_0 处就不取得极值.

例6 求 $f(x) = x^3 - 3x^2 - 9x + 5$ 的极值.

解 函数的定义域为 $(-\infty, +\infty)$,
$$f'(x) = 3x^2 - 6x - 9 = 3(x + 1)(x - 3).$$
令 $f'(x) = 0$,得驻点 $x_1 = -1, x_2 = 3$.

当 $x \in (-\infty, -1)$ 时,$f'(x) > 0$;当 $x \in (-1, 3)$ 时,$f'(x) < 0$;当 $x \in (3, +\infty)$ 时,$f'(x) > 0$. 故得 $f(x)$ 的极大值为 $f(-1) = 10$,极小值为 $f(3) = -22$.

例7 求 $f(x) = \sqrt[3]{x^2}$ 的极值.

解 函数的定义域为 $(-\infty, +\infty)$,
$$f'(x) = \frac{2}{3\sqrt[3]{x}} \quad (x \neq 0),$$
$x = 0$ 是函数一阶导数不存在的点.

当 $x < 0$ 时,$f'(x) < 0$;当 $x > 0$ 时,$f'(x) > 0$. 故 $f(x)$ 在 $x = 0$ 处取得极小值 $f(0) = 0$.

如果函数二阶导数好计算,且在驻点处具有不为零的二阶导数,则可由二阶导数的符号来判断该驻点是否是极值点.

定理4 设函数 $f(x)$ 在 x_0 的某个邻域 $U(x_0)$ 内可导,二阶导数 $f''(x_0)$ 存在,且 $f'(x_0) = 0$,$f''(x_0) \neq 0$,则

(1)当 $f''(x_0) < 0$ 时,$f(x)$ 在 x_0 处取极大值;

(2)当 $f''(x_0) > 0$ 时,$f(x)$ 在 x_0 处取极小值.

证 将 $f(x)$ 在 x_0 处展开为二阶泰勒公式,并注意到 $f'(x_0) = 0$,得
$$f(x) - f(x_0) = \frac{f''(x_0)}{2!}(x - x_0)^2 + o\left((x - x_0)^2\right).$$
因为 $x \to x_0$ 时,$o((x - x_0)^2)$ 是比 $(x - x_0)^2$ 高阶的无穷小量,故
$$\lim_{x \to x_0} \frac{f(x) - f(x_0)}{(x - x_0)^2} = \frac{f''(x_0)}{2!}.$$

由函数极限的局部保号性,故当 $f''(x_0) > 0$ 时,$\exists \delta > 0$,使当 $x \in \overset{\circ}{U}(x_0, \delta)$,有 $f(x) > f(x_0)$,即 $f(x_0)$ 为函数 $f(x)$ 的极小值;当 $f''(x_0) < 0$ 时,$\exists \delta > 0$,使得对任一 $x \in \overset{\circ}{U}(x_0, \delta)$,有 $f(x) <$

$f(x_0)$，即 $f(x_0)$ 为函数 $f(x)$ 的极大值.

由函数取得极值的必要条件和充分条件，求函数极值的步骤如下：

(1)确定函数的定义域；

(2)计算 $f'(x)$，并求出函数在所讨论区间内的所有驻点和一阶导数不存在的点 $x_1,x_2,\cdots,x_n$；

(3)利用极值的定义或极值的充分条件判断点 $x_1,x_2,\cdots,x_n$ 是否为函数的极值点，并求出函数的极值.

例 8　求 $f(x)=x^3-3x$ 的极值.

解　函数的定义域为 $(-\infty,+\infty)$，
$$f'(x)=3x^2-3=3(x+1)(x-1),\quad f''(x)=6x.$$

令 $f'(x)=0$ 得 $x=\pm1$. 由于 $f''(-1)=-6<0$，所以 $f(-1)=2$ 为极大值；$f''(1)=6>0$，所以 $f(1)=-2$ 为极小值.

习题 3.3

1. 确定下列函数的单调区间：

$(1)y=2x^3-6x^2-18x-7$；　　$(2)y=2x+\dfrac{8}{x}(x>0)$；　　$(3)y=\ln\left(x+\sqrt{1+x^2}\right)$；

$(4)y=(x-1)(x+1)^3$；　　$(5)y=2x^2-\ln x$；　　$(6)y=x-e^x$.

2. 利用函数单调性，证明下列不等式：

(1)当 $0<x<\dfrac{\pi}{2}$ 时，$\sin x+\tan x>2x$；

(2)当 $0<x<1$ 时，$e^{-x}+\sin x<1+\dfrac{x^2}{2}$；

(3)当 $x>0$ 时，$1+\dfrac{1}{2}x>\sqrt{1+x}$.

3. 试证：方程 $\sin x=x$ 只有一个实根.

4. 求下列函数的极值：

$(1)y=x^2-2x+3$；　　$(2)y=2x^3-3x^2$；　　$(3)y=2x^3-6x^2-18x+7$；

$(4)y=x-\ln(1+x)$；　　$(5)y=-x^4+2x^2$；　　$(6)y=x+\sqrt{1-x}$.

5. 试问常数 a 为何值时，函数 $f(x)=a\sin x+\dfrac{1}{3}\sin 3x$ 在 $x=\dfrac{\pi}{3}$ 处取得极值？它是极大值还是极小值？并求此极值.

3.4　函数的最值及其应用

函数的最值是函数在所讨论区间上，所有函数值中最大(或最小)的函数值，是整体性质. 而极值反映的是函数的局部性质.

若 $f(x)$ 为 $[a,b]$ 上连续函数，且在 (a,b) 内只有有限个驻点或导数不存在的点，设其为 $x_1,x_2,\cdots,x_n$，由闭区间上连续函数的最值定理知 $f(x)$ 在 $[a,b]$ 上必取得最大值和最小值. 若最值在 (a,b) 内取得，则它一定也是极值，而 $f(x)$ 的极值点只能是驻点或导数不存在的点. 此外，

最值点也可能在区间的端点 $x=a$ 或 $x=b$ 处达到. 于是, $f(x)$ 在 $[a,b]$ 上的最值可以用如下方法求得:

$$\max_{x \in [a,b]} f(x) = \max\{f(a), f(x_1), \cdots, f(x_n), f(b)\},$$
$$\min_{x \in [a,b]} f(x) = \min\{f(a), f(x_1), \cdots, f(x_n), f(b)\}.$$

为简便, 有时将 $f(x)$ 在某区间上的最大值和最小值分别记为 f_{max} 和 f_{min}.

例 1 求 $f(x) = x^4 - 8x^2 + 2$ 在 $[-1,3]$ 上的最大值和最小值.

解 由 $f'(x) = 4x(x-2)(x+2) = 0$, 得驻点

$$x_1 = 0, x_2 = 2, x_3 = -2 \quad (x_3 \notin [-1,3] \text{ 舍去}),$$

计算出

$$f(-1) = -5, \quad f(0) = 2, \quad f(2) = -14, \quad f(3) = 11.$$

故在 $[-1,3]$ 上, $f_{max} = f(3) = 11$, $f_{min} = f(2) = -14$.

下面两个结论在解应用问题时特别有用:

(1) 若 $f(x)$ 为 $[a,b]$ 上的连续函数, 且在 (a,b) 内只有唯一一个极值点 x_0, 则当 $f(x_0)$ 为极大(小)值时, 它就是 $f(x)$ 在 $[a,b]$ 上的最大(小)值;

(2) 若 $f(x)$ 为 $[a,b]$ 上的连续函数, 且在 $[a,b]$ 上单调增加, 则 $f(a)$ 为最小值, $f(b)$ 为最大值; 若 $f(x)$ 在 $[a,b]$ 上单调减少, 则 $f(a)$ 为最大值, $f(b)$ 为最小值.

在工农业生产、工程设计、经济管理等许多实践当中, 经常会遇到诸如在一定条件下怎样使产量最高、用料最省、效益最大、成本最低等一系列"最优化"问题. 这类问题有些能够归结为求某个函数(称为目标函数)的最值, 或是最值点(称为**最优解**).

在实际应用中, 根据问题本身的特点往往可以判定目标函数在某区间中一定存在最大值或最小值.

例 2 要制造一个容积为 V_0 的带盖圆柱形桶, 问桶的半径 r 和桶高 h 应如何确定, 才能使所用材料最省?

解 首先建立目标函数. 要材料最省, 就是要使圆桶表面积 S 最小.

由 $\pi r^2 h = V_0$ 得 $h = \dfrac{V_0}{\pi r^2}$, 故

$$S = 2\pi r^2 + 2\pi rh = 2\pi r^2 + \frac{2V_0}{r} \quad (r > 0).$$

令 $S' = 4\pi r - \dfrac{2V_0}{r^2} = 0$, 得驻点 $r_0 = \sqrt[3]{\dfrac{V_0}{2\pi}}$.

又因在 $(0, +\infty)$ 内 S 只有唯一一个极值点, 这极值点也就是要求的最小值点. 当 $r_0 = \sqrt[3]{\dfrac{V_0}{2\pi}}, h = 2\sqrt[3]{\dfrac{V_0}{2\pi}} = 2r$ 时, 圆桶表面积最小, 从而用料最省.

像这种高度等于底面直径的圆桶在实际中常被采用, 例如储油罐、化学反应容器等.

例 3 如图 3.4.1 所示, 某工厂 C 到铁路线 A 处的垂直距离 $CA = 20$ km, 需从距离 A 为 150 km 的 B 处运来原料, 现在要在 AB 上选一点 D 修建一条直线公路与工厂 C 连接. 已知铁路与公路每吨千米运费之比为 3:5, 问 D 应选在何处, 方能使运费最省?

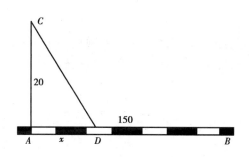

图 3.4.1

解　设 $AD = x$,则 $DB = 150 - x$,$DC = \sqrt{x^2 + 20^2}$,设铁路每吨千米运费为 $3k(k > 0)$,则公路上的每吨千米运费为 $5k$. 于是从 B 到 C 的每吨原料的总运费为

$$y = 3k(150 - x) + 5k\sqrt{x^2 + 20^2}, x \in (0, 150),$$

这是目标函数,要求取最小值点. 令

$$y' = \left(-3 + \frac{5x}{\sqrt{x^2 + 400}}\right)k = 0,$$

得 $x = \pm 15$. 在 $(0, 150)$ 中 y 只有唯一的驻点 $x = 15$. 又因为 $\forall x \in (0, 150)$,有 $y'' = \dfrac{2\,000k}{(x^2 + 400)^{\frac{3}{2}}} > 0$,

故 $x = 15$ 处,y 取最小值. 于是 D 点应选在距 A 点 15 km 处,此时全程运费最省.

习题 3.4

1. 求下列函数在所给区间上的最大值、最小值:

$(1) f(x) = x^2 - \dfrac{54}{x}, \quad x \in (-\infty, 0)$;

$(2) f(x) = x + \sqrt{1 - x}, \quad x \in [-5, 1]$;

$(3) y = x^4 - 8x^2 + 2, \quad -1 \leqslant x \leqslant 3$.

2. 设 a 为非零常数,b 为正常数,求 $y = ax^2 + bx$ 在以 0 和 $\dfrac{b}{a}$ 为端点的闭区间上的最大值和最小值.

3. 在半径为 r 的球中内接一正圆柱体,使其体积为最大,求此圆柱体的高.

4. 某铁路隧道的截面拟建成矩形加半圆形的形状(如 4 题图所示),设截面积为 a m²,问底宽 x 为多少时,才能使所用建造材料最省?

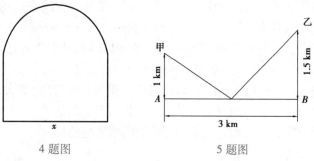

4 题图　　　　　　5 题图

5. 甲、乙两用户共用一台变压器(如 5 题图所示),问变压器设在输电干线 AB 的何处时,

所需电线最短?

6. 在边长为 a 的一块正方形铁皮的 4 个角上各截出一个小正方形,将 4 边上折焊成一个无盖方盒,问截去的小正方形边长为多大时,方盒的容积最大?

3.5 曲线的凹凸性、拐点

前面讨论了函数的单调性,但单调性相同的函数还会存在显著的差异. 例如,$y = \sqrt{x}$ 与 $y = x^2$ 在 $[0, +\infty)$ 上都是单调增加的,但是它们单调增加的方式并不相同. 从图形上看,它们的曲线的弯曲方向不一样,如图 3.5.1 所示. 下面介绍描述曲线的弯曲性态的概念,即曲线的凹凸性,并研究其判别法.

从几何上看到,在有的曲线弧上,如果任取两点,则连接这两点间的弦总位于这两点间的弧段的上方,如图 3.5.2 所示;而有的曲线弧则正好相反,如图 3.5.3 所示. 曲线的这种性质就是曲线的凹凸性. 因此,曲线的凹凸性可以用连接曲线弧上任意两点的弦的中点与曲线弧上相应点(即具有相同横坐标的点)的位置关系来描述. 下面给出曲线凹凸性的定义.

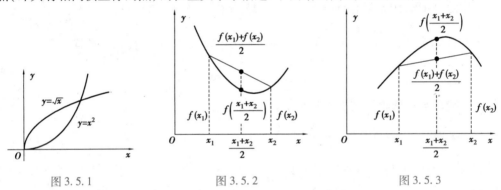

图 3.5.1   图 3.5.2   图 3.5.3

定义 1   设 $f(x)$ 在区间 I 上连续,如果对 I 上任意两点 x_1, x_2,恒有

$$f\left(\frac{x_1 + x_2}{2}\right) < \frac{f(x_1) + f(x_2)}{2},$$

那么称 $f(x)$ 在 I 上的图形是(向上)**凹的**(或凹弧),区间 I 称为曲线 $f(x)$ 的凹区间;如果恒有

$$f\left(\frac{x_1 + x_2}{2}\right) > \frac{f(x_1) + f(x_2)}{2},$$

那么称 $f(x)$ 在 I 上的图形是(向上)**凸的**(或凸弧),区间 I 称为曲线 $f(x)$ 的凸区间.

如果函数 $f(x)$ 在 I 内具有二阶导数,那么可以利用二阶导数的符号来判定曲线的凹凸性,这就是下面的曲线凹凸性的判定定理. 我们仅就 I 为闭区间的情形来叙述定理,当 I 不是闭区间时,定理类同.

定理   设 $f(x)$ 在 $[a,b]$ 上连续,在 (a,b) 内具有一阶和二阶导数,那么
(1)若在 (a,b) 内 $f''(x) > 0$,则 $f(x)$ 在 $[a,b]$ 上的图形是凹的;
(2)若在 (a,b) 内 $f''(x) < 0$,则 $f(x)$ 在 $[a,b]$ 上的图形是凸的.

证   (1)设 x_1 和 x_2 为 $[a,b]$ 内任意两点,且 $x_1 < x_2$,记 $\frac{x_1 + x_2}{2} = x_0$,并记

$x_2 - x_0 = x_0 - x_1 = h$, 则 $x_1 = x_0 - h, x_2 = x_0 + h$. 由泰勒公式, 得

$$f(x_0 + h) - f(x_0) = f'(x_0)h + \frac{1}{2!}f''(\xi_1)h^2,$$

$$f(x_0 - h) - f(x_0) = f'(x_0)(-h) + \frac{1}{2!}f''(\xi_2)h^2,$$

其中 ξ_1 介于 x_0 与 x_2 之间, ξ_2 介于 x_1 与 x_0 之间. 两式相加, 即得

$$f(x_0 + h) + f(x_0 - h) - 2f(x_0) = \frac{1}{2!}\left(f''(\xi_1) + f''(\xi_2)\right)h^2$$

按情形(1)的假设, $f''(x) > 0$, 故有

$$f(x_0 + h) + f(x_0 - h) - 2f(x_0) > 0,$$

即

$$\frac{f(x_0 + h) + f(x_0 - h)}{2} > f(x_0),$$

亦即

$$\frac{f(x_1) + f(x_2)}{2} > f\left(\frac{x_1 + x_2}{2}\right).$$

所以 $f(x)$ 在 $[a, b]$ 上的图形是凹的.

类似地可以证明(2).

例 1　判断曲线 $y = x^3$ 的凹凸性.

解　$y' = 3x^2, y'' = 6x$.

当 $x < 0$ 时, $y'' = 6x < 0$, 曲线是凸的;

当 $x > 0$ 时, $y'' = 6x > 0$, 曲线是凹的.

例 2　求曲线 $y = \sqrt[3]{x}$ 的凹凸区间.

解　显然函数在 $(-\infty, +\infty)$ 内连续, 当 $x \neq 0$ 时

$$y' = \frac{1}{3\sqrt[3]{x^2}}, y'' = -\frac{2}{9x\sqrt[3]{x^2}}.$$

当 $x = 0$ 时, y', y'' 都不存在. 故二阶导数在 $(-\infty, +\infty)$ 内不连续, 且不具有零点. 但 $x = 0$ 是 y'' 不存在的点, 它把 $(-\infty, +\infty)$ 分成两个部分区间: $(-\infty, 0), (0, +\infty)$.

在 $(-\infty, 0)$ 内, $y'' > 0$, 曲线在 $(-\infty, 0)$ 上是凹的. 在 $(0, +\infty)$ 内, $y'' < 0$, 曲线在 $(0, +\infty)$ 上是凸的.

又 $x = 0$ 时, $y = 0$, 故点 $(0,0)$ 是曲线的一个拐点, 如图 3.5.4 所示.

定义 2　一般地, 连续曲线 $y = f(x)$ 上凹弧与凸弧的分界点, 称为该曲线的**拐点**.

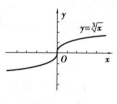

图 3.5.4

由前面的讨论和例 1、例 2 可知: 若 $f(x)$ 在 x_0 处的二阶导数等于零或不存在, 则 $(x_0, f(x_0))$ 都可能是曲线 $y = f(x)$ 的拐点, 称为**拐点嫌疑点**.

如何来寻找曲线 $y = f(x)$ 的拐点呢?

由定理 1, 可利用 $f''(x)$ 的符号来判定曲线的凹凸性. 如果 $f''(x_0) = 0$, 而 $f''(x)$ 在 x_0 的左、右两侧邻近异号, 那么点 $(x_0, f(x_0))$ 就是一个拐点. 因此, 如果 $f(x)$ 在区间 (a, b) 内具有二阶导数, 就可以按下列步骤来判定曲线 $y = f(x)$ 的凹凸性、求曲线的拐点.

(1)求函数 $y = f(x)$ 的定义域及 $f''(x)$;

(2)求出 $f''(x)$ 在区间 (a, b) 内的零点及不存在的点;

(3)对于(2)中求出的每一个 x_0, 检查 $f''(x)$ 在 x_0 左、右两侧邻近的符号, 如果 $f''(x)$ 在 x_0

的左、右两侧邻近分别保持一定的符号,那么当两侧的符号相反时,点$(x_0,f(x_0))$是拐点,当两侧的符号相同时,点$(x_0,f(x_0))$不是拐点.

例3 求曲线$y=2x^3+3x^2-12x+14$的拐点.

解 $y'=6x^2+6x-12,y''=12x+6=12\left(x+\dfrac{1}{2}\right)$.

解方程$y''=0$,得$x=-\dfrac{1}{2}$.当$x<-\dfrac{1}{2}$时,$y''<0$;当$x>-\dfrac{1}{2}$时,$y''>0$,又$f\left(-\dfrac{1}{2}\right)=20\dfrac{1}{2}$,因此点$\left(-\dfrac{1}{2},20\dfrac{1}{2}\right)$是曲线的拐点.

例4 求曲线$y=3x^4-4x^3+1$的拐点及凹、凸的区间.

解 函数$y=3x^4-4x^3+1$的定义域为$(-\infty,+\infty)$.
$$y'=12x^3-12x^2,$$
$$y''=36x^2-24x=36x\left(x-\dfrac{2}{3}\right).$$

解方程$y''=0$,得$x_1=0,x_2=\dfrac{2}{3}$.

$x_1=0$及$x_2=\dfrac{2}{3}$把函数的定义域$(-\infty,+\infty)$分成3个部分区间:
$$(-\infty,0),\left(0,\dfrac{2}{3}\right),\left(\dfrac{2}{3},+\infty\right).$$

在$(-\infty,0)$内,$y''>0$,因此在区间$(-\infty,0)$上曲线是凹的.在$\left(0,\dfrac{2}{3}\right)$内,$y''<0$,因此在区间$\left(0,\dfrac{2}{3}\right)$上曲线是凸的.在$\left(\dfrac{2}{3},+\infty\right)$内$y''>0$,因此在区间$\left(\dfrac{2}{3},+\infty\right)$上曲线是凹的.

当$x=0$时,$y=1$,点$(0,1)$是曲线的一个拐点;当$x=\dfrac{2}{3}$时,$y=\dfrac{11}{27}$,点$\left(\dfrac{2}{3},\dfrac{11}{27}\right)$也是曲线的拐点.

例5 判断曲线$y=\ln x$的凹凸性.

解 因$y'=\dfrac{1}{x},y''=-\dfrac{1}{x^2}$,$y=\ln x$的二阶导数在区间$(0,+\infty)$内处处为负,故曲线$y=\ln x$在区间$(0,+\infty)$内是凸的.

习题 3.5

1. 讨论下列曲线的凹凸性及拐点:

(1)$y=4x-x^2$; (2)$y=e^{-x}$;

(3)$y=x+\dfrac{1}{x}(x>0)$; (4)$y=x\arctan x$;

(5)$y=xe^{-x}$; (6)$y=\ln(x^2+1)$.

2. 问常数a,b为何值时,点$(1,3)$为曲线$y=ax^3+bx^2$的拐点?

3.6　曲线的渐近线、函数图形的描绘

前面讨论了函数的单调性与极值、曲线的凹凸性与拐点等,利用函数的这些性态,便能比较准确地描绘出函数的几何图形.

为此,先介绍渐近线的概念与求法.

3.6.1　渐近线

定义　如果曲线 C 上的动点 M 沿曲线离坐标原点无限远移时,该点与直线 l 的距离趋向于零,则称直线 l 为曲线 C 的**渐近线**,如图 3.6.1 所示.

渐近线反映了曲线无限延伸时的走向和趋势. 设曲线方程为 $y = f(x)$,曲线的渐近线分为以下 3 类:

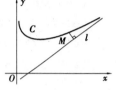

(1)若 $\lim\limits_{x \to \infty} f(x) = A$,则直线 $y = A$ 称为曲线 $y = f(x)$ 的**水平渐近线**;

(2)若 $\lim\limits_{x \to x_0} f(x) = \infty$,则直线 $x = x_0$ 称为曲线 $y = f(x)$ 的**铅直渐近线**;

(3)若 $\lim\limits_{x \to \infty} \dfrac{f(x)}{x} = a\,(a \neq 0)$,且 $\lim\limits_{x \to \infty}(f(x) - ax) = b$,则直线 $y = ax + b$ 称

图 3.6.1

为曲线 $y = f(x)$ 的**斜渐近线**.

上面的极限过程可改成相应的单侧极限过程. 如:$x \to x_0$ 可改成 $x \to x_0^+$ 或 $x \to x_0^-$;$x \to \infty$ 可改成 $x \to +\infty$ 或 $x \to -\infty$,但斜渐近线定义中前后两个极限过程必须一致.

如曲线 $y = \ln x$,因为 $\lim\limits_{x \to 0^+} \ln x = -\infty$,所以它有铅直渐近线 $x = 0$;

曲线 $y = \dfrac{1}{x}$,因为 $\lim\limits_{x \to \infty} \dfrac{1}{x} = 0$,所以它有水平渐近线 $y = 0$;

双曲线 $\dfrac{x^2}{a^2} - \dfrac{y^2}{b^2} = 1$,有 $y = \dfrac{b}{a}\sqrt{x^2 - a^2}$,$y = -\dfrac{b}{a}\sqrt{x^2 - a^2}$,而

$$\lim_{x \to \infty}\left(\pm \frac{b}{a} \cdot \frac{\sqrt{x^2 - a^2}}{x} \right) = \pm \frac{b}{a},$$

$$\lim_{x \to \infty}\left(\pm \frac{b}{a}\sqrt{x^2 - a^2} \mp \frac{b}{a}x \right) = \lim_{x \to \infty} \pm \frac{b}{a}\left(\sqrt{x^2 - a^2} - x \right) = 0,$$

故该双曲线有一对斜渐近线 $y = \pm \dfrac{b}{a}x$,如图 3.6.2 所示.

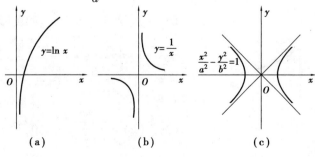

图 3.6.2

*3.6.2　函数图形的描绘

作函数 $y = f(x)$ 的图形可按下列步骤进行:

(1)确定 $y = f(x)$ 的定义域,并讨论其奇偶性、周期性、连续性等;

(2)求出 $f'(x)$ 和 $f''(x)$ 的全部零点及其不存在的点,并用它们作为分点将定义域划分为若干个小区间;

(3)考察各个小区间内及各分点两侧的 $f'(x)$ 和 $f''(x)$ 的符号,从而确定出 $f(x)$ 的增减区间、极值点、凹凸区间及拐点,并使用下列记号列表.

$$\diagup \text{ 凹、单调增,} \qquad \diagdown \text{ 凹、单调减,}$$
$$\diagup \text{ 凸、单调增,} \qquad \diagdown \text{ 凸、单调减;}$$

(4)确定 $f(x)$ 的渐近线及其他变化趋势;

(5)必要时,补充一些适当的点,例如 $y = f(x)$ 与坐标轴的交点等;

(6)结合上面讨论,连点描出图形.

例2 描绘 $f(x) = 2xe^{-x}$ 的图形.

解 (1)定义域为 $(-\infty, +\infty)$,且 $f(x) \in C((-\infty, +\infty))$.

(2) $f'(x) = 2e^{-x}(1-x)$, $f''(x) = 2e^{-x}(x-2)$,

由 $f'(x) = 0$ 得 $x = 1$,由 $f''(x) = 0$ 得 $x = 2$,把定义域分为 3 个区间:$(-\infty, 1)$,$(1, 2)$,$(2, +\infty)$.

(3)列表,见表 3.6.1.

表 3.6.1

x	$(-\infty, 1)$	1	$(1,2)$	2	$(2, +\infty)$
$f'(x)$	+	0	−	−	−
$f''(x)$	−	−	−	0	+
$y = f(x)$ 的图形	$\frown$	极大值 $\dfrac{2}{e}$	$\diagdown$	拐点 $\left(2, \dfrac{4}{e^2}\right)$	$\diagdown$

(4) $\lim\limits_{x \to +\infty} f(x) = 0$,故曲线 $y = f(x)$ 有渐近线 $y = 0$,

$$\lim_{x \to -\infty} f(x) = -\infty.$$

(5)补充点 $(0,0)$,并连点绘图,如图 3.6.3 所示.

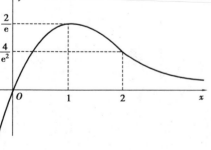

图 3.6.3

例3 描绘 $f(x) = \dfrac{x}{3 - x^2}$ 的图形.

解 (1)定义域为 $(-\infty, -\sqrt{3}) \cup (-\sqrt{3}, \sqrt{3}) \cup (\sqrt{3}, +\infty)$. $x = \pm\sqrt{3}$ 为间断点,$f(x)$ 为奇函数,故关于原点对称.

(2) $f'(x) = \dfrac{x^2 + 3}{(3 - x^2)^2} > 0$,故 $f(x)$ 在定义域内无驻点;

$f''(x) = \dfrac{2x(x^2+9)}{(3-x^2)^3}$，令 $f''(x) = 0$，得 $x = 0$，此时 $f(0) = 0$，所以 $(0,0)$ 为拐点嫌疑点.

(3)列表，见表 3.6.2.

表 3.6.2

x	0	$(0,\sqrt{3})$	$\sqrt{3}$	$(\sqrt{3}, +\infty)$
$f'(x)$	+	+		+
$f''(x)$	0	+		−
$y = f(x)$ 的图形	拐点 $(0,0)$	⌡	间断点	⌠

(4) $\lim\limits_{x \to \sqrt{3}} f(x) = \infty$，$\lim\limits_{x \to -\sqrt{3}} f(x) = \infty$，故有铅直渐近线 $x = \pm\sqrt{3}$；又 $\lim\limits_{x \to \infty} f(x) = 0$，故有水平渐近线 $y = 0$.

(5)取辅助点 $M_1\left(1, \dfrac{1}{2}\right)$，$M_2(2, -2)$，$M_3\left(3, -\dfrac{1}{2}\right)$，描绘出函数在 $[0, +\infty)$ 上的图形，再利用对称性便得 $(-\infty, 0)$ 内的图形，如图 3.6.4 所示.

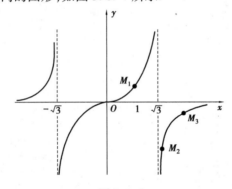

图 3.6.4

例 4 描绘 $f(x) = x^{\frac{2}{3}}(6-x)^{\frac{1}{3}}$ 的图形.

解 (1)定义域为 $(-\infty, +\infty)$，且 $f(x) \in C((-\infty, +\infty))$.

(2)由 $f'(x) = \dfrac{4-x}{x^{\frac{1}{3}}(6-x)^{\frac{2}{3}}}$，得驻点 $x = 4$ 及 $f'(x)$ 不存在的点 $x = 0, x = 6$；

$f''(x) = -\dfrac{8}{x^{\frac{4}{3}}(6-x)^{\frac{5}{3}}}$，无零点，$f''(x)$ 不存在的点为 $x = 0, x = 6$.

(3)列表，见表 3.6.3.

表 3.6.3

x	$(-\infty, 0)$	0	$(0,4)$	4	$(4,6)$	6	$(6, +\infty)$
$f'(x)$	−	不存在	+	0	−	不存在	−
$f''(x)$	−	不存在	−	−	−	不存在	+
$y = f(x)$ 的图形	⌐	极小值 0	⌠	极大值 $2\sqrt[3]{4}$	⌐	拐点 $(6,0)$	⌡

(4) $\lim\limits_{x\to\infty}\dfrac{f(x)}{x}=\lim\limits_{x\to\infty}\left(\dfrac{6}{x}-1\right)^{\frac{1}{3}}=-1,$

$\lim\limits_{x\to\infty}(f(x)+x)=\lim\limits_{x\to\infty}\left(x^{\frac{2}{3}}(6-x)^{\frac{1}{3}}+x\right)=2,$

故 $f(x)$ 有斜渐近线 $y=-x+2.$

此外当 $x\to0$ 时, $f'(x)\to\infty$; $x\to6$ 时, $f'(x)\to\infty$, 即这时 $f(x)$ 有铅直切线.

(5) 作图形, 如图 3.6.5 所示.

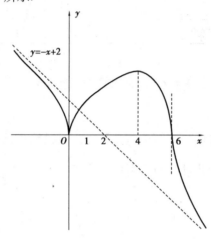

图 3.6.5

习题 3.6

1. 选择题.

(1) 曲线 $y=\dfrac{4x-1}{(x-2)^2}($ $).$

    A. 只有水平渐近线   B. 只有铅直渐近线

    C. 没有渐近线   D. 有水平渐近线也有铅直渐近线

(2) 函数 $y=2\ln\dfrac{x+3}{x}-3$ 的水平渐近线方程为(   ).

    A. $y=2$ B. $y=1$ C. $y=-3$ D. $y=0$

(3) 曲线 $y=-\mathrm{e}^{2(x+1)}($ $).$

    A. 只有水平渐近线   B. 只有铅直渐近线

    C. 没有水平渐近线和铅直渐近线   D. 有水平渐近线也有铅直渐近线

(4) 曲线 $y=\dfrac{2x-1}{(x-1)^2}$ 有(   ).

    A. 水平渐近线 $y=1$ B. 水平渐近线 $y=\dfrac{1}{2}$

    C. 铅直渐近线 $x=1$ D. 铅直渐近线 $x=\dfrac{1}{2}$

2. 求下列曲线的渐近线:

$(1)y = \dfrac{e^x}{1+x}$;　　$(2)y = \dfrac{x^2}{(x+1)(x-3)}$;　　$(3)y = \ln(2+x)$.

3. 作出下列函数的图形:

$(1)f(x) = \dfrac{x}{1+x^2}$;　　　　　　　　$(2)f(x) = x^3 - 3x + 1$;

$(3)f(x) = \dfrac{x^2}{1+x}$;　　　　　　　　$(4)y = 2 - \sqrt[3]{x-1}$.

习题 3

1. 填空题.

(1)曲线 $y = (x+1)e^{-x}$ 的拐点坐标为_____.

(2)已知 $f(x) = e^{-x}\ln ax$ 在 $x = \dfrac{1}{2}$ 取得极值,则 $a =$ _____.

(3)函数 $y = \ln x$ 在 $[1, e]$ 上满足拉格朗日中值定理的 $\xi =$ _____.

(4)函数 $f(x) = ax^2 - b$ 在区间 $[-\infty, 0]$ 内单调递减,则 a, b 应满足_____.

(5)若函数 $f(x)$ 在区间 $[a, b]$ 上可导,且 $f'(x) > 0$,则 $f(x)$ 在 $[a, b]$ 上的最值为_____.

2. 选择题.

(1)已知极限 $\lim\limits_{x\to 0} \dfrac{x - \arctan x}{x^k} = c$,其中 k, c 为常数,且 $c \neq 0$,则(　　).

　　A. $k = 2, c = -\dfrac{1}{2}$　　B. $k = 2, c = \dfrac{1}{2}$　　C. $k = 3, c = -\dfrac{1}{3}$　　D. $k = 3, c = \dfrac{1}{3}$

(2)设函数 $y = f(x)$ 在 $[a, b]$ 上连续,其导函数的图形如下图所示,则曲线 $y = f(x)$($a \leqslant$ $x \leqslant b$)的所有拐点为(　　).

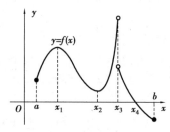

选择题(2)图

　　A. $(x_1, f(x_1)), (x_2, f(x_2)), (x_3, f(x_3))$

　　B. $(x_1, f(x_1)), (x_2, f(x_2)), (x_4, f(x_4))$

　　C. $(x_1, f(x_1)), (x_2, f(x_2))$

　　D. $(x_3, f(x_3)), (x_4, f(x_4))$

(3)曲线 $y = (x-1)(x-2)^2(x-3)^3(x-4)^4$ 的拐点是(　　).

　　A. $(1, 0)$　　　　B. $(2, 0)$　　　　C. $(3, 0)$　　　　D. $(4, 0)$

(4)曲线 $y = \dfrac{x^2 + x}{x^2 - 1}$ 的渐近线条数为(　　).

A. 0   B. 1   C. 2   D. 3

(5)下列函数在给定区间上满足罗尔定理条件的是(   ).

A.$f(x)=x^2-5x+6,[2,3]$ B.$f(x)=\dfrac{1}{\sqrt{(x-1)^2}},[0,2]$

C.$f(x)=xe^x,[0,1]$ D.$f(x)=\begin{cases}x+1, & x<5,\\ 1, & x\geqslant 5,\end{cases}[0,5]$

(6)求下列极限,能直接使用洛必达法则的是(   ).

A.$\lim\limits_{x\to\infty}\dfrac{\sin x}{x}$ B.$\lim\limits_{x\to 0}\dfrac{\sin x}{x}$ C.$\lim\limits_{x\to\frac{\pi}{2}}\dfrac{\tan 5x}{\sin 3x}$ D.$\lim\limits_{x\to 0}\dfrac{x^2\sin\frac{1}{x}}{\sin x}$

(7)设函数$f(x)$在开区间(a,b)内有$f'(x)<0$且$f''(x)<0$,则$y=f(x)$在(a,b)内(   ).

A. 单调增加,图形向上凹   B. 单调增加,图形向上凸

C. 单调减少,图形向上凹   D. 单调减少,图形向上凸

(8)$f(x)=|\sqrt[3]{x}|$,点$x=0$是$f(x)$的(   ).

A. 间断点   B. 极小值点   C. 极大值点   D. 拐点

(9)设函数$f(x)=x^3+ax^2+bx+c$,且$f(0)=f'(0)=0$,则下列结论不正确的是(   ).

A. $b=c=0$ B. 当$a>0$时,$f(0)$为极小值

C. 当$a<0$时,$f(0)$为极大值   D. 当$a\neq 0$时,$(0,f(0))$为拐点

(10)$f'(x)=0,f''(x)<0$是函数$y=f(x)$在$x=x_0$处取得极小值的(   ).

A. 充分必要条件   B. 充分非必要条件

C. 必要非充分条件   D. 既非充分条件又非必要条件

3. 利用洛必达法则求下列极限:

(1)$\lim\limits_{x\to 0}\dfrac{\tan x-x}{x-\sin x}$;   (2)$\lim\limits_{x\to 0}\left(\dfrac{1}{\ln(x+1)}-\dfrac{1}{x}\right)$;   (3)$\lim\limits_{x\to 0}\left(\dfrac{1}{x}-\dfrac{1}{e^x-1}\right)$;

(4)$\lim\limits_{x\to 0}\left(\dfrac{1}{x}-\dfrac{1}{\sin x}\right)$;   (5)$\lim\limits_{x\to 0}\dfrac{e^x-e^{\sin x}}{x-\sin x}$;   (6)$\lim\limits_{x\to 0}\left(\dfrac{1}{x\ln(1+x)}-\dfrac{2+x}{2x^2}\right)$.

4. 判断下列函数的单调性:

(1)$y=x-\ln(1+x^2)$;   (2)$y=\sin x-x$.

5. 求下列函数的极值:

(1)$y=\dfrac{1+3x}{\sqrt{4+5x^2}}$;   (2)$y=\dfrac{3x^2+4x+4}{x^2+x+1}$;

(3)$y=e^x\cos x$;   (4)$y=x^{\frac{1}{x}}$;

(5)$y=2e^x+e^{-x}$;   (6)$y=2-(x-1)^{\frac{2}{3}}$;

(7)$y=3-2(x+1)^{\frac{1}{3}}$;   (8)$y=x+\tan x$.

6. 试决定曲线$y=ax^3+bx^2+cx+d$中的a,b,c,d,使得$x=-2$处曲线有水平切线,$(1,-10)$为拐点,且点$(-2,44)$在曲线上.

7. 试决定$y=k(x^2-3)^2$中k的值,使曲线的拐点处的法线通过原点.

8. 已知函数$f(x)$在$[0,1]$上连续,在$(0,1)$内可导,且$f(1)=1$.证明:存在$\xi\in(0,1)$,使得

$f(\xi) + \xi f'(\xi) = 1.$

9. 在抛物线 $y = 1 - x^2$ 上求一点,使抛物线在该点的切线与两坐标轴所形成的位于第一象限内的三角形面积最小.

10. 讨论函数 $f(x) = x\sqrt{9 - x^2}$ 的增减性和极值点及其对应图形的凹凸性和拐点.

11. 求曲线 $y = \dfrac{1-x}{1+x}\mathrm{e}^{-x}$ 的所有渐近线.

12. 欲用围墙围成面积为 $216\ \mathrm{m}^2$ 的一块矩形土地,并在正中用一堵墙将其隔成两块,问这块土地的长和宽选取多大的尺寸,才能使所用建筑材料最省?

第 3 章参考答案

第 4 章

一元函数积分学

前面两章讨论了一元函数的微分学,微分学的基本问题是已知一个函数,求它的导数. 本章将讨论函数微积分的另外一个重要组成部分——一元函数积分学,即已知函数的导函数,求原来的函数. 由此产生了积分学,一元函数积分学由不定积分与定积分两部分组成. 本章将介绍不定积分与定积分的概念、有关性质和运算.

4.1 不定积分与原函数求法

4.1.1 原函数与不定积分

1)原函数

定义 1 设函数 $f(x)$ 是定义在区间 I 上的函数,如果存在可导函数 $F(x)$,对任一 $x \in I$ 有
$$F'(x) = f(x) \text{ 或 } \mathrm{d}F(x) = f(x)\mathrm{d}x,$$
则称 $F(x)$ 为函数 $f(x)$ 在区间 I 上的一个**原函数**.

例如,$(\sin x)' = \cos x$,因此 $\sin x$ 是 $\cos x$ 在 $(-\infty, +\infty)$ 上的一个原函数;$(x^5)' = 5x^4$,因此 x^5 是 $5x^4$ 在 $(-\infty, +\infty)$ 上的一个原函数.

上例中,函数 $\cos x$ 和 $5x^4$ 都有原函数. 那么一个函数满足什么条件时存在原函数? 若存在原函数,是否唯一? 若不唯一,有多少个,如何表示?

定理 若函数 $f(x)$ 在区间 I 上连续,则 $f(x)$ 在区间 I 上存在原函数.

由该定理可知,连续函数一定有原函数. 因为初等函数在其定义区间内连续,所以初等函数在其定义区间内一定有原函数.

因为 $(x^2)' = 2x, (x^2+1)' = 2x, \cdots, (x^2+C)' = 2x$($C$ 为任意常数),所以 $x^2, x^2+1, \cdots, x^2 + C$ 都是 $2x$ 在 $(-\infty, +\infty)$ 上的原函数. 故若函数 $f(x)$ 在区间 I 上存在原函数,则原函数有无穷多个. 设 $F(x)$ 是 $f(x)$ 在区间 I 上的一个原函数,则 $f(x)$ 在区间 I 上的全体原函数可表示为:$F(x) + C$(C 为任意常数). 因此,接下来的问题是如何求出 $f(x)$ 在区间 I 的某个具体原函数.

2)不定积分

定义 2 设函数 $f(x)$ 在区间 I 上有定义,称 $f(x)$ 在区间 I 上的原函数的全体为 $f(x)$ 在 I

上的**不定积分**,记作 $\int f(x)\mathrm{d}x$.

其中,记号"$\int$"称为不定积分号,$f(x)$ 称为**被积函数**,x 称为**积分变量**,$f(x)\mathrm{d}x$ 称为**被积表达式**.

由不定积分的定义,设 $F(x)$ 是 $f(x)$ 在区间 I 上的一个原函数,则在区间 I 上有

$$\int f(x)\mathrm{d}x = F(x) + C,$$

C 为任意常数.

例 1　求 $\int \sqrt{x}\mathrm{d}x$.

解　由于 $\left(\dfrac{2}{3}x^{\frac{3}{2}}\right)' = \sqrt{x}$,因此有 $\int \sqrt{x}\mathrm{d}x = \dfrac{2}{3}x^{\frac{3}{2}} + C$.

例 2　求 $\int \dfrac{1}{x}\mathrm{d}x$.

解　由于 $\left(\ln|x|\right)' = \dfrac{1}{x}, x \in (-\infty,0) \cup (0,+\infty)$,因此有 $\int \dfrac{1}{x}\mathrm{d}x = \ln|x| + C$.

例 3　设曲线通过点 $(1,2)$,且其上任一点处的切线斜率等于这点横坐标的两倍,求此曲线的方程.

解　设所求曲线的方程为 $y = f(x)$,按题设,曲线上任一点 (x,y) 处的切线斜率为 $\dfrac{\mathrm{d}y}{\mathrm{d}x} = 2x$,即 $f(x)$ 是 $2x$ 的一个原函数.

因为
$$\int 2x\mathrm{d}x = x^2 + C,$$

故必有某个常数 C 使 $f(x) = x^2 + C$,即曲线方程为 $y = x^2 + C$. 因所求曲线通过点 $(1,2)$,故
$$2 = 1 + C, C = 1.$$

于是所求曲线方程为
$$y = x^2 + 1.$$

通常把 $y = f(x)$ 在区间 I 上的原函数的图形称为 $f(x)$ 的**积分曲线**,$\int f(x)\mathrm{d}x$ 在几何上表示横坐标相同(设为 $x_0 \in I$)点处的切线都平行[切线斜率均等于 $f(x_0)$]的一族曲线,如图 4.1.1 所示.

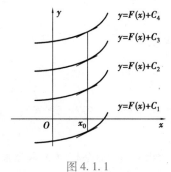

图 4.1.1

4.1.2 不定积分的性质

由不定积分的定义易知,不定积分有下列性质:

$(1) \int (\alpha f(x) + \beta g(x)) \mathrm{d}x = \alpha \int f(x) \mathrm{d}x + \beta \int g(x) \mathrm{d}x$,其中 α,β 为常数;

$(2) \dfrac{\mathrm{d}}{\mathrm{d}x} \int f(x) \mathrm{d}x = f(x)$;

$(3) \int f'(x) \mathrm{d}x = f(x) + C, C$ 为任意常数.

由性质(2)和(3)可看出,不定积分是微分运算的逆运算,因此由常用函数的导数公式可以得到相应的积分公式. 将这些常用函数的积分公式列成一个表,通常称为**基本积分表**,其中 C 是积分常数(在本章后面的讨论中同样如此).

① $\int k \, \mathrm{d}x = kx + C(k$ 为常数$)$,

② $\int x^a \mathrm{d}x = \dfrac{1}{a+1} x^{a+1} + C(a$ 为常数,且 $a \neq -1)$,

③ $\int \dfrac{1}{x} \mathrm{d}x = \ln |x| + C(x \neq 0)$,

④ $\int \mathrm{e}^x \mathrm{d}x = \mathrm{e}^x + C$,

⑤ $\int a^x \mathrm{d}x = \dfrac{1}{\ln a} a^x + C(a$ 为常数,$a > 0$ 且 $a \neq 1)$,

⑥ $\int \cos x \mathrm{d}x = \sin x + C$,

⑦ $\int \sin x \mathrm{d}x = -\cos x + C$,

⑧ $\int \sec^2 x \mathrm{d}x = \tan x + C$,

⑨ $\int \csc^2 x \mathrm{d}x = -\cot x + C$,

⑩ $\int \sec x \tan x \mathrm{d}x = \sec x + C$,

⑪ $\int \csc x \cot x \mathrm{d}x = -\csc x + C$,

⑫ $\int \dfrac{1}{\sqrt{1-x^2}} \mathrm{d}x = \arcsin x + C$,

⑬ $\int \dfrac{1}{1+x^2} \mathrm{d}x = \arctan x + C$.

可直接利用上述这些不定积分的性质、基本积分公式直接计算一些简单函数的不定积分. 有时需要对被积函数作适当变形,化成能直接套用基本积分公式的情况,从而得出结果.

例4 求 $\int \dfrac{\mathrm{d}x}{x \sqrt[3]{x}}$.

解　$\displaystyle\int\frac{\mathrm{d}x}{x\sqrt[3]{x}}=\int x^{-\frac{4}{3}}\mathrm{d}x=\frac{x^{-\frac{4}{3}+1}}{-\dfrac{4}{3}+1}+C=-3x^{-\frac{1}{3}}+C=-\frac{3}{\sqrt[3]{x}}+C.$

例 5　求 $\displaystyle\int 3^x\mathrm{e}^x\mathrm{d}x.$

解　$\displaystyle\int 3^x\mathrm{e}^x\mathrm{d}x=\int(3\mathrm{e})^x\mathrm{d}x=\frac{(3\mathrm{e})^x}{\ln 3\mathrm{e}}+C=\frac{(3\mathrm{e})^x}{1+\ln 3}+C.$

例 6　求 $\displaystyle\int(\mathrm{e}^x-3\cos x)\mathrm{d}x.$

解　$\displaystyle\int(\mathrm{e}^x-3\cos x)\mathrm{d}x=\int\mathrm{e}^x\mathrm{d}x-3\int\cos x\mathrm{d}x=\mathrm{e}^x-3\sin x+C.$

例 7　求 $\displaystyle\int(2^x-\sin x+2x\sqrt{x})\mathrm{d}x.$

解　$\displaystyle\int(2^x-\sin x+2x\sqrt{x})\mathrm{d}x=\int 2^x\mathrm{d}x-\int\sin x\mathrm{d}x+\int 2x\sqrt{x}\mathrm{d}x=\frac{2^x}{\ln 2}+\cos x+\frac{4}{5}x^{\frac{5}{2}}+C.$

例 8　求 $\displaystyle\int\frac{(x-1)^3}{x^2}\mathrm{d}x.$

解　$\displaystyle\int\frac{(x-1)^3}{x^2}\mathrm{d}x=\int\frac{x^3-3x^2+3x-1}{x^2}\mathrm{d}x=\int\left(x-3+\frac{3}{x}-\frac{1}{x^2}\right)\mathrm{d}x$

$$=\int x\mathrm{d}x-3\int\mathrm{d}x+3\int\frac{\mathrm{d}x}{x}-\int\frac{\mathrm{d}x}{x^2}=\frac{x^2}{2}-3x+3\ln|x|+\frac{1}{x}+C.$$

例 9　求 $\displaystyle\int\frac{x^4}{1+x^2}\mathrm{d}x.$

解　$\displaystyle\int\frac{x^4}{1+x^2}\mathrm{d}x=\int\frac{x^4-1+1}{1+x^2}\mathrm{d}x=\int\frac{(x^2+1)(x^2-1)+1}{1+x^2}\mathrm{d}x$

$$=\int\left(x^2-1+\frac{1}{1+x^2}\right)\mathrm{d}x=\int x^2\mathrm{d}x-\int\mathrm{d}x+\int\frac{1}{1+x^2}\mathrm{d}x$$

$$=\frac{x^2}{3}-x+\arctan x+C.$$

例 10　求 $\displaystyle\int\frac{1+x+x^2}{x(1+x^2)}\mathrm{d}x.$

解　$\displaystyle\int\frac{1+x+x^2}{x(1+x^2)}\mathrm{d}x=\int\frac{x+(1+x^2)}{x(1+x^2)}\mathrm{d}x=\int\left(\frac{1}{1+x^2}+\frac{1}{x}\right)\mathrm{d}x$

$$=\int\frac{1}{1+x^2}\mathrm{d}x+\int\frac{1}{x}\mathrm{d}x=\arctan x+\ln|x|+C.$$

例 11　求 $\displaystyle\int\tan^2 x\mathrm{d}x.$

解　$\displaystyle\int\tan^2 x\mathrm{d}x=\int(\sec^2 x-1)\mathrm{d}x=\int\sec^2 x\mathrm{d}x-\int\mathrm{d}x=\tan x-x+C.$

例 12　求 $\displaystyle\int\sin^2\frac{x}{2}\mathrm{d}x.$

解　$\displaystyle\int\sin^2\frac{x}{2}\mathrm{d}x=\int\frac{1}{2}(1-\cos x)\mathrm{d}x=\frac{1}{2}\int(1-\cos x)\mathrm{d}x=\frac{1}{2}\left(\int\mathrm{d}x-\int\cos x\mathrm{d}x\right)=\frac{1}{2}(x-$

$\sin x) + C.$

例 13 求 $\int \dfrac{1 + \cos^2 x}{1 + \cos 2x}\mathrm{d}x.$

解 $\int \dfrac{1 + \cos^2 x}{1 + \cos 2x}\mathrm{d}x = \int \dfrac{1 + \cos^2 x}{2\cos^2 x}\mathrm{d}x = \dfrac{1}{2}\int (\sec^2 x + 1)\mathrm{d}x = \dfrac{1}{2}(\tan x + x) + C.$

习题 4.1

1. 利用基本积分公式及性质,求下列积分:

(1) $\int \sqrt{x}(x^2 - 5)\mathrm{d}x$;

(2) $\int \left(\dfrac{3}{1 + x^2} - \dfrac{2}{\sqrt{1 - x^2}} \right)\mathrm{d}x$;

(3) $\int \dfrac{x^2}{1 + x^2}\mathrm{d}x$;

(4) $\int \sin^2 \dfrac{x}{2}\mathrm{d}x$;

(5) $\int \left(1 - \dfrac{1}{x^2} \right)\sqrt{x\sqrt{x}}\,\mathrm{d}x$;

(6) $\int \dfrac{\mathrm{d}x}{x^2}$;

(7) $\int x\sqrt{x}\,\mathrm{d}x$;

(8) $\int \dfrac{\mathrm{d}x}{x^2\sqrt{x}}$;

(9) $\int (x^2 - 3x + 2)\mathrm{d}x$;

(10) $\int \dfrac{3x^4 + 3x^2 + 1}{x^2 + 1}\mathrm{d}x$;

(11) $\int \left(2\mathrm{e}^x + \dfrac{3}{x} \right)\mathrm{d}x$;

(12) $\int \mathrm{e}^x \left(1 - \dfrac{\mathrm{e}^{-x}}{\sqrt{x}} \right)\mathrm{d}x$;

(13) $\int \dfrac{2 \cdot 3^x - 5 \cdot 2^x}{3^x}\mathrm{d}x$;

(14) $\int \sec x(\sec x - \tan x)\mathrm{d}x$;

(15) $\int \dfrac{\mathrm{d}x}{1 + \cos 2x}$;

(16) $\int \dfrac{\cos 2x}{\cos x - \sin x}\mathrm{d}x$;

(17) $\int \dfrac{\cos 2x}{\cos^2 x \sin^2 x}\mathrm{d}x.$

2. 一平面曲线过点 $(1,0)$,且曲线上任一点 (x,y) 处的切线斜率为 $2x - 2$,求该曲线方程.

3. 设 $\sin x$ 是 $f(x)$ 的一个原函数,求 $\int f'(x)\mathrm{d}x.$

4.2 求不定积分的方法

　　直接利用基本积分公式和积分性质可计算出的不定积分是非常有限的,因此,有必要进一步研究其他的积分方法. 因为积分运算是微分运算的逆运算,把复合函数的微分法反过来用于求不定积分,利用中间变量代换得到复合函数的积分法,称为换元积分法,简称换元法. 按照选取中间变量的不同方式将换元法分为两类,分别称为第一类换元法和第二类换元法.

4.2.1 第一类换元法(凑微分法)

　　设 $F(u)$ 是 $f(u)$ 在区间 I 内的一个原函数,则

$$F'(u) = f(u) \ \text{或} \int f(u)\,\mathrm{d}u = F(u) + C, (u \in I),$$

如果 u 又是另一变量 x 的函数 $u = \varphi(x)$，且 $\varphi(x)$ 可导，那么根据复合函数求导法则有

$$\frac{\mathrm{d}}{\mathrm{d}x}F(\varphi(x)) = F'(\varphi(x))\varphi'(x) = f(\varphi(x))\varphi'(x).$$

故 $F(\varphi(x))$ 是 $f(\varphi(x))\varphi'(x)$ 的一个原函数，有

$$\int f(\varphi(x))\varphi'(x)\,\mathrm{d}x = F(\varphi(x)) + C.$$

于是有如下定理：

定理 1　设函数 $f(u)$ 在区间 I 内具有原函数，$u = \varphi(x)$ 具有连续可导，则有换元公式

$$\int f(\varphi(x))\varphi'(x)\,\mathrm{d}x = \left(\int f(u)\,\mathrm{d}u \right)_{u = \varphi(x)}, \tag{4.2.1}$$

式(4.2.1)称为不定积分的**第一类换元法**.

该定理表明，如果积分 $\int g(x)\,\mathrm{d}x$ 不能直接利用基本积分公式计算，首先设法将 $g(x)$ 凑成 $f(\varphi(x))\varphi'(x)$ 的形式，即 $g(x)\,\mathrm{d}x = f(\varphi(x))\varphi'(x)\,\mathrm{d}x = f(\varphi(x))\,\mathrm{d}\varphi(x)$；然后作变量代换 $u = \varphi(x)$，有 $\int g(x)\,\mathrm{d}x = \int f(\varphi(x))\,\mathrm{d}\varphi(x) = \int f(u)\,\mathrm{d}u$；若 $F(u)$ 是 $f(u)$ 的原函数，即 $\int g(x)\,\mathrm{d}x = \int f(u)\,\mathrm{d}u = F(u) + C$，将 $u = \varphi(x)$ 代回还原为原积分变量 x，就可求得积分 $\int g(x)\,\mathrm{d}x = F(\varphi(x)) + C.$ 因此也称第一类换元法为凑微分法.

例 1　求 $\int \sin(3x + 2)\,\mathrm{d}x.$

解　$\int \sin(3x + 2)\,\mathrm{d}x = \frac{1}{3}\int \sin(3x + 2) \cdot (3x + 2)'\,\mathrm{d}x = \frac{1}{3}\int \sin(3x + 2)\,\mathrm{d}(3x + 2) \xlongequal{\text{令}\,u = 3x + 2}$

$\frac{1}{3}\int \sin u\,\mathrm{d}u = \frac{1}{3}(-\cos u + C) = -\frac{1}{3}\cos(3x + 2) + C.$

例 2　求 $\int (4x + 5)^{99}\,\mathrm{d}x.$

解　$\int (4x + 5)^{99}\,\mathrm{d}x = \frac{1}{4}\int (4x + 5)^{99} \cdot (4x + 5)'\,\mathrm{d}x = \frac{1}{4}\int (4x + 5)^{99}\,\mathrm{d}(4x + 5) \xlongequal{\text{令}\,u = 4x + 5}$

$\frac{1}{4}\int u^{99}\,\mathrm{d}u = \frac{1}{400}(u^{100} + C) = \frac{1}{400}(4x + 5)^{100} + C.$

一般地，对于积分 $\int f(ax + b)\,\mathrm{d}x$，总可以作变量代换 $u = ax + b$，把它化为

$$\int f(ax + b)\,\mathrm{d}x = \int \frac{1}{a}f(ax + b)\,\mathrm{d}(ax + b) = \frac{1}{a}\left[\int f(u)\,\mathrm{d}u \right]_{u = \varphi(x)}.$$

例 3　求 $\int x\mathrm{e}^{x^2}\,\mathrm{d}x.$

解　$\int x\mathrm{e}^{x^2}\,\mathrm{d}x = \frac{1}{2}\int \mathrm{e}^{x^2}\,\mathrm{d}x^2 \xlongequal{\text{令}\,u = x^2} \frac{1}{2}\int \mathrm{e}^u\,\mathrm{d}u = \frac{1}{2}\mathrm{e}^u + C = \frac{1}{2}\mathrm{e}^{x^2} + C.$

例 4　求 $\int x\sqrt{x^2 - 1}\,\mathrm{d}x.$

解 $\int x\sqrt{x^2-1}\mathrm{d}x = \dfrac{1}{2}\int \sqrt{x^2-1} \cdot (x^2-1)'\mathrm{d}x = \dfrac{1}{2}\int \sqrt{x^2-1}\mathrm{d}(x^2-1) \xlongequal{\diamondsuit u=x^2-1}$

$\dfrac{1}{2}\int \sqrt{u}\mathrm{d}u = \dfrac{1}{3}u^{\frac{3}{2}} + C = \dfrac{1}{3}(x^2-1)^{\frac{3}{2}} + C.$

一般地,对于积分 $\int x f(x^2)\mathrm{d}x$,总可以作变量代换 $u = x^2$,把它化为

$$\int x f(x^2)\mathrm{d}x = \frac{1}{2}\int f(x^2)\mathrm{d}x^2 \xlongequal{\diamondsuit u=x^2} \frac{1}{2}\int f(u)\mathrm{d}u \xlongequal{\diamondsuit F'(u)=f(u)} \frac{1}{2}F(u) + C = \frac{1}{2}F(x^2) + C.$$

例5 求 $\int \dfrac{\mathrm{e}^{3\sqrt{x}}}{\sqrt{x}}\mathrm{d}x.$

解 $\int \dfrac{\mathrm{e}^{3\sqrt{x}}}{\sqrt{x}}\mathrm{d}x = \dfrac{2}{3}\int \mathrm{e}^{3\sqrt{x}}\mathrm{d}(3\sqrt{x}) = \dfrac{2}{3}\mathrm{e}^{3\sqrt{x}} + C.$

用第一类换元法计算不定积分时,需熟记凑微分公式,第一类换元法有如下几种常见的凑微分形式:

(1) $\mathrm{d}x = \dfrac{1}{a}\mathrm{d}(ax+b)$; (2) $x^{\mu}\mathrm{d}x = \dfrac{1}{\mu+1}\mathrm{d}x^{\mu+1}(\mu \neq -1)$;

(3) $\dfrac{1}{x}\mathrm{d}x = \mathrm{d}\ln x$; (4) $a^x\mathrm{d}x = \dfrac{1}{\ln a}\mathrm{d}a^x$;

(5) $\sin x\mathrm{d}x = -\mathrm{d}\cos x$; (6) $\cos x\mathrm{d}x = \mathrm{d}\sin x$;

(7) $\sec^2 x\mathrm{d}x = \mathrm{d}\tan x$; (8) $\csc^2 x\mathrm{d}x = -\mathrm{d}\cot x$;

(9) $\dfrac{1}{\sqrt{1-x^2}}\mathrm{d}x = \mathrm{d}\arcsin x$; (10) $\dfrac{1}{1+x^2}\mathrm{d}x = \mathrm{d}\arctan x.$

例6 求 $\int \dfrac{1}{\sqrt{a^2-x^2}}\mathrm{d}x$ (a 为常数,且 $a > 0$).

解 $\int \dfrac{1}{\sqrt{a^2-x^2}}\mathrm{d}x = \int \dfrac{\mathrm{d}\left(\dfrac{x}{a}\right)}{\sqrt{1-\left(\dfrac{x}{a}\right)^2}} \xlongequal{\diamondsuit u=\frac{x}{a}} \int \dfrac{\mathrm{d}u}{\sqrt{1-u^2}} = \arcsin u + C = \arcsin \dfrac{x}{a} + C.$

当对该方法比较熟悉后,则不必明显写出中间变量 $u = \varphi(x)$.

例7 求 $\int \dfrac{1}{a^2+x^2}\mathrm{d}x.$

解 $\int \dfrac{1}{a^2+x^2}\mathrm{d}x = \int \dfrac{1}{a^2} \cdot \dfrac{1}{1+\left(\dfrac{x}{a}\right)^2}\mathrm{d}x = \dfrac{1}{a}\int \dfrac{1}{1+\left(\dfrac{x}{a}\right)^2}\mathrm{d}\left(\dfrac{x}{a}\right) = \dfrac{1}{a}\arctan \dfrac{x}{a} + C.$

例8 求 $\int \dfrac{1}{ax+b}\mathrm{d}x$ ($a,b \neq 0$).

解 $\int \dfrac{1}{ax+b}\mathrm{d}x = \dfrac{1}{a}\int \dfrac{1}{ax+b}\mathrm{d}(ax+b) = \dfrac{1}{a}\ln|ax+b| + C.$

例9 求 $\int \dfrac{1}{a^2-x^2}\mathrm{d}x$, $a \neq 0$ 为常数.

解 $\int \dfrac{1}{a^2-x^2}\mathrm{d}x = \dfrac{1}{2a}\int \left(\dfrac{1}{a+x} + \dfrac{1}{a-x}\right)\mathrm{d}x$

$$= \frac{1}{2a}\left(\int \frac{\mathrm{d}(a+x)}{a+x} - \int \frac{\mathrm{d}(a-x)}{a-x} \right)$$

$$= \frac{1}{2a}(\ln|a+x| - \ln|a-x|) + C = \frac{1}{2a}\ln\left|\frac{a+x}{a-x}\right| + C.$$

例 10　求 $\int \dfrac{x}{x^2-2x-3}\mathrm{d}x.$

解　被积函数是一个有理函数,其分母是二次多项式可进行因式分解,因此有

$$\int \frac{x}{x^2-2x-3}\mathrm{d}x = \int \frac{x}{(x-3)(x+1)}\mathrm{d}x = \frac{1}{4}\int\left(\frac{3}{x-3}+\frac{1}{x+1}\right)\mathrm{d}x$$

$$= \frac{3}{4}\int\frac{1}{x-3}\mathrm{d}x + \frac{1}{4}\int\frac{1}{x+1}\mathrm{d}x = \frac{3}{4}\ln|x-3| + \frac{1}{4}\ln|x+1| + C$$

$$= \frac{1}{4}\ln|(x-3)^3(x+1)| + C.$$

例 11　求 $\int \dfrac{1}{x^2+2x+2}\mathrm{d}x.$

解　被积函数是一个有理函数,其分母是二次多项式但在实数范围内不能分解,可通过配方得

$$\int \frac{1}{x^2+2x+2}\mathrm{d}x = \int \frac{1}{(x+1)^2+1}\mathrm{d}(x+1) = \arctan(x+1) + C.$$

例 12　求 $\int \dfrac{x^3}{1+x^2}\mathrm{d}x.$

解　被积函数是一个有理函数,但是假分式,故先将被积函数变为多项式与真分式之和.

$$\frac{x^3}{1+x^2} = x - \frac{x}{1+x^2},$$

则有

$$\int \frac{x^3}{1+x^2}\mathrm{d}x = \int\left(x - \frac{x}{1+x^2}\right)\mathrm{d}x = \int x\mathrm{d}x - \int \frac{x}{1+x^2}\mathrm{d}x = \frac{1}{2}x^2 - \frac{1}{2}\int\frac{1}{1+x^2}\mathrm{d}(1+x^2)$$

$$= \frac{1}{2}x^2 - \frac{1}{2}\ln(1+x^2) + C.$$

上面 6 例中的被积函数都是有理函数. 一般对于简单的有理函数的积分,可以仿照以上各例中的方法处理.

例 13　求 $\int \tan x\mathrm{d}x.$

解　$\displaystyle\int \tan x\mathrm{d}x = \int \frac{\sin x}{\cos x}\mathrm{d}x = -\int \frac{1}{\cos x}\mathrm{d}(\cos x) = -\ln|\cos x| + C.$

类似地,可得

$$\int \cot x\mathrm{d}x = \ln|\sin x| + C.$$

例 14　求 $\int \cos^2 x\mathrm{d}x.$

解　$\displaystyle\int \cos^2 x\mathrm{d}x = \int \frac{1+\cos 2x}{2}\mathrm{d}x = \frac{1}{2}\left(\int \mathrm{d}x + \int \cos 2x\mathrm{d}x\right)$

$$= \frac{1}{2}\int dx + \frac{1}{4}\int \cos 2x d(2x) = \frac{x}{2} + \frac{\sin 2x}{4} + C.$$

类似地,可得

$$\int \sin^2 x dx = \frac{x}{2} - \frac{\sin 2x}{4} + C.$$

例 15　求$\int \sin^3 x dx$.

解　$\int \sin^3 x dx = \int (1 - \cos^2 x)\sin x dx = \int -(1 - \cos^2 x)d(\cos x) = \int(-1 + \cos^2 x)d(\cos x)$

$$= -\cos x + \frac{1}{3}\cos^3 x + C.$$

例 16　求$\int \csc x dx$.

解　$\int \csc x dx = \int \frac{dx}{\sin x} = \int \frac{dx}{2\sin \frac{x}{2}\cos \frac{x}{2}}$

$$= \int \frac{d\left(\frac{x}{2}\right)}{\tan \frac{x}{2}\cos^2 \frac{x}{2}} = \int \frac{d\left(\tan \frac{x}{2}\right)}{\tan \frac{x}{2}}$$

$$= \ln\left|\tan \frac{x}{2}\right| + C.$$

因为　　　　　$\tan \frac{x}{2} = \frac{\sin \frac{x}{2}}{\cos \frac{x}{2}} = \frac{2\sin^2 \frac{x}{2}}{\sin x} = \frac{1 - \cos x}{\sin x} = \csc x - \cot x,$

所以,上述不定积分又可表示为:

$$\int \csc x dx = \ln|\csc x - \cot x| + C.$$

类似地,可得

$$\int \sec x dx = \ln|\tan x + \sec x| + C.$$

例 17　求$\int \cos 3x \cos 2x dx$.

解　利用三角学中的积化和差公式

$$\cos A \cos B = \frac{1}{2}\big(\cos(A - B) + \cos(A + B)\big),$$

得

$$\cos 3x \cos 2x = \frac{1}{2}(\cos x + \cos 5x),$$

于是

$$\int \cos 3x \cos 2x \mathrm{d}x = \frac{1}{2}\int (\cos x + \cos 5x)\mathrm{d}x = \frac{1}{2}\Big(\int \cos x \mathrm{d}x + \frac{1}{5}\int \cos 5x \mathrm{d}(5x)\Big)$$

$$= \frac{1}{2}\sin x + \frac{1}{10}\sin 5x + C.$$

例 18　求 $\int \sin^2 x \cos^3 x \mathrm{d}x$.

解　$\int \sin^2 x \cos^3 x \mathrm{d}x = \int \sin^2 x \cos^2 x \cos x \mathrm{d}x = \int \sin^2 x (1 - \sin^2 x)\mathrm{d}\sin x$

$$= \int (\sin^2 x - \sin^4 x)\mathrm{d}\sin x = \frac{1}{3}\sin^3 x - \frac{1}{5}\sin^5 x + C.$$

例 19　求 $\int \sin 2x \mathrm{d}x$.

解法 1　$\int \sin 2x \mathrm{d}x = \frac{1}{2}\int \sin 2x \mathrm{d}(2x) = -\frac{1}{2}\cos 2x + C.$

解法 2　$\int \sin 2x \mathrm{d}x = \int 2\sin x \cos x \mathrm{d}x = 2\int \sin x \mathrm{d}\sin x = \sin^2 x + C.$

解法 3　$\int \sin 2x \mathrm{d}x = \int 2\sin x \cos x \mathrm{d}x = -2\int \cos x \mathrm{d}\cos x = -\cos^2 x + C.$

由此例可看出,用不同的凑微分方法计算不定积分时,所得结果在形式上也可能不尽相同,但所得结果都是同一个函数的原函数,它们至多只相差一个常数项,其结果都是正确的.

4.2.2　第二类换元法

第一类换元法是通过引入变量 $u = \varphi(x)$,把被积函数的一部分连同 $\mathrm{d}x$ 凑成一个函数 $\varphi(x)$ 的微分,而剩余部分是 $\varphi(x)$ 的复合函数,其原函数容易找到,从中引入一个新变量后,可以起到简化被积表达式的作用,受这一启发,对于某些不定积分 $\int f(x)\mathrm{d}x$,也可以直接作变量代换 $x = \varphi(t)$,使被积表达式 $f(x)\mathrm{d}x$ 化为新的被积表达式 $f(\varphi(t))\varphi'(t)\mathrm{d}t$,而由此比较容易求出不定积分,这就是所谓的**第二类换元法**.

定理 2　设函数 $f(x)$ 在区间 I 上连续,$x = \varphi(t)$ 在 t 所对应区间上严格单调、可导,并且 $\varphi'(t) \neq 0$,若 $f(\varphi(t))\varphi'(t)$ 在 t 所对应区间上有原函数 $F(t)$,则在区间 I 上有换元公式

$$\int f(x)\mathrm{d}x = \int f(\varphi(t))\varphi'(t)\mathrm{d}t = \int f(\varphi(t))\varphi'(t)\mathrm{d}\varphi(t) = F(\varphi(t)) + C,$$

其中,$t = \varphi^{-1}(x)$ 是 $x = \varphi(t)$ 的反函数.

证　由 $\varphi(t)$ 满足的条件知 $\varphi^{-1}(x)$ 存在,且在 I 上严格单调、可导,因此由复合函数求导法及反函数的求导法,有

$$(F(\varphi^{-1}(x)))' = F'(t) \cdot (\varphi^{-1}(x))' = f(\varphi(t))\varphi'(t) \cdot \frac{1}{\varphi'(t)} = f(\varphi(t)) = f(x),$$

故

$$\int f(x)\mathrm{d}x = F(\varphi^{-1}(x)) + C.$$

第一类换元法和第二类换元法,其本质都是通过改变积分变量而使被积函数变得容易积分. 两者的区别主要在于积分变量 x 所处的"地位"不同,第一类换元法是令 $u = \varphi(x)$,其中 x

是自变量,引入的新变量 u 是函数,而第二类换元法是令 $x = \varphi(t)$,其中 x 是函数,引入的新变量 t 是自变量.

例20 求 $\displaystyle\int \frac{\mathrm{d}x}{1 + \sqrt[3]{x+1}}$.

解 遇到根式中是一次多项式时,可先通过换元将被积函数有理化,然后再积分.

令 $\sqrt[3]{x+1} = t$,则 $x = t^3 - 1$,$\mathrm{d}x = 3t^2\mathrm{d}t$,故

$$\int \frac{\mathrm{d}x}{1+\sqrt[3]{x+1}} = \int \frac{3t^2\mathrm{d}t}{1+t} = 3\int \frac{t^2-1+1}{1+t}\mathrm{d}t = 3\int \left(t-1+\frac{1}{1+t}\right)\mathrm{d}t = 3\left(\frac{t^2}{2} - t + \ln|1+t|\right) + C$$

$$= \frac{3}{2}\sqrt[3]{(x+1)^2} - 3\sqrt[3]{x+1} + 3\ln|1+\sqrt[3]{x+1}| + C.$$

例21 求 $\displaystyle\int \frac{1}{\sqrt{1+e^x}}\mathrm{d}x$.

解 令 $\sqrt{1+e^x} = t$,则 $x = \ln(t^2-1)$,$\mathrm{d}x = \dfrac{2t}{t^2-1}\mathrm{d}t$,则有

$$\int \frac{\mathrm{d}x}{\sqrt{1+e^x}} = \int \frac{1}{t}\cdot\frac{2t}{t^2-1}\mathrm{d}t = 2\int \frac{1}{t^2-1}\mathrm{d}t = \ln\left|\frac{t-1}{t+1}\right| + C = \ln\frac{\sqrt{1+e^x}-1}{\sqrt{1+e^x}+1} + C.$$

例22 求 $\displaystyle\int \frac{1}{\sqrt{x}+\sqrt[3]{x}}\mathrm{d}x$.

解 令 $\sqrt[6]{x} = t$,则 $x = t^6$,$\sqrt{x} = t^3$,$\sqrt[3]{x} = t^2$,$\mathrm{d}x = 6t^5\mathrm{d}t$,则有

$$\int \frac{1}{\sqrt{x}+\sqrt[3]{x}}\mathrm{d}x = \int \frac{6t^5}{t^3+t^2}\mathrm{d}t = 6\int \frac{t^3}{t+1}\mathrm{d}t = 6\int \frac{t^3+1-1}{t+1}\mathrm{d}t = 6\int\left(t^2-t+1-\frac{1}{t+1}\right)\mathrm{d}t$$

$$= 6\int\left(t^2-t+1-\frac{1}{t+1}\right)\mathrm{d}t$$

$$= 6\left(\frac{1}{3}t^3 - \frac{1}{2}t^2 + t - \ln|t+1|\right) + C$$

$$= 2\sqrt{x} - 3\sqrt[3]{x} + 6\sqrt[6]{x} - 6\ln|\sqrt[6]{x}+1| + C.$$

例23 求 $\displaystyle\int \sqrt{a^2-x^2}\mathrm{d}x\,(a>0)$.

解 被积函数为无理式,应设法去掉根号,令 $x = a\sin t$,$t \in \left(-\dfrac{\pi}{2}, \dfrac{\pi}{2}\right)$,则它是 t 的严格单调连续可微函数,且 $\mathrm{d}x = a\cos t\mathrm{d}t$,$\sqrt{a^2-x^2} = a\cos t$,因而

$$\int \sqrt{a^2-x^2}\mathrm{d}x = \int a\cos t\cdot a\cos t\mathrm{d}t = \int a^2\cos^2 t\mathrm{d}t$$

$$= a^2\int \frac{1+\cos 2t}{2}\mathrm{d}t = a^2\left(\frac{t}{2}+\frac{1}{4}\sin 2t\right) + C$$

$$= \frac{a^2 t}{2} + \frac{a^2}{2}\sin t\cos t + C$$

$$= \frac{a^2}{2}\arcsin\frac{x}{a} + \frac{1}{2}x\sqrt{a^2-x^2} + C,$$

其中最后一个等式是由 $x = a\sin t$,$\sqrt{a^2-x^2} = a\cos t$ 而得到的.

例 24   求 $\int \dfrac{1}{\sqrt{x^2+a^2}}\mathrm{d}x$ (a 为常数,$a>0$).

解   令 $x=a\tan t, t\in\left(-\dfrac{\pi}{2},\dfrac{\pi}{2}\right)$,则 $\mathrm{d}x=a\sec^2 t\mathrm{d}t$,$\sqrt{x^2+a^2}=a\sec t$,因而

$$\int \frac{1}{\sqrt{x^2+a^2}}\mathrm{d}x = \int \frac{1}{a\sec t}\cdot a\sec^2 t\mathrm{d}t = \int \sec t\mathrm{d}t$$

$$= \ln|\sec t+\tan t|+C_1$$

$$= \ln\left|\frac{\sqrt{x^2+a^2}}{a}+\frac{x}{a}\right|+C_1$$

$$= \ln\left|\sqrt{x^2+a^2}+x\right|+C,$$

其中 $C=C_1-\ln a$.

例 25   求 $\int \dfrac{1}{\sqrt{x^2-a^2}}\mathrm{d}x$ (a 为常数,$a>0$).

解   令 $x=a\sec t, t\in\left(0,\dfrac{\pi}{2}\right)$,可求得被积函数在 $x>a$ 上的不定积分,这时 $\mathrm{d}x=a\sec t\tan t\mathrm{d}t$,$\sqrt{x^2-a^2}=a\tan t$,故

$$\int \frac{1}{\sqrt{x^2-a^2}}\mathrm{d}x = \int \frac{1}{a\tan t}\cdot a\sec t\tan t\mathrm{d}t = \int \sec t\mathrm{d}t$$

$$= \ln|\sec t+\tan t|+C_1$$

$$= \ln\left|\frac{x}{a}+\frac{\sqrt{x^2-a^2}}{a}\right|+C_1$$

$$= \ln\left|x+\sqrt{x^2-a^2}\right|+C,$$

其中 $C=C_1-\ln a$. 至于 $x<-a$ 时,可令 $x=a\sec t\left(\dfrac{\pi}{2}<t<\pi\right)$,类似地可得相同形式的结果 (读者可以试一试),因此不论哪种情况均有

$$\int \frac{1}{\sqrt{x^2-a^2}}\mathrm{d}x = \ln\left|x+\sqrt{x^2-a^2}\right|+C.$$

以上三例所作变换均利用了三角恒等式,称之为**三角代换**,目的是将被积函数中的无理因式化为三角函数的有理因式. 通常,若被积函数含有 $\sqrt{a^2-x^2}$ 时,可作代换 $x=a\sin t$;若含有 $\sqrt{x^2+a^2}$,可作代换 $x=a\tan t$;若含有 $\sqrt{x^2-a^2}$,可作代换 $x=a\sec t$. 在回代时,可利用直角三角形,比较直观明了.

有时计算某些积分时需约简因子 $x^\mu(\mu\in\mathbf{N})$,此时往往可作倒代换 $x=\dfrac{1}{t}$.

例 26   求 $\int \dfrac{\sqrt{a^2-x^2}}{x^4}\mathrm{d}x$ ($a\neq 0$ 为常数).

解   设 $x=\dfrac{1}{t}$,那么 $\mathrm{d}x=-\dfrac{\mathrm{d}t}{t^2}$,于是

$$\int \frac{\sqrt{a^2 - x^2}}{x^4}\mathrm{d}x = \int \frac{\sqrt{a^2 - \dfrac{1}{t^2} \cdot \left(-\dfrac{\mathrm{d}t}{t^2}\right)}}{\dfrac{1}{t^4}} = -\int (a^2 t^2 - 1)^{\frac{1}{2}} \mid t \mid \mathrm{d}t.$$

当 $x > 0$ 时,有

$$\int \frac{\sqrt{a^2 - x^2}}{x^4}\mathrm{d}x = -\frac{1}{2a^2}\int (a^2 t^2 - 1)^{\frac{1}{2}} \mathrm{d}(a^2 t^2 - 1)$$

$$= -\frac{(a^2 t^2 - 1)^{\frac{3}{2}}}{3a^2} + C$$

$$= -\frac{(a^2 - x^2)^{\frac{3}{2}}}{3a^2 x^3} + C.$$

当 $x < 0$ 时,有相同的结果.

4.2.3 分部积分法

定理3 设 $u(x),v(x)$ 在区间 I 上可微,且 $u'(x)v(x)$ 在 I 上有原函数,则有公式

$$\int u(x)v'(x)\mathrm{d}x = u(x)v(x) - \int u'(x)v(x)\mathrm{d}x. \qquad (4.2.2)$$

证 因为 $u = u(x)$ 和 $v = v(x)$ 在 I 上可微,故 uv 是 $(uv)'$ 在 I 上的一个原函数,而

$$(uv)' = u'v + uv',$$

或

$$uv' = (uv)' - u'v.$$

对这个等式两边求不定积分,得

$$\int uv'\mathrm{d}x = uv - \int u'v\mathrm{d}x.$$

式(4.2.2)称为**分部积分公式**,常简写成

$$\int u\mathrm{d}v = uv - \int v\mathrm{d}u, \qquad (4.2.3)$$

其中 u,v 的选取以 $\int v\mathrm{d}u$ 比 $\int u\mathrm{d}v$ 易求为原则. 利用该公式求不定积分的方法称为**分部积分法**.

例27 求 $\int x\mathrm{e}^x\mathrm{d}x$.

解 若在式(4.2.2)中取 $u = \mathrm{e}^x, v = \dfrac{1}{2}x^2$,则

$$\int x\mathrm{e}^x\mathrm{d}x = \int \mathrm{e}^x\mathrm{d}\left(\frac{1}{2}x^2\right) = \frac{1}{2}x^2\mathrm{e}^x - \int \frac{1}{2}x^2\mathrm{d}(\mathrm{e}^x),$$

而右端积分 $\int \dfrac{1}{2}x^2\mathrm{d}(\mathrm{e}^x) = \int \dfrac{1}{2}x^2\mathrm{e}^x\mathrm{d}x$ 比左端积分 $\int x\mathrm{e}^x\mathrm{d}x$ 更难求.

因此改取 $u = x, v = \mathrm{e}^x$,则

$$\int x\mathrm{e}^x\mathrm{d}x = \int x\mathrm{d}\mathrm{e}^x = x\mathrm{e}^x - \int \mathrm{e}^x\mathrm{d}x = x\mathrm{e}^x - \mathrm{e}^x + C.$$

由此可见,如果 u 和 $\mathrm{d}v$ 选取不当,就求不出结果. 所以应用分部积分法时,关键在于恰当

选取 u 和 $\mathrm{d}v$,一般以 v 容易求得、$\int v\mathrm{d}u$ 比 $\int u\mathrm{d}v$ 易求出为原则.

一般地,若被积函数是两类基本初等函数的乘积,那么经验告诉我们,在很多情况下可采用如下的规则:选择 u 和 v',可以按照反三角函数、对数函数、幂函数、指数函数、三角函数的顺序(简记为"反、对、幂、指、三"),把排在前面的函数选作 u,排在后面的函数选作 v'.

例 28 求 $\int x\cos x\mathrm{d}x$.

解 取 $u=x, v=\sin x$,则

$$\int x\cos x\mathrm{d}x = \int x\mathrm{d}\sin x = x\sin x - \int\sin x\mathrm{d}x = x\sin x + \cos x + C.$$

以上两例说明,如果被积函数是幂函数和正(余)弦函数或幂函数和指数函数的乘积,可考虑用分部积分法,且在分部积分公式中取幂函数为 u.

例 29 求 $\int\ln x\mathrm{d}x$.

解 取 $u=\ln x, v=x$,则

$$\int\ln x\mathrm{d}x = x\ln x - \int x\mathrm{d}(\ln x) = x\ln x - \int\mathrm{d}x = x\ln x - x + C.$$

例 30 求 $\int x\arctan x\mathrm{d}x$.

解 取 $u=\arctan x, v=\dfrac{1}{2}x^2$,则

$$\begin{aligned}
\int x\arctan x\mathrm{d}x &= \int\arctan x\mathrm{d}\left(\frac{1}{2}x^2\right)\\
&= \frac{1}{2}x^2\arctan x - \int\frac{1}{2}x^2\mathrm{d}(\arctan x)\\
&= \frac{1}{2}x^2\arctan x - \frac{1}{2}\int\frac{x^2}{1+x^2}\mathrm{d}x\\
&= \frac{1}{2}x^2\arctan x - \frac{1}{2}\int\left(1-\frac{1}{1+x^2}\right)\mathrm{d}x\\
&= \frac{1}{2}x^2\arctan x - \frac{1}{2}x + \frac{1}{2}\arctan x + C.
\end{aligned}$$

以上两例说明,如果被积函数是幂函数和对数函数的乘积,或是幂函数和反三角函数的乘积,可考虑用分部积分法,并在分部积分公式中取对数函数或反三角函数部分为 u.

当我们对分部积分法较熟悉后,可不必明显写出公式中的 u 与 v. 此外,在利用公式时,有时计算过程中会重新出现所求积分,此时可得到一个关于所求积分的代数方程,解出该方程中的不定积分即得所求.

例 31 求 $\int\mathrm{e}^x\cos x\mathrm{d}x$.

解
$$\begin{aligned}
\int\mathrm{e}^x\cos x\mathrm{d}x &= \int\cos x\mathrm{d}\mathrm{e}^x = \mathrm{e}^x\cos x - \int\mathrm{e}^x\mathrm{d}\cos x\\
&= \mathrm{e}^x\cos x + \int\mathrm{e}^x\sin x\mathrm{d}x = \mathrm{e}^x\cos x + \int\sin x\mathrm{d}\mathrm{e}^x\\
&= \mathrm{e}^x\cos x + \mathrm{e}^x\sin x - \int\mathrm{e}^x\mathrm{d}\sin x
\end{aligned}$$

$$= \mathrm{e}^x(\cos x + \sin x) - \int \mathrm{e}^x \cos x \mathrm{d}x,$$

故

$$\int \mathrm{e}^x \cos x \mathrm{d}x = \frac{1}{2}\mathrm{e}^x(\sin x + \cos x) + C.$$

这里须特别指出的是:因为上式右端已不包含不定积分项,所以必须加上任意常数 C. 事实上,我们在运算中简化了计算步骤. 如果详细写明应该还有下面的步骤:

$$\int \mathrm{e}^x \cos x \mathrm{d}x = \mathrm{e}^x \cos x + \mathrm{e}^x \sin x - \int \mathrm{e}^x \cos x \mathrm{d}x,$$

上式两边同时加上 $\int \mathrm{e}^x \cos x \mathrm{d}x$,得

$$2\int \mathrm{e}^x \cos x \mathrm{d}x = \mathrm{e}^x(\sin x + \cos x) + \int(\mathrm{e}^x \cos x - \mathrm{e}^x \cos x)\mathrm{d}x$$

$$= \mathrm{e}^x(\sin x + \cos x) + \int 0 \mathrm{d}x$$

$$= \mathrm{e}^x(\sin x + \cos x) + 2C.$$

于是,

$$\int \mathrm{e}^x \cos x \mathrm{d}x = \frac{1}{2}\mathrm{e}^x(\sin x + \cos x) + C.$$

一般地,由不定积分运算法则,有

$$\int f(x)\mathrm{d}x - \int f(x)\mathrm{d}x = \int [f(x) - f(x)]\mathrm{d}x = \int 0\mathrm{d}x = C.$$

因此,$\int f(x)\mathrm{d}x - \int f(x)\mathrm{d}x$ 有时被认为是任意两个原函数之差的全体.

例 32 求 $\int \arcsin x \mathrm{d}x$.

解 取 $u = \arcsin x, v = x$,则

$$\int \arcsin x \mathrm{d}x = x \arcsin x - \int x \mathrm{d} \arcsin x$$

$$= x \arcsin x - \int \frac{x}{\sqrt{1 - x^2}} \mathrm{d}x$$

$$= x \arcsin x + \frac{1}{2}\int \frac{1}{\sqrt{1 - x^2}}\mathrm{d}(1 - x^2)$$

$$= x \arcsin x + \sqrt{1 - x^2} + C.$$

例 33 求 $I = \int \sqrt{x^2 - a^2}\mathrm{d}x (a$ 为常数$, a > 0)$.

解 $I = \int \sqrt{x^2 - a^2}\mathrm{d}x = x\sqrt{x^2 - a^2} - \int x \mathrm{d}\sqrt{x^2 - a^2}$

$$= x\sqrt{x^2 - a^2} - \int \frac{x^2}{\sqrt{x^2 - a^2}}\mathrm{d}x$$

$$= x\sqrt{x^2 - a^2} - \int \frac{x^2 - a^2 + a^2}{\sqrt{x^2 - a^2}}\mathrm{d}x$$

$$= x\sqrt{x^2 - a^2} - \int \sqrt{x^2 - a^2}\,dx - a^2\int \frac{1}{\sqrt{x^2 - a^2}}\,dx$$

$$= x\sqrt{x^2 - a^2} - I - a^2\ln|x + \sqrt{x^2 - a^2}| + C_1,$$

故

$$I = \frac{x}{2}\sqrt{x^2 - a^2} - \frac{a^2}{2}\ln|x + \sqrt{x^2 - a^2}| + C,$$

其中 $C = \frac{1}{2}C_1$ 也为任意常数.

在积分的过程中往往要兼用换元法与分部积分法,下面举一个例子.

例 34　求 $\int e^{\sqrt{x}}\,dx$.

解　令 $\sqrt{x} = t$,则 $x = t^2$,$dx = 2t\,dt$,于是

$$\int e^{\sqrt{x}}\,dx = 2\int t e^t\,dt.$$

利用例 27 的结果,并用 $t = \sqrt{x}$ 代回,便得所求积分:

$$\int e^{\sqrt{x}}\,dx = 2\int t e^t\,dt = 2e^t(t-1) + C = 2e^{\sqrt{x}}(\sqrt{x} - 1) + C.$$

习题 4.2

1. 在下列各式等号右端的空白处填入适当的系数,使等式成立.

(1) $x\,dx = ($　　$)\,d(1 - x^2)$;

(2) $xe^{x^2}\,dx = ($　　$)\,de^{x^2}$;

(3) $\dfrac{dx}{x} = ($　　$)\,d(3 - 5\ln|x|)$;

(4) $a^{3x}\,dx = ($　　$)\,d(a^{3x} - 1)$;

(5) $\sin 3x\,dx = ($　　$)\,d\cos 3x$;

(6) $\dfrac{dx}{\cos^2 5x} = ($　　$)\,d\tan 5x$;

(7) $\dfrac{x\,dx}{x^2 - 1} = ($　　$)\,d\ln|x^2 - 1|$;

(8) $\dfrac{dx}{5 - 2x} = ($　　$)\,d\ln|5 - 2x|$;

(9) $\dfrac{dx}{\sqrt{1 - x^2}} = ($　　$)\,d(1 - \arcsin x)$;

(10) $\dfrac{dx}{1 + 9x^2} = ($　　$)\,d\arctan 3x$;

(11) $(3 - x)\,dx = ($　　$)\,d[(3 - x)^2 - 4]$;

(12) $e^{-\frac{x}{2}}\,dx = ($　　$)\,d(1 + e^{-\frac{x}{2}})$.

2. 利用换元法求下列积分:

(1) $\displaystyle\int x\cos(x^2)\,dx$;

(2) $\displaystyle\int \frac{\sin x + \cos x}{\sqrt[3]{\sin x - \cos x}}\,dx$;

(3) $\displaystyle\int \frac{dx}{2x^2 - 1}$;

(4) $\displaystyle\int \cos^3 x\,dx$;

(5) $\displaystyle\int \cos x\cos\frac{x}{2}\,dx$;

(6) $\displaystyle\int \sin 2x\cos 3x\,dx$;

(7) $\displaystyle\int \frac{10^{2\arcsin x}}{\sqrt{1 - x^2}}\,dx$;

(8) $\displaystyle\int \frac{1 + \ln x}{(x\ln x)^2}\,dx$;

(9) $\displaystyle\int \frac{\arctan\sqrt{x}}{\sqrt{x}(1 + x)}\,dx$;

(10) $\displaystyle\int \frac{\ln\tan x}{\cos x\sin x}\,dx$;

(11) $\int e^{-5x}dx$;

(12) $\int \dfrac{dx}{1-2x}$;

(13) $\int \dfrac{\sin\sqrt{t}}{\sqrt{t}}dt$;

(14) $\int \tan^{10}x\sec^2 xdx$;

(15) $\int \dfrac{dx}{x\ln^2 x}$;

(16) $\int \tan\sqrt{1+x^2}\dfrac{xdx}{\sqrt{1+x^2}}$;

(17) $\int \dfrac{dx}{\sin x\cos x}$;

(18) $\int xe^{-x^2}dx$;

(19) $\int (x+4)^{10}dx$;

(20) $\int \dfrac{dx}{\sqrt[3]{2-3x}}$;

(21) $\int \dfrac{dx}{e^x+e^{-x}}$;

(22) $\int \dfrac{\ln x}{x}dx$;

(23) $\int \sin^2 x\cos^3 xdx$;

(24) $\int \sqrt{\dfrac{a+x}{a-x}}dx$;

(25) $\int \dfrac{dx}{x\sqrt{x^2+1}}$;

(26) $\int \dfrac{dx}{x^4\sqrt{x^2+1}}$;

(27) $\int \dfrac{dx}{1+\sqrt{2x}}$;

(28) $\int \dfrac{\sqrt{x^2-9}}{x}dx$;

(29) $\int \dfrac{dx}{\sqrt{(x^2+1)^3}}$;

(30) $\int \dfrac{dx}{x+\sqrt{1-x^2}}$.

3. 用分部积分法求下列不定积分:

(1) $\int x^2\sin xdx$;

(2) $\int xe^{-x}dx$;

(3) $\int x\ln xdx$;

(4) $\int x^2\arctan xdx$;

(5) $\int \arccos xdx$;

(6) $\int x\tan^2 xdx$;

(7) $\int e^{-x}\cos xdx$;

(8) $\int x\sin x\cos x\,dx$;

(9) $\int e^{\sqrt{3x+9}}dx$;

(10) $\int \dfrac{\ln x}{\sqrt{x}}dx$.

4.3 定积分的概念与性质

积分学的发明与发展同面积、体积等量的计算有着重要关系,阿基米德(Archimedes,公元前287—公元前212年)在《抛物线求积法》中使用穷竭法求抛物线弓形面积的工作标志着积分学的萌芽,到了16世纪,研究行星运动的开普勒(Kepler,1571—1630年)发展了阿基米德求面积和体积的方法,并研究了酒桶的体积及最佳比例,由此开创了积分学思想的研究与应用.这些实际问题的数学模型化,引出了人们关注的一个重要问题:就是如何确定已知曲线下图形的面积. 到了 17 世纪,牛顿运用他的"流数术"的运算模式,把曲线看作运动着的点的轨迹,想象用一条运动的直线扫过一个区域,来计算此曲线下的面积. 这标志着微积分的诞生,下面先来讨论平面图形的面积计算问题.

在初等数学中已掌握了矩形、三角形、梯形等规则多边形面积的计算方法,但一般平面图形的面积如何计算呢? 根据面积的可加性,求任何平面图形的面积问题可以归结为求下述曲边梯形的面积问题.

4.3.1　引例

1)曲边梯形的面积

设 $y = f(x)$ 在区间 $[a,b]$ 上非负、连续. 由直线 $x = a, x = b, y = 0$ 及曲线 $y = f(x)$ 所围成的平面图形称为**曲边梯形**,如图 4.3.1 所示,其中曲线弧段称为曲边梯形的**曲边**.

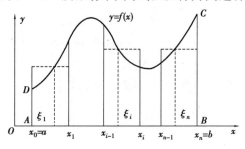

图 4.3.1

我们注意到,如图 4.3.1 所示的曲边梯形,其底边落在 x 轴上的区间 $[a,b]$ 上,一方面点 $x(x \in [a,b])$ 处的高 $f(x)$ 是变量;另一方面若 $f(x)$ 在 $[a,b]$ 上连续,则在很小的一段区间上 $f(x)$ 变化会很小,且当区间长度无限缩小时,$f(x)$ 的变化也无限减小,这说明总体上高是变化的,但局部上高又可以近似看成是不变的. 因此,我们可以采用如下方法计算该曲边梯形的面积:

(1)分划:取分点 $x_i \in [a,b](i = 1,2,\cdots,n)$:

$$a = x_0 < x_1 < x_2 < \cdots < x_{i-1} < x_i \cdots < x_n = b,$$

将底边对应区间 $[a,b]$ 分成 n 个小区间 $[x_{i-1},x_i]$,其长度依次记为 $\Delta x_i = x_i - x_{i-1}(i = 1, 2, \cdots, n)$. 相应地,整个大曲边梯形被分割成 n 个小曲边梯形.

(2)作近似:在 $[x_{i-1},x_i]$ 上任取一点 ξ_i,并以底为 $[x_{i-1},x_i]$、高为 $f(\xi_i)$ 的矩形近似代替第 i 个小曲边梯形 $(i = 1,2,\cdots,n)$,从而整个大曲边梯形面积的近似值为 $\sum_{i=1}^{n} f(\xi_i) \Delta x_i$. 显然,区间分划越细,则该梯形面积近似值的精度越高.

(3)取极限:记 $\lambda = \max_{1 \leqslant i \leqslant n} \{\Delta x_i\}$,令 $\lambda \to 0$,此即意味着对区间 $[a,b]$ 的分划无限加密(此时必有 $n \to \infty$). 于是便将其极限值

$$\lim_{\lambda \to 0} \sum_{i=1}^{n} f(\xi_i) \Delta x_i$$

定义为曲边梯形的面积.

2)变速直线运动的路程

设某物体作变速直线运动,已知速度 $v = v(t)$ 是时间间隔 $[T_1,T_2]$ 上 t 的连续函数,且 $v(t) \geqslant 0$,计算在这段时间内物体所经过的路程 s.

对于匀速直线运动,有公式:

$$路程 = 速度 \times 时间.$$

但是在我们的问题中,速度不是常量,而是随时间变化着的变量,因此所求路程 s 不能直接按匀速直线运动的路程公式来计算. 然而,物体运动的速度函数 $v = v(t)$ 是连续变化的,在很短的时间内,速度的变化很小. 因此如果把时间间隔分小,在小段时间内,以匀速运动近似代替变速运动,那么就可算出各部分路程的近似值;再求和得到整个路程的近似值. 最后,通过对时间间隔无限细分的极限过程,求得物体在时间间隔 $[T_1, T_2]$ 内的路程. 对于这一问题的数学描述可以类似于上述求曲边梯形面积的做法进行,具体描述为:

在区间 $[T_1, T_2]$ 内任意插入 $n-1$ 个分点:

$$T_1 = t_0 < t_1 < t_2 < \cdots < t_{n-1} < t_n = T_2,$$

把区间 $[T_1, T_2]$ 分成 n 个小区间

$$[t_0, t_1], [t_1, t_2], \cdots, [t_{n-1}, t_n],$$

各小区间的长度依次为 $\Delta t_1, \Delta t_2, \cdots, \Delta t_n$,在时间间隔 $[t_{i-1}, t_i]$ 上的路程的近似值为

$$\Delta s_i \approx v(\tau_i)\Delta t_i, (i = 1, 2, \cdots, n),$$

其中 τ_i 为区间 $[t_{i-1}, t_i]$ 上的任意一点. 整个时间段 $[T_1, T_2]$ 上路程 s 的近似值为

$$s = \sum_{i=1}^{n} \Delta s_i \approx \sum_{i=1}^{n} v(\tau_i)\Delta t_i.$$

记 $\lambda = \max\limits_{1 \le i \le n}\{\Delta t_i\}$,当 $\lambda \to 0$ 时,和式 $\sum\limits_{i=1}^{n} v(\tau_i)\Delta t_i$ 的极限即为物体在时间间隔 $[T_1, T_2]$ 内所走过的路程. 即

$$s = \lim_{\lambda \to 0} \sum_{i=1}^{n} v(\tau_i)\Delta t_i.$$

在实践中,还有许多其他量可类似表示. 抛开问题的具体意义,从它们在数量关系上的本质与特征加以概括,可以抽象出一个重要概念——定积分.

4.3.2 定积分的概念

1)定积分的定义

定义 设函数 $f(x)$ 在区间 $[a, b]$ 上有界,在 $[a, b]$ 上任取若干个分点:

$$a = x_0 < x_1 < x_2 < \cdots < x_{i-1} < x_i \cdots < x_n = b,$$

将 $[a, b]$ 分成 n 个小区间 $[x_{i-1}, x_i]$,其长度记为 $\Delta x_i = x_i - x_{i-1}(i = 1, 2, \cdots, n)$,并令 $\lambda = \max\limits_{1 \le i \le n}\{\Delta x_i\}$,任取 $\xi_i \in [x_{i-1}, x_i](i = 1, 2, \cdots, n)$,若极限

$$\lim_{\lambda \to 0} \sum_{i=1}^{n} f(\xi_i)\Delta x_i$$

存在,且该极限值与对区间 $[a, b]$ 的分划及 ξ_i 的取法无关,则称函数 $f(x)$ 在区间 $[a, b]$ 上**可积**,且称该极限值为 $f(x)$ 在 $[a, b]$ 上的**定积分**,记为 $\int_a^b f(x)\mathrm{d}x$,即

$$\int_a^b f(x)\mathrm{d}x = \lim_{\lambda \to 0} \sum_{i=1}^{n} f(\xi_i)\Delta x_i.$$

其中,$f(x)$ 称为**被积函数**,x 称为**积分变量**,a 和 b 分别称为积分**下限**和**上限**,区间 $[a, b]$

称为**积分区间**, $\sum_{i=1}^{n} f(\xi_i)\Delta x_i$ 称为**积分和**.

注:由定积分的定义易知:

(1)定积分是一个确定的常数,只与被积函数及积分区间有关,而与积分变量的记号无关,即

$$\int_a^b f(x)\,\mathrm{d}x = \int_a^b f(t)\,\mathrm{d}t = \int_a^b f(u)\,\mathrm{d}u.$$

(2)当被积函数在积分区间上恒等于1时,其积分值即为积分区间长度,即

$$\int_a^b f(x)\,\mathrm{d}x = \int_a^b 1\,\mathrm{d}x = b - a,$$

$\int_a^b 1\,\mathrm{d}x$ 表示高为1,底边为 $[a,b]$ 的矩形面积.

由定积分的定义,引例中曲边梯形的面积

$$S = \int_a^b f(x)\,\mathrm{d}x;$$

变速直线运动的路程

$$s = \int_{T_1}^{T_2} v(t)\,\mathrm{d}t.$$

2)定积分存在的条件

对于定义在区间 $[a,b]$ 上的函数 $f(x)$,有这样一个非常重要的问题:函数 $f(x)$ 在区间 $[a,b]$ 上满足什么条件时它才是可积的呢? 本书仅给出下面重要的结论,而不加证明.

若 $f(x)$ 在区间 $[a,b]$ 上连续,或为 $[a,b]$ 上的单调有界函数,或在区间 $[a,b]$ 上只有有限个第一类间断点,则 $f(x)$ 在 $[a,b]$ 上可积.

3)定积分的几何意义

(1)在区间 $[a,b]$ 上 $f(x) \geqslant 0$ 时,$\int_a^b f(x)\,\mathrm{d}x$ 在几何上表示由曲线 $y = f(x)$、直线 $x = a$ 和 $x = b$ 及 x 轴所围成的曲边梯形的面积;

(2)在区间 $[a,b]$ 上 $f(x) \leqslant 0$,则由曲线 $y = f(x)$、直线 $x = a$ 和 $x = b$ 及 x 轴所围成的曲边梯形位于 x 轴下方,$\int_a^b f(x)\,\mathrm{d}x$ 在几何上表示该曲边梯形面积的负值;

(3)在区间 $[a,b]$ 上 $f(x)$ 既有正值又有负值,则 $\int_a^b f(x)\,\mathrm{d}x$ 等于由曲线 $y = f(x)$、直线 $x = a$ 和 $x = b$ 及 x 轴所围图形中 x 轴上方的图形面积之和减去 x 轴下方的图形面积之和.

综上,若函数 $f(x)$ 在区间 $[a,b]$ 上连续,则定积分 $\int_a^b f(x)\,\mathrm{d}x$ 在几何上表示由 x 轴、曲线 $y = f(x)$、直线 $x = a$ 和 $x = b$ 所围成的各部分图形面积的代数和,其中位于 x 轴上方的图形面积取正号,位于 x 轴下方的图形面积取负号.

例 1　利用定积分的几何意义,计算 $\int_0^R \sqrt{R^2 - x^2}\,\mathrm{d}x$.

解　由定积分的几何意义知,$\int_0^R \sqrt{R^2 - x^2}\,\mathrm{d}x$ 就是半径为 R 的圆在第一象限部分的面积,所以

$$\int_0^R \sqrt{R^2 - x^2}\,dx = \frac{1}{4}\cdot \pi R^2.$$

4.3.3 定积分的性质

为了以后计算及应用方便起见,先对定积分作以下两点补充规定:

(1)当 $a = b$ 时,$\int_a^b f(x)\,dx = 0$;

(2)当 $a > b$ 时,$\int_b^a f(x)\,dx = -\int_a^b f(x)\,dx.$

在下面的讨论中,积分上下限的大小,如不特别指明,均不加限制,并假定各性质中所列出的定积分都是存在的.

性质1 函数的和(差)的定积分等于它们的定积分的和(差),即

$$\int_a^b \left(f(x) \pm g(x)\right)dx = \int_a^b f(x)\,dx \pm \int_a^b g(x)\,dx.$$

性质1对于任意有限个函数都是成立的.

性质2 被积函数的常数因子可以提到积分号外面,即

$$\int_a^b kf(x)\,dx = k\int_a^b f(x)\,dx \quad (k\ \text{是常数}).$$

性质3 如果将积分区间分成两部分,则在整个区间上的定积分等于这两部分区间上定积分之和,即设 $a<c<b$,则

$$\int_a^b f(x)\,dx = \int_a^c f(x)\,dx + \int_c^b f(x)\,dx,$$

此性质称为定积分对积分区间的**可加性**.

按定积分的补充规定,不论 a,b,c 的相对位置如何,总有等式

$$\int_a^b f(x)\,dx = \int_a^c f(x)\,dx + \int_c^b f(x)\,dx$$

成立. 例如,当 $a<b<c$ 时,由于

$$\int_a^c f(x)\,dx = \int_a^b f(x)\,dx + \int_b^c f(x)\,dx,$$

于是得

$$\int_a^b f(x)\,dx = \int_a^c f(x)\,dx - \int_b^c f(x)\,dx = \int_a^c f(x)\,dx + \int_c^b f(x)\,dx.$$

性质4 若在区间$[a,b]$上,对任意的 $x\in[a,b]$ 有 $f(x)\geq 0$,则

$$\int_a^b f(x)\,dx \geq 0.$$

推论1 若在区间$[a,b]$上,对任意的 $x\in[a,b]$,有 $f(x)\geq g(x)$,则

$$\int_a^b f(x)\,dx \geq \int_a^b g(x)\,dx.$$

证 令 $F(x) = f(x) - g(x)$,则 $F(x)$ 在区间$[a,b]$上可积,且 $\forall x\in[a,b]$,有 $F(x)\geq 0$,由性质4即得 $\int_a^b F(x)\,dx \geq 0$,再由性质1可得

$$\int_a^b f(x)\,dx \geq \int_a^b g(x)\,dx.$$

推论 2　若 $f(x)$ 在区间 $[a,b]$ 上可积,则

$$\left| \int_a^b f(x)\,\mathrm{d}x \right| \leqslant \int_a^b |f(x)|\,\mathrm{d}x.$$

证　由于 $\forall x \in [a,b]$,有

$$- |f(x)| \leqslant f(x) \leqslant |f(x)|.$$

由推论 1,有

$$- \int_a^b |f(x)|\,\mathrm{d}x \leqslant \int_a^b f(x)\,\mathrm{d}x \leqslant \int_a^b |f(x)|\,\mathrm{d}x,$$

即

$$\left| \int_a^b f(x)\,\mathrm{d}x \right| \leqslant \int_a^b |f(x)|\,\mathrm{d}x.$$

推论 3　若在区间 $[a,b]$ 上,对任意的 $x \in [a,b]$,有 $m \leqslant f(x) \leqslant M(m,M$ 为常数),则

$$m(b-a) \leqslant \int_a^b f(x)\,\mathrm{d}x \leqslant M(b-a).$$

证　由于 $m \leqslant f(x) \leqslant M$,根据推论 1 有

$$m(b-a) = \int_a^b m\,\mathrm{d}x \leqslant \int_a^b f(x)\,\mathrm{d}x \leqslant \int_a^b M\,\mathrm{d}x = M(b-a).$$

推论 3 说明,由被积函数在积分区间上的最大值及最小值可以估计积分值的大致范围.

例 2　不计算积分,比较下列积分值大小:

$(1) \displaystyle\int_0^1 x\,\mathrm{d}x$ 与 $\displaystyle\int_0^1 x^2\,\mathrm{d}x$; $\qquad\qquad$ $(2) \displaystyle\int_1^e \ln x\,\mathrm{d}x$ 与 $\displaystyle\int_1^e \ln^2 x\,\mathrm{d}x$.

解　(1)因为当 $0 \leqslant x \leqslant 1$ 时,$x^2 \leqslant x$,由推论 1 有

$$\int_0^1 x\,\mathrm{d}x > \int_0^1 x^2\,\mathrm{d}x;$$

(2)因为当 $1 \leqslant x \leqslant e$ 时,$0 \leqslant \ln x \leqslant 1$,所以 $\ln^2 x \leqslant \ln x$,由推论 1 有

$$\int_1^e \ln x\,\mathrm{d}x > \int_1^e \ln^2 x\,\mathrm{d}x.$$

例 3　证明不等式:$\pi \leqslant \displaystyle\int_0^\pi (1 + \sin x)\,\mathrm{d}x \leqslant 2\pi.$

证　因为 $1 + \sin x$ 在 $[0,\pi]$ 上连续,故在 $[0,\pi]$ 上可积,当 $0 \leqslant x \leqslant \pi$ 时,有 $0 \leqslant \sin x \leqslant 1$,$1 \leqslant 1 + \sin x \leqslant 2$,由推论 3 可得

$$\pi \leqslant \int_0^\pi (1 + \sin x)\,\mathrm{d}x \leqslant 2\pi.$$

性质 5(积分中值定理)　设 $f(x)$ 在区间 $[a,b]$ 上连续,则至少存在一点 $\xi \in [a,b]$,使得

$$\int_a^b f(x)\,\mathrm{d}x = f(\xi)(b-a).$$

证　因为 $f(x)$ 在 $[a,b]$ 上连续,故 $f(x)$ 在 $[a,b]$ 上有最大值 M 和最小值 m,由推论 3 可知

$$m(b-a) \leqslant \int_a^b f(x)\,\mathrm{d}x \leqslant M(b-a),$$

从而有

$$m \leqslant \frac{1}{b-a}\int_a^b f(x)\,\mathrm{d}x \leqslant M.$$

这说明，$\dfrac{1}{b-a}\displaystyle\int_a^b f(x)\,\mathrm{d}x$ 是介于最大值 M 与最小值 m 之间的一个数值. 由闭区间上连续函数的介值定理可知，至少存在一点 $\xi \in [a,b]$，使得

$$f(\xi) = \frac{1}{b-a}\int_a^b f(x)\,\mathrm{d}x.$$

即

$$\int_a^b f(x)\,\mathrm{d}x = f(\xi)(b-a).$$

性质 5 的**几何解释**是：若 $f(x)$ 在区间 $[a,b]$ 上连续，且 $\forall x \in [a,b]$ 有 $f(x) \geqslant 0$，则由 $x=a$，$x=b$，$y=0$ 及曲线 $y=f(x)$ 所围成的曲边梯形的面积一定与一个矩形面积相等，如图 4.3.2 所示.

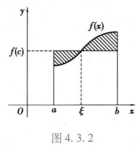

图 4.3.2

通常称 $\dfrac{1}{b-a}\displaystyle\int_a^b f(x)\,\mathrm{d}x$ 为函数 $f(x)$ 在区间 $[a,b]$ 上的**平均值**.

习题 4.3

1. 利用定义计算下列定积分：

(1) $\displaystyle\int_a^b x\,\mathrm{d}x \quad (a<b)$；

(2) $\displaystyle\int_0^1 \mathrm{e}^x\,\mathrm{d}x$.

2. 用定积分的几何意义，求下列积分值：

(1) $\displaystyle\int_0^1 2x\,\mathrm{d}x$；

(2) $\displaystyle\int_0^\pi \cos x\,\mathrm{d}x$；

(3) $\displaystyle\int_{-\pi}^\pi \sin x\,\mathrm{d}x$；

(4) $\displaystyle\int_{-2}^1 |x|\,\mathrm{d}x$.

3. 不计算积分，比较下列积分值的大小：

(1) $\displaystyle\int_0^1 \mathrm{e}^x\,\mathrm{d}x$ 与 $\displaystyle\int_0^1 \mathrm{e}^{x^2}\,\mathrm{d}x$；

(2) $\displaystyle\int_0^{\frac{\pi}{2}} x\,\mathrm{d}x$ 与 $\displaystyle\int_0^{\frac{\pi}{2}} \sin x\,\mathrm{d}x$.

4. 证明下列不等式：

(1) $\mathrm{e}^2 - \mathrm{e} \leqslant \displaystyle\int_{\mathrm{e}}^{\mathrm{e}^2} \ln x\,\mathrm{d}x \leqslant 2(\mathrm{e}^2 - \mathrm{e})$；

(2) $1 \leqslant \displaystyle\int_0^1 \mathrm{e}^{x^2}\,\mathrm{d}x \leqslant \mathrm{e}$.

4.4 微积分学基本定理

上一节介绍了定积分的定义和性质，但并未给出一个有效的计算方法. 即使被积函数很简单，如果利用定义计算定积分也是十分麻烦的. 因此必须寻求计算定积分的新方法. 在此将建立定积分和不定积分之间的关系，这个关系为定积分的计算提供了一个有效的方法.

4.4.1　变限积分

由定积分的定义可知, $\int_a^b f(x)\,\mathrm{d}x$ 是一个数, 它仅与 a,b(积分下限、上限) 及 $f(x)$ 有关. 当 $f(x)$ 给定并固定 a 时, $\int_a^b f(x)\,\mathrm{d}x$ 就是一个只依赖于 b 的常数, 从函数的观点来看, 设 $f(x)$ 在区间 $[a,b]$ 上可积, $x\in[a,b]$, 那么定积分 $\int_a^x f(t)\,\mathrm{d}t$ 就是其上限的函数, 类似地, $\int_x^b f(t)\,\mathrm{d}t$ 也是一个关于 x 的函数, 对于这两个函数, 我们定义如下:

定义　若 $f(x)$ 在 $[a,b]$ 上可积, 则称积分

$$\int_a^x f(t)\,\mathrm{d}t \quad (x\in[a,b]) \tag{4.4.1}$$

为 $f(x)$ 在区间 $[a,b]$ 上的**积分上限函数**, 记作

$$\varPhi(x) = \int_a^x f(t)\,\mathrm{d}t;$$

称

$$\int_x^b f(t)\,\mathrm{d}t \quad (x\in[a,b]) \tag{4.4.2}$$

为 $f(x)$ 在区间 $[a,b]$ 上的**积分下限函数**.

我们将积分式(4.4.1)与积分式(4.4.2)分别称为**变上限**、**变下限的积分**. 变上限积分与变下限积分统称为**变限积分**.

积分上(下)限函数具有许多好的性质, 它是将微分与积分联系起来的纽带. 由于 $\int_x^b f(t)\,\mathrm{d}t = -\int_b^x f(t)\,\mathrm{d}t (x\in[a,b])$, 所以仅讨论积分上限函数的一些性质. 对积分下限函数, 不难利用此关系式给出其相应性质.

定理1　如果函数 $f(x)$ 在区间 $[a,b]$ 上连续, 则积分上限函数 $\varPhi(x) = \int_a^x f(t)\,\mathrm{d}t$ 在 $[a,b]$ 上可导, 且

$$\varPhi'(x) = \frac{\mathrm{d}}{\mathrm{d}x}\int_a^x f(t)\,\mathrm{d}t = f(x) \quad (a\leqslant x\leqslant b).$$

证　当上限 x 有改变量 $\Delta x(\Delta x>0)$ 时, 函数 $\varPhi(x)$ 的改变量为

$$\begin{aligned}
\Delta\varPhi &= \varPhi(x+\Delta x) - \varPhi(x) \\
&= \int_a^{x+\Delta x} f(t)\,\mathrm{d}t - \int_a^x f(t)\,\mathrm{d}t \\
&= \int_x^a f(t)\,\mathrm{d}t + \int_a^{x+\Delta x} f(t)\,\mathrm{d}t = \int_x^{x+\Delta x} f(t)\,\mathrm{d}t,
\end{aligned}$$

由积分中值定理, 存在 $\xi\in[x,x+\Delta x]$, 使得 $\Delta\varPhi = f(\xi)\Delta x$ 成立, 即 $\dfrac{\Delta\varPhi}{\Delta x} = f(\xi)$.

当 $\Delta x\to0$ 时, $\xi\to x$, 因为 $f(x)$ 在区间 $[a,b]$ 上连续, 所以

$$\lim_{\Delta x\to0}\frac{\Delta\varPhi}{\Delta x} = \lim_{\Delta x\to0}\frac{f(\xi)\Delta x}{\Delta x} = \lim_{\xi\to x}f(\xi) = f(x),$$

即 $\varPhi(x)$ 的导数存在, 且 $\varPhi'(x) = f(x)$.

由定理 1,可得下面的原函数存在定理.

原函数存在定理 如果函数 $f(x)$ 在区间 $[a,b]$ 上连续,则函数

$$\Phi(x) = \int_a^x f(t)\,\mathrm{d}t \,(a \le x \le b)$$

是函数 $f(x)$ 在区间 $[a,b]$ 上的一个原函数.

变限积分(函数)除式(4.4.1)和式(4.4.2)外,更一般地还有下面的变限复合函数,即

$$\int_a^{u(x)} f(t)\,\mathrm{d}t, \quad \int_{v(x)}^b f(t)\,\mathrm{d}t, \quad \int_{v(x)}^{u(x)} f(t)\,\mathrm{d}t.$$

若 $f(t)$ 在区间 $[a,b]$ 上连续,$u(x),v(x)$ 在 $[\alpha,\beta]$ 上可导,且对任一 $x \in [\alpha,\beta]$ 有 $u(x)$,$v(x) \in [a,b]$,则由复合函数求导法则可得

$$\frac{\mathrm{d}}{\mathrm{d}x}\int_{v(x)}^{u(x)} f(t)\,\mathrm{d}t = f(u(x))u'(x) - f(v(x))v'(x).$$

例1 计算下列导数:

(1) $\dfrac{\mathrm{d}}{\mathrm{d}x}\displaystyle\int_0^x \sqrt{1+t^4}\,\mathrm{d}t$;   (2) $\dfrac{\mathrm{d}}{\mathrm{d}x}\displaystyle\int_x^0 \cos \mathrm{e}^t\,\mathrm{d}t$.

解 (1) 由定理 1,有 $\dfrac{\mathrm{d}}{\mathrm{d}x}\displaystyle\int_0^x \sqrt{1+t^4}\,\mathrm{d}t = \sqrt{1+x^4}$.

(2) 由于 $\displaystyle\int_x^0 \cos \mathrm{e}^t\,\mathrm{d}t$ 是变下限积分,故不能直接利用定理 1 求它的导数. 可以先将它化为变上限积分,然后利用定理 1 求它的导数,所以

$$\frac{\mathrm{d}}{\mathrm{d}x}\int_x^0 \cos \mathrm{e}^t\,\mathrm{d}t = -\frac{\mathrm{d}}{\mathrm{d}x}\int_0^x \cos \mathrm{e}^t\,\mathrm{d}t = -\cos \mathrm{e}^x.$$

例2 计算下列导数:

(1) $\dfrac{\mathrm{d}}{\mathrm{d}x}\displaystyle\int_0^{\sin x} f(t)\,\mathrm{d}t$;   (2) $\dfrac{\mathrm{d}}{\mathrm{d}x}\displaystyle\int_{x^2}^{x^3} \mathrm{e}^{-t}\,\mathrm{d}t$.

解 (1) 由于变上限积分 $\displaystyle\int_0^{\sin x} f(t)\,\mathrm{d}t$ 是积分上限 $\sin x$ 的函数,而积分上限 $\sin x$ 又是自变量 x 的函数,于是变上限积分 $\displaystyle\int_0^{\sin x} f(t)\,\mathrm{d}t$ 是自变量 x 的复合函数.

令 $u = \sin x$,根据复合函数导数的运算法则,有

$$\frac{\mathrm{d}}{\mathrm{d}x}\int_0^{\sin x} f(t)\,\mathrm{d}t = \frac{\mathrm{d}}{\mathrm{d}u}\int_0^u f(t)\,\mathrm{d}t \cdot \frac{\mathrm{d}u}{\mathrm{d}x} = f(\sin x)\cdot(\sin x)' = f(\sin x)\cdot\cos x.$$

(2) $\dfrac{\mathrm{d}}{\mathrm{d}x}\displaystyle\int_{x^2}^{x^3} \mathrm{e}^{-t}\,\mathrm{d}t = \mathrm{e}^{-x^3}\cdot(x^3)' - \mathrm{e}^{-x^2}\cdot(x^2)' = 3x^2\mathrm{e}^{-x^3} - 2x\mathrm{e}^{-x^2}.$

例3 计算下列极限:

(1) $\displaystyle\lim_{x\to0} \frac{\displaystyle\int_0^x \sin t^2\,\mathrm{d}t}{x^3}$;   (2) $\displaystyle\lim_{x\to\infty} \frac{\left(\displaystyle\int_0^x \mathrm{e}^{t^2}\,\mathrm{d}t\right)^2}{\displaystyle\int_0^x \mathrm{e}^{2t^2}\,\mathrm{d}t}$.

解 (1) 当 $x \to 0$ 时,变上限积分 $\displaystyle\int_0^x \sin t^2\,\mathrm{d}t$ 的极限为零,故所求极限为 $\dfrac{0}{0}$ 型不定式极限,由洛必达法则,有

$$\lim_{x \to 0} \frac{\int_0^x \sin t^2 \, dt}{x^3} = \lim_{x \to 0} \frac{\sin x^2}{3x^2} = \frac{1}{3}.$$

（2）当 $x \to \infty$ 时，变上限积分 $\int_0^x e^{t^2} dt, \int_0^x e^{2t^2} dt$ 的极限都为 ∞，故所求极限为 $\frac{\infty}{\infty}$ 型不定式极限，由洛必达法则，有

$$\lim_{x \to \infty} \frac{\left(\int_0^x e^{t^2} dt \right)^2}{\int_0^x e^{2t^2} dt} = \lim_{x \to \infty} \frac{2 \int_0^x e^{t^2} dt \cdot e^{x^2}}{e^{2x^2}} = \lim_{x \to \infty} \frac{2 \int_0^x e^{t^2} dt}{e^{x^2}} = \lim_{x \to \infty} \frac{2 e^{x^2}}{2x e^{x^2}} = \lim_{x \to \infty} \frac{1}{x} = 0.$$

4.4.2　微积分学基本定理

定理 2　设 $f(x)$ 在区间 $[a, b]$ 上连续，$F(x)$ 是 $f(x)$ 在区间 $[a, b]$ 上的一个原函数，则

$$\int_a^b f(x) \, dx = F(b) - F(a). \tag{4.4.3}$$

证　因 $F(x)$ 是 $f(x)$ 在区间 $[a, b]$ 上的原函数，由推论 2 知，存在常数 C，使对 $\forall x \in [a, b]$ 有

$$F(x) = \int_a^x f(t) \, dt + C,$$

而

$$F(a) = \int_a^a f(t) \, dt + C = C,$$

因此

$$F(x) = \int_a^x f(t) \, dt + F(a),$$

即

$$\int_a^x f(x) \, dx = F(x) - F(a), \forall x \in [a, b].$$

将 $x = b$ 代入上式，即得式（4.4.3）.

定理 2 称为**微积分学基本定理**. 式（4.4.3）称为**微积分学基本公式**，也称为**牛顿-莱布尼茨**（Newton-Leibniz）**公式**，常将其简写为

$$\int_a^b f(x) \, dx = F(x) \Big|_a^b.$$

例 4　求 $\int_0^1 \frac{x}{\sqrt{1 + x^2}} \, dx.$

解　由于 $(\sqrt{1 + x^2})' = \frac{x}{\sqrt{1 + x^2}}$，即 $\sqrt{1 + x^2}$ 是 $\frac{x}{\sqrt{1 + x^2}}$ 的一个原函数，故有

$$\int_0^1 \frac{x}{\sqrt{1 + x^2}} dx = \sqrt{1 + x^2} \Big|_0^1 = \sqrt{2} - 1.$$

例 5　求 $\int_0^\pi \sqrt{1 + \cos 2x} \, dx.$

解　$\int_0^\pi \sqrt{1 + \cos 2x} \, dx = \sqrt{2} \int_0^\pi |\cos x| \, dx = \sqrt{2} \left[\int_0^{\frac{\pi}{2}} \cos x \, dx + \int_{\frac{\pi}{2}}^\pi (-\cos x) \, dx \right]$

$$= \sqrt{2} \left(\sin x \Big|_0^{\frac{\pi}{2}} - \sin x \Big|_{\frac{\pi}{2}}^\pi \right) = 2\sqrt{2}.$$

1. 计算下列导数：

$(1)\ \dfrac{d}{dx}\displaystyle\int_0^{x^2}\sqrt{1+t^2}\,dt$；

$(2)\ \dfrac{d}{dx}\displaystyle\int_{x^2}^{x^3}\dfrac{dt}{\sqrt{1+t^4}}$；

$(3)\ \dfrac{d}{dx}\displaystyle\int_x^0\sin^2 t\,dt$；

$(4)\ \dfrac{d}{dx}\displaystyle\int_x^{x^3}te^t\,dt$.

2. 求下列极限：

$(1)\ \displaystyle\lim_{x\to 0}\dfrac{\displaystyle\int_0^x\ln(1+2t^2)\,dt}{x^3}$；

$(2)\ \displaystyle\lim_{x\to 0}\dfrac{\left(\displaystyle\int_0^x e^{t^2}\,dt\right)^2}{\displaystyle\int_0^x te^{2t^2}\,dt}$.

3. 计算下列定积分：

$(1)\ \displaystyle\int_3^4\sqrt{x}\,dx$；

$(2)\ \displaystyle\int_{-1}^2|x^2-x|\,dx$.

$(3)\ \displaystyle\int_0^{\pi}f(x)\,dx$，其中 $f(x)=\begin{cases} x, & 0\leqslant x\leqslant\dfrac{\pi}{2}, \\[2mm] \sin x, & \dfrac{\pi}{2}<x\leqslant\pi; \end{cases}$

$(4)\ \displaystyle\int_{-2}^2\max\{1,x^2\}\,dx$；

$(5)\ \displaystyle\int_0^{\frac{\pi}{2}}\sqrt{1-\sin 2x}\,dx$.

4.5　定积分的计算

在第四节给出了计算定积分 $\displaystyle\int_a^b f(x)\,dx$ 的牛顿-莱布尼茨公式. 本节将借鉴求不定积分的方法，并结合牛顿-莱布尼茨公式而给出求定积分的一些基本方法.

4.5.1　换元法

定理 1　设函数 $f(x)$ 在区间 $[a,b]$ 上连续，函数 $x=\varphi(t)$ 满足条件：

$(1)\varphi(\alpha)=a,\varphi(\beta)=b$；

$(2)\varphi(t)$ 在 $[\alpha,\beta]$（或 $[\beta,\alpha]$）上单调且具有连续导数，则有

$$\int_a^b f(x)\,dx=\int_\alpha^\beta f(\varphi(t))\varphi'(t)\,dt. \tag{4.5.1}$$

证　由条件知 $f(x)$ 在区间 $[a,b]$ 上可积，设其原函数为 $F(x)$，则

$$\int_a^b f(x)\,dx=F(b)-F(a).$$

又 $F(\varphi(t))$ 可看成由 $F(x)$ 与 $x=\varphi(t)$ 复合而成的函数. 由复合函数求导法则，得

$$[F(\varphi(t))]'=F'(\varphi(t))\cdot\varphi'(t)=f(\varphi(t))\cdot\varphi'(t),$$

即 $F(\varphi(t))$ 是 $f(\varphi(t))\varphi'(t)$ 的一个原函数.

故由牛顿-莱布尼茨公式及 $\varphi(\alpha)=a,\varphi(\beta)=b$ 可知,

$$\int_\alpha^\beta f(\varphi(t))\varphi'(t)\mathrm{d}t = F(\varphi(\beta)) - F(\varphi(\alpha)) = F(b) - F(a),$$

从而

$$\int_a^b f(x)\mathrm{d}x = \int_\alpha^\beta f(\varphi(t))\varphi'(t)\mathrm{d}t.$$

式(4.5.1)称为**定积分的换元公式**.

值得**注意**的是:

(1)不变换积分变量时,积分上下限就不变.

(2)式(4.5.1)在作代换 $x=\varphi(t)$ 后,原来关于 x 的积分区间必须换为关于新变量 t 的积分区间,上限对上限,下限对下限;求出新被积函数 $f(\varphi(t))\varphi'(t)$ 的原函数 $F(\varphi(t))$ 后不必再代回原积分变量 x,而只需把新变量 t 的上、下限直接代入 $F(\varphi(t))$ 相减即可.

(3)求定积分时,代换 $x=\varphi(t)$ 的选取原则与用换元法求相应的不定积分的选取原则完全相同.

例1　计算 $\int_0^a \sqrt{a^2-x^2}\mathrm{d}x$ (a 为常数,且 $a>0$).

解　令 $x=a\sin t$,则当 $t\in\left[0,\dfrac{\pi}{2}\right]$ 时,$x\in[0,a]$,且 $t=0$ 时 $x=0$;$t=\dfrac{\pi}{2}$ 时 $x=a$,故

$$\int_0^a \sqrt{a^2-x^2}\mathrm{d}x = \int_0^{\frac{\pi}{2}} a\cos t\cdot a\cos t\mathrm{d}t = \frac{a^2}{2}\int_0^{\frac{\pi}{2}}(1+\cos 2t)\mathrm{d}t$$

$$= \frac{a^2}{2}\left(t+\frac{\sin 2t}{2}\right)\Big|_0^{\frac{\pi}{2}} = \frac{\pi}{4}a^2.$$

例2　计算 $\int_0^4 \dfrac{x+2}{\sqrt{2x+1}}\mathrm{d}x$.

解　设 $\sqrt{2x+1}=t$,则 $x=\dfrac{t^2-1}{2}$,$\mathrm{d}x=t\mathrm{d}t$,且当 $x=0$ 时,$t=1$;当 $x=4$ 时,$t=3$. 于是

$$\int_0^4 \frac{x+2}{\sqrt{2x+1}}\mathrm{d}x = \int_1^3 \frac{\frac{t^2-1}{2}+2}{t}t\mathrm{d}t = \frac{1}{2}\int_1^3(t^2+3)\mathrm{d}t = \frac{1}{2}\left(\frac{t^3}{3}+3t\right)\Big|_1^3 = \frac{22}{3}.$$

例3　计算 $\int_1^{e^2} \dfrac{\mathrm{d}x}{x\sqrt{1+\ln x}}$.

解　$\int_1^{e^2} \dfrac{\mathrm{d}x}{x\sqrt{1+\ln x}} = \int_1^{e^2}\dfrac{1}{\sqrt{1+\ln x}}\mathrm{d}(\ln x) = \int_1^{e^2}(1+\ln x)^{-\frac{1}{2}}\mathrm{d}(1+\ln x) = 2(1+\ln x)^{\frac{1}{2}}\Big|_1^{e^2} =$ $2(\sqrt{3}-1)$.

在例3中,直接用凑微分法求解,积分变量没有变化,则定积分的上、下限就不变更.

例4　计算 $\int_0^1 te^{-\frac{t^2}{2}}\mathrm{d}t$.

解　$\int_0^1 te^{-\frac{t^2}{2}}\mathrm{d}t = -\int_0^1 e^{-\frac{t^2}{2}}\mathrm{d}\left(-\frac{t^2}{2}\right) = -e^{-\frac{t^2}{2}}\Big|_0^1 = 1-e^{-\frac{1}{2}}.$

例5　计算 $\int_0^{\frac{\pi}{2}}\cos^5 x\sin x\mathrm{d}x$.

高等数学(理工类 上册)

解 $\int_0^{\frac{\pi}{2}} \cos^5 x \sin x dx = -\int_0^{\frac{\pi}{2}} \cos^5 x d(\cos x) = -\frac{1}{6}\cos^6 x \Big|_0^{\frac{\pi}{2}} = \frac{1}{6}.$

例6 设 $f(x)$ 在 $[-a,a]$ 上可积,证明:

(1)若 $f(x)$ 为偶函数,则

$$\int_{-a}^a f(x)dx = 2\int_0^a f(x)dx;$$

(2)若 $f(x)$ 为奇函数,则

$$\int_{-a}^a f(x)dx = 0.$$

证 $\int_{-a}^a f(x)dx = \int_{-a}^0 f(x)dx + \int_0^a f(x)dx = \int_a^0 f(-t)d(-t) + \int_0^a f(x)dx,$

在第一个积分中令 $x = -t.$ 故

$\int_a^0 f(-t)d(-t) + \int_0^a f(x)dx = \int_0^a f(-t)dt + \int_0^a f(x)dx = \int_0^a f(-x)dx + \int_0^a f(x)dx$

$$= \int_0^a [f(-x) + f(x)]dx.$$

(1)若 $f(x)$ 为偶函数,则 $f(-x) = f(x)$,从而

$$\int_{-a}^a f(x)dx = 2\int_0^a f(x)dx.$$

(2)若 $f(x)$ 为奇函数,则 $f(-x) = -f(x)$,从而

$$\int_{-a}^a f(x)dx = 0.$$

利用例6的结论,常可简化计算偶函数、奇函数在对称于原点的区间上的定积分.

例7 计算 $\int_{-1}^1 \frac{x^5 \sin^2 x dx}{1 + x^2 + x^4}.$

解 由于被积函数 $\frac{x^5 \sin^2 x}{1 + x^2 + x^4}$ 为奇函数,由例6(2)知

$$\int_{-1}^1 \frac{x^5 \sin^2 x}{1 + x^2 + x^4}dx = 0.$$

例8 计算 $\int_{-2}^2 \left(x\cos x + x\sin^2 x + \frac{1}{2}\right)dx.$

解 被积函数 $x\cos x + x\sin^2 x + \frac{1}{2}$ 为非奇非偶函数,但其中 $x\cos x + x\sin^2 x$ 是奇函数,$\frac{1}{2}$ 是偶函数,所以

$\int_{-2}^2 \left(x\cos x + x\sin^2 x + \frac{1}{2}\right)dx = \int_{-2}^2 (x\cos x + x\sin^2 x)dx + \int_{-2}^2 \frac{1}{2}dx = \frac{1}{2}x \Big|_{-2}^2 = 2.$

例9 若 $f(x)$ 为定义在 $(-\infty, +\infty)$ 上的周期为 T 的周期函数,且在任意区间上可积,则对任意实数 a,有

$$\int_a^{a+T} f(x)dx = \int_0^T f(x)dx.$$

证 由于 $\int_a^{a+T} f(x)dx = \int_a^T f(x)dx + \int_T^{a+T} f(x)dx,$而

$$\int_T^{a+T} f(x)\,\mathrm{d}x \xrightarrow{\text{令 } x = t + T} \int_0^a f(t+T)\,\mathrm{d}t = \int_0^a f(t)\,\mathrm{d}t = \int_0^a f(x)\,\mathrm{d}x = \int_0^T f(x)\,\mathrm{d}x - \int_a^T f(x)\,\mathrm{d}x,$$

故等式成立.

例 9 说明周期为 T 的可积函数在任一长度为 T 的区间上的积分值都相同.

例 10　若 $f(x)$ 在 $[0,1]$ 上连续,则

$$\int_0^{\frac{\pi}{2}} f(\sin x)\,\mathrm{d}x = \int_0^{\frac{\pi}{2}} f(\cos x)\,\mathrm{d}x.$$

证　令 $x = \dfrac{\pi}{2} - t$,则

$$\int_0^{\frac{\pi}{2}} f(\sin x)\,\mathrm{d}x = \int_{\frac{\pi}{2}}^0 f(\cos t)(-\mathrm{d}t) = \int_0^{\frac{\pi}{2}} f(\cos x)\,\mathrm{d}x.$$

由例 10 可知

$$\int_0^{\frac{\pi}{2}} (\sin x)^n\,\mathrm{d}x = \int_0^{\frac{\pi}{2}} (\cos x)^n\,\mathrm{d}x \quad (n \text{ 为正整数}).$$

4.5.2　分部积分法

定理 2　设 $u = u(x), v = v(x)$ 均在区间 $[a,b]$ 上可导,且 $u'v$ 在 $[a,b]$ 上可积,则有分部积分公式

$$\int_a^b uv'\,\mathrm{d}x = uv \big|_a^b - \int_a^b u'v\,\mathrm{d}x. \tag{4.5.2}$$

证　由已知条件可知 uv 为 $(uv)'$ 的原函数,故 $(uv)'$ 在 $[a,b]$ 上可积,而

$$(uv)' = u'v + uv'.$$

又 $u'v$ 在 $[a,b]$ 上可积,从上式可知 uv' 在 $[a,b]$ 上也必可积,对上式两边从 a 到 b 积分得

$$\int_a^b (uv)'\,\mathrm{d}x = \int_a^b u'v\,\mathrm{d}x + \int_a^b uv'\,\mathrm{d}x.$$

式(4.5.2)称为定积分的**分部积分公式**.

例 11　计算 $\displaystyle\int_0^{\frac{1}{2}} \arcsin x\,\mathrm{d}x$.

解　设 $u = \arcsin x, \mathrm{d}v = \mathrm{d}x$,则

$$\mathrm{d}u = \frac{\mathrm{d}x}{\sqrt{1-x^2}}, v = x.$$

代入分部积分公式(4.5.2),得

$$\int_0^{\frac{1}{2}} \arcsin x\,\mathrm{d}x = x \arcsin x \bigg|_0^{\frac{1}{2}} - \int_0^{\frac{1}{2}} \frac{x\,\mathrm{d}x}{\sqrt{1-x^2}} = \frac{\pi}{12} + \frac{1}{2}\int_0^{\frac{1}{2}} (1-x^2)^{-\frac{1}{2}}\,\mathrm{d}(1-x^2)$$

$$= \frac{\pi}{12} + \sqrt{1-x^2} \bigg|_0^{\frac{1}{2}} = \frac{\pi}{12} + \frac{\sqrt{3}}{2} - 1.$$

上例中,在应用分部积分法之后,还应用了定积分的换元法.

例 12　计算 $\displaystyle\int_1^2 x \ln x\,\mathrm{d}x$.

解　设 $u = \ln x, \mathrm{d}v = x\,\mathrm{d}x$,则

$$\mathrm{d}u = \frac{1}{x}\mathrm{d}x, v = \frac{1}{2}x^2.$$

代入分部积分公式(4.5.2),得

$$\int_1^2 x \ln x \mathrm{d}x = \frac{x^2}{2}\ln x \Big|_1^2 - \int_1^2 \frac{x^2}{2}\mathrm{d}\ln x = 2\ln 2 - \frac{1}{2}\int_1^2 x\mathrm{d}x$$

$$= 2\ln 2 - \frac{x^2}{4}\Big|_1^2 = 2\ln 2 - 1 + \frac{1}{4} = 2\ln 2 - \frac{3}{4}.$$

例 13　计算 $\int_0^1 \mathrm{e}^{\sqrt{x}}\mathrm{d}x$.

解　先用换元法,令 $\sqrt{x} = t$,则 $x = t^2$, $\mathrm{d}x = 2t\mathrm{d}t$,且当 $x = 0$ 时, $t = 0$;当 $x = 1$ 时, $t = 1$. 于是

$$\int_0^1 \mathrm{e}^{\sqrt{x}}\mathrm{d}x = 2\int_0^1 t\mathrm{e}^t\mathrm{d}t.$$

再用分部积分法计算上式右端的积分. 设 $u = t$, $\mathrm{d}v = \mathrm{e}^t\mathrm{d}t$. 则 $\mathrm{d}u = \mathrm{d}t$, $v = \mathrm{e}^t$. 于是

$$\int_0^1 t\mathrm{e}^t\mathrm{d}t = t\mathrm{e}^t \Big|_0^1 - \int_0^1 \mathrm{e}^t\mathrm{d}t = \mathrm{e} - \mathrm{e}^t \Big|_0^1 = 1.$$

因此

$$\int_0^1 \mathrm{e}^{\sqrt{x}}\mathrm{d}x = 2.$$

例 14　若 $f(x)$ 在 $[a,b]$ 上可导,且 $f(a) = f(b) = 0$, $\int_a^b f^2(x)\mathrm{d}x = 1$,试求 $\int_a^b xf(x)f'(x)\mathrm{d}x$.

解　由已知及分部积分公式可得

$$\int_a^b xf(x)f'(x)\mathrm{d}x = \int_a^b xf(x)\mathrm{d}f(x) = \int_a^b \frac{1}{2}x\mathrm{d}f^2(x)$$

$$= \frac{1}{2}xf^2(x)\Big|_a^b - \frac{1}{2}\int_a^b f^2(x)\mathrm{d}x = -\frac{1}{2}.$$

习题 4.5

1. 利用被积函数奇偶性,计算下列积分值(其中 a 为正的常数):

$(1)\int_{-a}^{a} \frac{\sin x}{1 + x^2}\mathrm{d}x;$ 　　　　　　　$(2)\int_{-a}^{a} \ln(x + \sqrt{1 + x^2})\mathrm{d}x;$

$(3)\int_{-1}^{1} \frac{2 + \sin x}{1 + x^2}\mathrm{d}x;$ 　　　　　　$(4)\int_{-\frac{\pi}{2}}^{\frac{\pi}{2}} \sin^2 x\mathrm{d}x.$

2. 利用换元法计算下列积分:

$(1)\int_{-1}^{1} \frac{1}{\sqrt{5 - 4x}}\mathrm{d}x;$ 　　　　　　$(2)\int_{1}^{\mathrm{e}^2} \frac{\mathrm{d}x}{x\sqrt{1 + \ln x}};$

$(3)\int_{0}^{\frac{\pi}{4}} \frac{\sin x}{1 + \sin x}\mathrm{d}x;$ 　　　　　　$(4)\int_{0}^{\pi} \sqrt{1 + \cos 2x}\,\mathrm{d}x;$

$(5)\int_{0}^{1} \frac{1}{(1 + x)^2}\mathrm{d}x;$ 　　　　　　$(6)\int_{0}^{4} \frac{1}{1 + \sqrt{x}}\mathrm{d}x;$

$(7)\int_{2}^{3} \frac{\mathrm{d}x}{x^2 + x - 2};$ 　　　　　　$(8)\int_{1}^{2} \frac{\sqrt[3]{x}}{x(\sqrt{x} + \sqrt[3]{x})}\mathrm{d}x;$

$(9) \int_{\frac{\pi}{3}}^{\pi} \sin\left(x + \frac{\pi}{3}\right) dx;$ $\qquad (10) \int_0^{\sqrt{2}} \sqrt{2 - x^2}\, dx.$

3. 利用分部积分法计算下列积分:

$(1) \int_1^2 x e^x dx;$ $\qquad (2) \int_0^{\frac{\pi}{2}} e^{2x} \cos x dx;$

$(3) \int_1^2 x^3 \ln x dx;$ $\qquad (4) \int_0^1 t e - \frac{t}{2} dt;$

$(5) \int_0^1 \ln(1 + x^2) dx;$ $\qquad (6) \int_0^{\frac{\pi}{2}} t \cos t dt.$

4. 证明: $\int_0^a x^3 f(x^2) dx = \frac{1}{2} \int_0^{a^2} x f(x) dx \,(a$ 为正的常数$).$

5. 证明:

$$\int_0^{\frac{\pi}{2}} \frac{\sin x}{\sin x + \cos x} dx = \int_0^{\frac{\pi}{2}} \frac{\cos x}{\sin x + \cos x} dx = \frac{\pi}{4},$$

并由此计算 $\int_0^a \dfrac{dx}{x + \sqrt{a^2 - x^2}} \,(a$ 为正的常数$).$

6. 已知 $f(2) = \dfrac{1}{2}, f'(2) = 0, \int_0^2 f(x) dx = 1,$ 求 $\int_0^1 x^2 f''(2x) dx.$

4.6　反常积分

在讨论定积分时有两个最基本的限制条件,即积分区间的有穷性和被积函数的有界性. 但在一些实际问题中,常遇到无穷区间的"积分",或者被积函数在积分区间上具有无穷间断点的"积分",它们已经不属于前面所说的定积分了. 因此,下面将对定积分的概念进行推广,建立"反常积分"的概念.

4.6.1　无穷积分

定义 1　设函数 $f(x)$ 在 $[a, +\infty)$ 上有定义,对任意的 $u > a, f(x)$ 在有限区间 $[a, u]$ 上可积,如果极限

$$\lim_{u \to +\infty} \int_a^u f(x) dx$$

存在,则称此极限为 $f(x)$ 在 $[a, +\infty)$ 上的**无穷限反常积分**或**无穷限广义积分**,简称**无穷积分**. 记为

$$\int_a^{+\infty} f(x) dx,$$

即

$$\int_a^{+\infty} f(x) dx = \lim_{u \to +\infty} \int_a^u f(x) dx. \tag{4.6.1}$$

若式 $(4.6.1)$ 中右端极限存在,则称该无穷积分 $\int_a^{+\infty} f(x) dx$ **收敛**;若式 $(4.6.1)$ 右端极限不存在,为方便起见,称无穷积分 $\int_a^{+\infty} f(x) dx$ **发散**,此时 $\int_a^{+\infty} f(x) dx$ 不表示数值.

类似地,可定义函数 $f(x)$ 在 $(-\infty, b]$ 上及 $(-\infty, +\infty)$ 上的无穷积分:

$(1) \int_{-\infty}^{b} f(x)\mathrm{d}x = \lim_{u \to -\infty} \int_{u}^{b} f(x)\mathrm{d}x \quad (u < b);$

$(2) \int_{-\infty}^{+\infty} f(x)\mathrm{d}x = \int_{-\infty}^{c} f(x)\mathrm{d}x + \int_{c}^{+\infty} f(x)\mathrm{d}x \quad (-\infty < c < +\infty).$

对积分 $\int_{-\infty}^{+\infty} f(x)\mathrm{d}x$,其收敛的**充要条件**是: $\int_{-\infty}^{c} f(x)\mathrm{d}x$ 及 $\int_{c}^{+\infty} f(x)\mathrm{d}x$ 同时收敛.

由于无穷积分的本质是定积分取极限,因此,根据无穷积分的定义和定积分的运算法则与计算方法,容易得到收敛无穷积分的相应运算法则与计算方法.

例 1　求 $\int_{0}^{+\infty} x\mathrm{e}^{-x^2}\mathrm{d}x.$

解　$\int_{0}^{+\infty} x\mathrm{e}^{-x^2}\mathrm{d}x = \lim_{u \to +\infty} \int_{0}^{u} x\mathrm{e}^{-x^2}\mathrm{d}x = \lim_{u \to +\infty} \left(-\dfrac{1}{2}\mathrm{e}^{-x^2} \right) \Big|_{0}^{u} = \dfrac{1}{2} \lim_{u \to +\infty} (1 - \mathrm{e}^{-u^2}) = \dfrac{1}{2}.$

该反常积分的几何意义为:第一象限内位于曲线 $y = x\mathrm{e}^{-x^2}$ 下方、x 轴上方,而向右无限延伸的图形面积,如图 4.6.1 所示,为有限值 $\dfrac{1}{2}$.

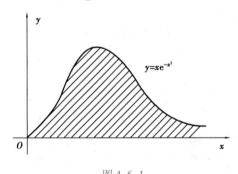

图 4.6.1

例 2　求 $\int_{-\infty}^{+\infty} \dfrac{1}{1+x^2}\mathrm{d}x.$

解　$\int_{-\infty}^{+\infty} \dfrac{1}{1+x^2}\mathrm{d}x = \int_{-\infty}^{0} \dfrac{1}{1+x^2}\mathrm{d}x + \int_{0}^{+\infty} \dfrac{1}{1+x^2}\mathrm{d}x$

$= \lim_{u \to -\infty} \int_{-u}^{0} \dfrac{1}{1+x^2}\mathrm{d}x + \lim_{t \to +\infty} \int_{0}^{t} \dfrac{1}{1+x^2}\mathrm{d}x$

$= \lim_{u \to -\infty} \arctan x \Big|_{-u}^{0} + \lim_{t \to +\infty} \arctan x \Big|_{0}^{t}$

$= -\lim_{u \to -\infty} \arctan u + \lim_{t \to +\infty} \arctan t = \dfrac{\pi}{2} + \dfrac{\pi}{2} = \pi.$

设 $F(x)$ 是 $f(x)$ 的一个原函数,对于反常积分 $\int_{a}^{+\infty} f(x)\mathrm{d}x$,为了书写方便,今后记

$$\int_{a}^{+\infty} f(x)\mathrm{d}x = \lim_{A \to +\infty} \int_{a}^{A} f(x)\mathrm{d}x = \lim_{A \to +\infty} F(x) \Big|_{a}^{A} = F(x) \Big|_{a}^{+\infty} = F(+\infty) - F(a),$$

同理,可记

$$\int_{-\infty}^{b} f(x)\mathrm{d}x = \lim_{B \to -\infty} \int_{B}^{b} f(x)\mathrm{d}x = \lim_{B \to -\infty} F(x) \Big|_{B}^{b} = F(x) \Big|_{-\infty}^{b} = F(b) - F(-\infty).$$

这样,无穷积分的换元法及分部积分公式就与定积分相应的运算公式形式上完全一致了.

例3　求 $\int_1^{+\infty} \dfrac{1}{x^2}\mathrm{d}x$.

解　$\int_1^{+\infty} \dfrac{1}{x^2}\mathrm{d}x = -\dfrac{1}{x}\Big|_1^{+\infty} = 0 - (-1) = 1$.

例4　判断 p 积分 $\int_a^{+\infty} \dfrac{\mathrm{d}x}{x^p}(a>0,p$ 为任意常数$)$ 的敛散性.

解　当 $p=1$ 时，$\int_a^{+\infty} \dfrac{\mathrm{d}x}{x^p} = \ln|x|\Big|_a^{+\infty} = +\infty$.

当 $p\neq1$ 时，

$$\int_a^{+\infty} \dfrac{\mathrm{d}x}{x^p} = \dfrac{x^{1-p}}{1-p}\Big|_a^{+\infty} = \begin{cases} +\infty, & \text{当 } p<1 \text{ 时,} \\ \dfrac{a^{1-p}}{p-1}, & \text{当 } p>1 \text{ 时,} \end{cases}$$

故当 $p\leq1$ 时，原积分发散；当 $p>1$ 时，原积分收敛.

可将例 4 中的结果作为基准，借助下面的比较判别法来判断某些无穷积分的敛散性.

*定理1（比较判别法）　设 $f(x),g(x)$ 在 $[a,+\infty)$ 上连续，且对任一 $x\in[a,+\infty)$ 有 $g(x)\geq f(x)\geq0$，则

(1) 当 $\int_a^{+\infty} g(x)\mathrm{d}x$ 收敛时，$\int_a^{+\infty} f(x)\mathrm{d}x$ 也收敛；

(2) 当 $\int_a^{+\infty} f(x)\mathrm{d}x$ 发散时，$\int_a^{+\infty} g(x)\mathrm{d}x$ 也发散.

该定理的证明可利用无穷积分敛散的定义直接得到，对于无穷积分 $\int_{-\infty}^b f(x)\mathrm{d}x$ 及 $\int_{-\infty}^{+\infty} f(x)\mathrm{d}x$ 也有类似的结论.

例5　判断无穷积分 $\int_1^{+\infty} \dfrac{\mathrm{d}x}{x\sqrt{x+1}}$ 的敛散性.

解　由于 $x\in[1,+\infty)$ 时，有

$$0 < \dfrac{1}{x\sqrt{x+1}} < \dfrac{1}{\sqrt{x^3}},$$

而由例 4 知 $\int_1^{+\infty} \dfrac{\mathrm{d}x}{\sqrt{x^3}}$ 收敛 $\left(p=\dfrac{3}{2}>1\right)$，故由定理 1 知原积分收敛.

比较判别法常用下面的极限形式.

*定理2　设 $\lim\limits_{x\to+\infty} \dfrac{|f(x)|}{g(x)}=\rho$，且 $g(x)>0$，则

(1) 当 $0\leq\rho<+\infty$ 时，若 $\int_a^{+\infty} g(x)\mathrm{d}x$ 收敛，那么 $\int_a^{+\infty} |f(x)|\mathrm{d}x$ 收敛；

(2) 当 $0<\rho\leq+\infty$ 时，若 $\int_a^{+\infty} g(x)\mathrm{d}x$ 发散，那么 $\int_a^{+\infty} |f(x)|\mathrm{d}x$ 发散.

该定理的证明留给读者作为练习.

在定理 2 中，取 $g(x)=\dfrac{1}{x^p}$，利用例 4 的结果，则可得到下面的柯西判别法.

*定理 3(柯西判别法) 若 $\lim\limits_{x\to+\infty} x^p |f(x)| = l$,则

(1) 当 $0 \leqslant l < +\infty, p > 1$ 时,积分 $\int_a^{+\infty} |f(x)| \mathrm{d}x$ 收敛;

(2) 当 $0 < l \leqslant +\infty, p \leqslant 1$ 时,积分 $\int_a^{+\infty} |f(x)| \mathrm{d}x$ 发散.

例 6 判断无穷积分 $\int_0^{+\infty} \mathrm{e}^{-x^2} \mathrm{d}x$ 的敛散性.

解 由于

$$\lim_{x\to+\infty} x^2 \mathrm{e}^{-x^2} = \lim_{x\to+\infty} \frac{x^2}{\mathrm{e}^{x^2}} = \lim_{x\to+\infty} \frac{2x}{2x\mathrm{e}^{x^2}} = 0,$$

故由定理 3 知原积分收敛.

若积分 $\int_a^{+\infty} |f(x)| \mathrm{d}x$ 收敛,则称 $f(x)$ 在 $[a, +\infty)$ 上的积分**绝对收敛**;若积分 $\int_a^{+\infty} |f(x)| \mathrm{d}x$ 发散,而 $\int_a^{+\infty} f(x) \mathrm{d}x$ 收敛,则称 $f(x)$ 在 $[a, +\infty)$ 上的积分**条件收敛**. 容易证明下列定理 4.

*定理 4 若 $\int_a^{+\infty} |f(x)| \mathrm{d}x$ 收敛,则 $\int_a^{+\infty} f(x) \mathrm{d}x$ 收敛,但反之不然.

例 7 判别 $\int_0^{+\infty} \mathrm{e}^{-ax} \sin x \mathrm{d}x (a > 0)$ 的敛散性.

解 由于

$$|\mathrm{e}^{-ax} \sin x| \leqslant \mathrm{e}^{-ax},$$

又

$$\lim_{x\to+\infty} x^2 \mathrm{e}^{-ax} = \lim_{x\to+\infty} \frac{x^2}{\mathrm{e}^{ax}} = \lim_{x\to+\infty} \frac{2x}{a\mathrm{e}^{ax}} = \lim_{x\to+\infty} \frac{2}{a^2 \mathrm{e}^{ax}} = 0,$$

故 $\int_0^{+\infty} \mathrm{e}^{-ax} \mathrm{d}x$ 收敛,从而原积分绝对收敛.

*4.6.2 瑕积分

如果函数 $f(x)$ 在 x_0 的任一邻域 $U(x_0, \delta)$ 内无界,则称点 x_0 为 $f(x)$ 的一个**瑕点**. 例如,$x = a$ 是 $f(x) = \dfrac{1}{x-a}$ 的瑕点;$x = 0$ 是 $g(x) = \dfrac{1}{\ln|x-1|}$ 的瑕点.

定义 2 设函数 $f(x)$ 在 $(a, b]$ 上连续,点 a 为 $f(x)$ 的瑕点,若对任意给定的 $\varepsilon > 0$,极限

$$\lim_{\varepsilon\to0^+} \int_{a+\varepsilon}^b f(x) \mathrm{d}x$$

存在,则称此极限为无界函数 $f(x)$ 在 $(a, b]$ 上的**反常积分**或**广义积分**,又称为**瑕积分**,仍记为 $\int_a^b f(x) \mathrm{d}x$,即

$$\int_a^b f(x) \mathrm{d}x = \lim_{\varepsilon\to0^+} \int_{a+\varepsilon}^b f(x) \mathrm{d}x. \tag{4.6.2}$$

若式(4.6.2)中右端极限存在,则称瑕积分 $\int_a^b f(x) \mathrm{d}x$ **收敛**,如果式(4.6.2)中右端极限不

存在,则称此瑕积分 $\int_a^b f(x)\,\mathrm{d}x$ **发散**.

完全类似地,可定义:

$$\int_a^b f(x)\,\mathrm{d}x = \lim_{\varepsilon \to 0^+}\int_a^{b-\varepsilon} f(x)\,\mathrm{d}x, \tag{4.6.3}$$

其中 b 为 $f(x)$ 在 $[a,b]$ 上的唯一瑕点;

$$\int_a^b f(x)\,\mathrm{d}x = \int_a^c f(x)\,\mathrm{d}x + \int_c^b f(x)\,\mathrm{d}x$$

$$= \lim_{\varepsilon_1 \to 0^+}\int_a^{c-\varepsilon_1} f(x)\,\mathrm{d}x + \lim_{\varepsilon_2 \to 0^+}\int_{c+\varepsilon_2}^b f(x)\,\mathrm{d}x, \tag{4.6.4}$$

其中 c 为 $f(x)$ 在 $[a,b]$ 内的唯一瑕点 $(a<c<b)$.

特别地,对于式(4.6.4),瑕积分 $\int_a^b f(x)\,\mathrm{d}x$ 收敛的**充要条件**是: $\int_a^c f(x)\,\mathrm{d}x$ 及 $\int_c^b f(x)\,\mathrm{d}x$ 同时收敛.

此外,对于上述定义中的各种瑕积分,也可建立相应的换元法及分部积分法,并通过它们来计算一些收敛的瑕积分. 但需注意的是:瑕积分虽然形式上与定积分相同,但内涵不一样.

我们将无穷积分和瑕积分统称为**反常积分**.

例8　求定积分 $\int_0^1 \dfrac{\mathrm{d}x}{\sqrt{1-x^2}}$.

解　因为 $\lim\limits_{x \to 1}\dfrac{1}{\sqrt{1-x^2}} = +\infty$,所以 $x=1$ 为函数 $\dfrac{1}{\sqrt{1-x^2}}$ 在 $[0,1]$ 上的唯一瑕点,故由定义有

$$\int_0^1 \frac{\mathrm{d}x}{\sqrt{1-x^2}} = \lim_{\varepsilon \to 0^+}\int_0^{1-\varepsilon} \frac{\mathrm{d}x}{\sqrt{1-x^2}} = \lim_{\varepsilon \to 0^+}(\arcsin x)\Big|_0^{1-\varepsilon} = \frac{\pi}{2}.$$

例9　求定积分 $\int_0^1 \dfrac{\mathrm{d}x}{\sqrt{x}}$.

解　因为 $\lim\limits_{x \to 0^+}\dfrac{1}{\sqrt{x}} = +\infty$,所以 $x=0$ 为函数 $\dfrac{1}{\sqrt{x}}$ 在 $[0,1]$ 上的唯一瑕点,故由定义有

$$\int_0^1 \frac{\mathrm{d}x}{\sqrt{x}} = \lim_{\varepsilon \to 0^+}\int_{0+t}^1 \frac{\mathrm{d}x}{\sqrt{x}} = \lim_{\varepsilon \to 0^+}2\sqrt{\varepsilon}\Big|_0^{1-\varepsilon} = 2.$$

设 $F(x)$ 是 $f(x)$ 在 $(a,b]$ 上的一个原函数,且 $\lim\limits_{x \to a^+}f(x) = \infty$,我们仍用记号 $F(x)\Big|_a^b$ 来表示 $F(b) - F(a+0)$,这样式(4.6.2)也可以写成:

$$\int_a^b f(x)\,\mathrm{d}x = F(x)\Big|_a^b = F(b) - F(a+0);$$

类似地,式(4.6.3)可以写成:

$$\int_a^b f(x)\,\mathrm{d}x = F(x)\Big|_a^b = F(b-0) - F(a),$$

其中 $F(a+0) = \lim\limits_{x \to a^+}F(x), F(b-0) = \lim\limits_{x \to b^-}F(x)$.

例10　讨论 $\int_a^b \dfrac{\mathrm{d}x}{(x-a)^p}$ (其中 a,b,p 为任意给定的常数, $a<b$) 的敛散性.

解　当 $p \leqslant 0$ 时,所求积分为通常的定积分,且易求得其积分值为

$$\frac{(b-a)^{1-p}}{1-p};$$

当 $0<p<1$ 时,a 为其瑕点,且

$$\int_a^b \frac{\mathrm{d}x}{(x-a)^p} = \lim_{\varepsilon \to 0^+}\int_{a+\varepsilon}^b \frac{\mathrm{d}x}{(x-a)^p} = \lim_{\varepsilon \to 0^+}\frac{(x-a)^{1-p}}{1-p}\Big|_{a+\varepsilon}^b = \frac{(b-a)^{1-p}}{1-p};$$

当 $p=1$ 时,a 为瑕点,且

$$\int_a^b \frac{\mathrm{d}x}{(x-a)^p} = \lim_{\varepsilon \to 0^+}\int_{a+\varepsilon}^b \frac{\mathrm{d}x}{x-a} = \lim_{\varepsilon \to 0^+}\ln|x-a|\Big|_{a+\varepsilon}^b = +\infty;$$

当 $p>1$ 时,a 为瑕点,且

$$\int_a^b \frac{\mathrm{d}x}{(x-a)^p} = \lim_{\varepsilon \to 0^+}\int_{a+\varepsilon}^b \frac{\mathrm{d}x}{(x-a)^p} = \lim_{\varepsilon \to 0^+}\frac{(x-a)^{1-p}}{1-p}\Big|_{a+\varepsilon}^b = +\infty.$$

故当 $p<1$ 时,原积分收敛,且其值为 $\dfrac{(b-a)^{1-p}}{1-p}$;当 $p \geq 1$ 时,积分发散.

对于瑕积分 $\displaystyle\int_a^b \frac{\mathrm{d}x}{(b-x)^p}$ 的敛散性有类似的结论.

对于瑕积分同样可引入绝对收敛与条件收敛的概念:设 a 为 $f(x)$ 在 $[a,b]$ 上的唯一瑕点,若 $\displaystyle\int_a^b |f(x)|\mathrm{d}x$ 收敛,则称瑕积分 $\displaystyle\int_a^b f(x)\mathrm{d}x$ **绝对收敛**;若 $\displaystyle\int_a^b f(x)\mathrm{d}x$ 收敛,但 $\displaystyle\int_a^b |f(x)|\mathrm{d}x$ 发散,则称瑕积分 $\displaystyle\int_a^b f(x)\mathrm{d}x$ **条件收敛**. 绝对收敛的积分必收敛. 此外,对瑕积分也有比较判别法和柯西判别法,下面仅列出柯西判别法的极限形式.

***定理 5**   若 $x=a$ 为 $f(x)$ 在 $[a,b]$ 上的唯一瑕点,且

$$\lim_{x \to a}(x-a)^p |f(x)| = k,$$

则

(1)当 $0 \leq k < +\infty$,$p<1$ 时,积分 $\displaystyle\int_a^b |f(x)|\mathrm{d}x$ 收敛;

(2)当 $0 < k \leq +\infty$,$p \geq 1$ 时,积分 $\displaystyle\int_a^b |f(x)|\mathrm{d}x$ 发散.

其他类型的瑕积分也有类似结论.

例 11   判别积分:

$$(1)\int_0^{\frac{\pi}{2}} \ln \sin x\,\mathrm{d}x; \qquad\qquad (2)\int_0^{\frac{\pi}{2}} \ln \cos x\,\mathrm{d}x$$

的敛散性,若收敛则求其积分值.

解   易知 $x=0$ 为函数 $\ln \sin x$ 在 $\left[0,\dfrac{\pi}{2}\right]$ 上的唯一瑕点,$x=\dfrac{\pi}{2}$ 为 $\ln \cos x$ 在 $\left[0,\dfrac{\pi}{2}\right]$ 上的唯一瑕点. 因为

$$\lim_{x \to 0^+} x^{\frac{1}{2}} \ln \sin x = 0, \qquad \lim_{x \to \frac{\pi}{2}^-}\left(\frac{\pi}{2}-x\right)^{\frac{1}{2}} \ln \cos x = 0,$$

故积分(1)及(2)均收敛. 另外,作代换 $y=\dfrac{\pi}{2}-x$ 有

$$\int_0^{\frac{\pi}{2}} \ln \cos x\,\mathrm{d}x = \int_0^{\frac{\pi}{2}} \ln \sin y\,\mathrm{d}y.$$

设 $\int_0^{\frac{\pi}{2}} \ln \cos x \mathrm{d}x = A$，则

$$2A = \int_0^{\frac{\pi}{2}} (\ln \sin x + \ln \cos x) \mathrm{d}x = \int_0^{\frac{\pi}{2}} \ln\left(\frac{1}{2}\sin 2x\right) \mathrm{d}x$$

$$= \int_0^{\frac{\pi}{2}} \ln \sin 2x \mathrm{d}x - \int_0^{\frac{\pi}{2}} \ln 2 \mathrm{d}x = \frac{1}{2}\int_0^{\pi} \ln \sin t \mathrm{d}t - \frac{\pi}{2}\ln 2$$

$$= \frac{1}{2}\left(\int_0^{\frac{\pi}{2}} \ln \sin t \mathrm{d}t + \int_{\frac{\pi}{2}}^{\pi} \ln \sin t \mathrm{d}t\right) - \frac{\pi}{2}\ln 2$$

$$= \frac{1}{2}A + \frac{1}{2}\int_0^{\frac{\pi}{2}} \ln \cos t \mathrm{d}t - \frac{\pi}{2}\ln 2 = A - \frac{\pi}{2}\ln 2,$$

故
$$A = -\frac{\pi}{2}\ln 2.$$

例 12　讨论带参数 s 的广义积分

$$\Gamma(s) = \int_0^{+\infty} x^{s-1}\mathrm{e}^{-x}\mathrm{d}x \quad (s > 0) \tag{4.6.5}$$

的敛散性.

解　由于

$$\Gamma(s) = \int_0^{+\infty} x^{s-1}\mathrm{e}^{-x}\mathrm{d}x = \int_0^1 x^{s-1}\mathrm{e}^{-x}\mathrm{d}x + \int_1^{+\infty} x^{s-1}\mathrm{e}^{-x}\mathrm{d}x,$$

且当 $s - 1 < 0$ 时，$x = 0$ 为其瑕点，故该积分为"混合型反常积分"，进一步有

(1) 当 $s \geqslant 1$ 时，$\int_0^1 x^{s-1}\mathrm{e}^{-x}\mathrm{d}x$ 是通常的定积分；

(2) 当 $0 < s < 1$ 时，由于

$$\lim_{x \to 0^+}(x^{1-s} \cdot x^{s-1}\mathrm{e}^{-x}) = 1, \quad p = 1 - s < 1,$$

故由比较判别法知 $\int_0^1 x^{s-1}\mathrm{e}^{-x}\mathrm{d}x$ 收敛；

(3) 当 $s > 0$ 时，由洛必达法则有

$$\lim_{x \to +\infty} x^2 x^{s-1}\mathrm{e}^{-x} = \lim_{x \to +\infty}\frac{x^{s+1}}{\mathrm{e}^x} = 0, \quad p = 2 > 1,$$

故此时 $\int_1^{+\infty} x^{s-1}\mathrm{e}^{-x}\mathrm{d}x$ 收敛.

综上所述，可得 $s > 0$ 时，$\Gamma(s)$ 收敛. 因此，式(4.6.5)在 $(0, +\infty)$ 上定义了一个函数，我们称它为 **Γ 函数**，这一函数在数学学科及工程技术等领域有广泛应用.

习题 4.6

1. 用定义判断下列广义积分的敛散性；若收敛，则求其值：

(1) $\int_{\frac{2}{\pi}}^{+\infty} \frac{1}{x^2}\sin\frac{1}{x}\mathrm{d}x$；

(2) $\int_{-\infty}^{+\infty} \frac{\mathrm{d}x}{x^2 + 2x + 2}$；

(3) $\int_0^{+\infty} x^n \mathrm{e}^{-x}\mathrm{d}x$（$n$ 为正整数）；

(4) $\int_0^a \frac{\mathrm{d}x}{\sqrt{a^2 - x^2}}$（$a > 0$）；

$(5)\int_1^e \dfrac{\mathrm{d}x}{x\sqrt{1-(\ln x)^2}}$;

$(6)\int_0^1 \dfrac{\mathrm{d}x}{\sqrt{x(1-x)}}$.

2.已知$\int_0^{+\infty} \dfrac{\sin x}{x}\mathrm{d}x = \dfrac{\pi}{2}$,求:

$(1)\int_0^{+\infty} \dfrac{\sin x \cos x}{x}\mathrm{d}x$;

$(2)\int_0^{+\infty} \dfrac{\sin^2 x}{x^2}\mathrm{d}x$.

习题 4

1. 填空题.

$(1)\left[\int_{x^2}^a f(x)\mathrm{d}x\right]' = $ _____.

$(2)\int_0^x (\mathrm{e}^{t^2})'\mathrm{d}t = $ _____.

$(3)\lim\limits_{x\to 0}\dfrac{\int_0^x \cos^2 t\mathrm{d}t}{x} = $ _____.

(4)广义积分$\int_{-\infty}^{+\infty} \dfrac{A}{1+x^2}\mathrm{d}x = 1$,则$A = $ _____.

(5)已知$f(0)=2,f(2)=3,f'(2)=4$,则$\int_0^2 xf''(x)\mathrm{d}x = $ _____.

(6)设$f(x)=\begin{cases}x, & x\geqslant 0\\ 1, & x<0\end{cases}$,则$\int_{-1}^2 f(x)\mathrm{d}x = $ _____.

(7)设$I=\int_0^{\frac{\pi}{4}}\ln\sin x\mathrm{d}x,J=\int_0^{\frac{\pi}{4}}\ln\cot x\mathrm{d}x,K=\int_0^{\frac{\pi}{4}}\ln\cos x\mathrm{d}x$, 则$I,J,K$的大小关系是_____.

(8)设e^{-x^2}是函数$f(x)$的一个原函数,则$\int f(2x)\mathrm{d}x = $ _____.

(9)设$[x]$表示不超过x的最大整数,则定积分$\int_0^{2012}(x-[x])\mathrm{d}x$的值为_____.

(10)已知函数$f(x)=\sqrt{1+x^2}$,则$\int_0^1 f'(x)f''(x)\mathrm{d}x$的值为_____.

$(11)\int \dfrac{\mathrm{e}^x}{\mathrm{e}^x+1}\mathrm{d}x = $ _____.

$(12)\int \mathrm{e}^{-x}\sin\mathrm{e}^{-x}\mathrm{d}x = $ _____.

(13)若$uv=x\sin x,\int u'v\mathrm{d}x=\cos x+C$,则$\int uv'\mathrm{d}x = $ _____.

2. 选择题.

(1)设函数$f(x)$与$g(x)$在$(-\infty,+\infty)$内皆可导,且$f(x)<g(x)$,则必有( ).

A. $\lim\limits_{x \to x_0} f(x) < \lim\limits_{x \to x_0} g(x)$ \qquad B. $f'(x) < g'(x)$

C. $\mathrm{d}f(x) < \mathrm{d}g(x)$ \qquad D. $\int_0^x f(t)\,\mathrm{d}t < \int_0^x g(t)\,\mathrm{d}t$

(2)下列定积分中,积分值不等于零的是(　　).

A. $\int_0^{2\pi} \ln(\sin x + \sqrt{1 + \sin^2 x})\,\mathrm{d}x$ \qquad B. $\int_0^{2\pi} e^{\cos x} \sin(\sin x)\,\mathrm{d}x$

C. $\int_{-\pi}^{\pi} \cos 2x\,\mathrm{d}x$ \qquad D. $\int_{-\frac{\pi}{2}}^{\frac{\pi}{2}} \frac{\sin x + \cos x}{\cos^2 x + 2\sin^2 x}\,\mathrm{d}x$

(3)设 $\frac{\ln x}{x}$ 为 $f(x)$ 的一个原函数,则 $\int x f'(x)\,\mathrm{d}x = $(　　).

A. $\frac{\ln x}{x} + C$ \qquad B. $\frac{\ln x + 1}{x^2} + C$

C. $\frac{1}{x} + C$ \qquad D. $\frac{1}{x} - \frac{2\ln x}{x} + C$

(4)设函数 $f(x) = \int_0^x \sin(x-t)\,\mathrm{d}t, g(x) = \int_0^1 x\ln(1+xt)\,\mathrm{d}t$,则当 $x \to 0$ 时,$f(x)$ 是 $g(x)$ 的(　　).

A. 高阶无穷小量 \qquad B. 低阶无穷小量
C. 等价无穷小量 \qquad D. 同阶但不等价无穷小量

(5)设 $F(x), G(x)$ 都是函数 $f(x)$ 的原函数,则必有(　　).
A. $F(x) = G(x)$ \qquad B. $F(x) = CG(x)$
C. $F(x) = G(x) + C$ \qquad D. $F(x) = -G(x)$

(6)若 $\int f(x)\,\mathrm{d}x = x^2 + C$,则 $\int x f(1-x^2)\,\mathrm{d}x = $(　　).

A. $2(1-x)^2 + C$ \qquad B. $-2(1-x^2)^2 + C$

C. $\frac{1}{2}(1-x^2)^2 + C$ \qquad D. $-\frac{1}{2}(1-x^2)^2 + C$

(7)$\int \frac{f'(x)}{1 + (f(x))^2}\,\mathrm{d}x = $(　　).

A. $\arctan f(x) + C$ \qquad B. $\arctan f^2(x) + C$

C. $\frac{1}{2}(1-x^2)^2 + C$ \qquad D. $-\frac{1}{2}(1-x^2)^2 + C$

(8)若 $\int_0^1 (2x+k)\,\mathrm{d}x = 2$,则 $k = $(　　).

A. 0 \qquad B. 1 \qquad C. 2 \qquad D. -1

(9)$\int_1^e \frac{\ln x}{x}\,\mathrm{d}x = $(　　).

A. $\frac{1}{2}$ \qquad B. $\frac{e^2}{2} - \frac{1}{2}$ \qquad C. $\frac{1}{2e^2} - \frac{1}{2}$ \qquad D. -1

(10)设 $\int_0^x f(t)\,\mathrm{d}x = e^{2x}$,则 $f(x) = $(　　).

A. $2e^{2x}$ \qquad B. e^{2x} \qquad C. $2xe^{2x}$ \qquad D. $2xe^{2x-1}$

3. 利用定积分概念求下列极限:

(1) $\lim\limits_{n\to\infty}\left(\dfrac{1}{\sqrt{n}\sqrt{n+3\cdot1}}+\dfrac{1}{\sqrt{n}\sqrt{n+3\cdot2}}+\cdots+\dfrac{1}{\sqrt{n}\sqrt{n+3\cdot n}}\right)$;

(2) $\lim\limits_{n\to\infty}\dfrac{1}{n}\left[\ln\left(1+\sqrt{\dfrac{1}{n}}\right)+\ln\left(1+\sqrt{\dfrac{2}{n}}\right)+\cdots+\ln\left(1+\sqrt{\dfrac{n}{n}}\right)\right]$.

4. 求下列不定积分:

(1) $\displaystyle\int(3-5x)^8\mathrm{d}x$;

(2) $\displaystyle\int\dfrac{1}{x^2-x-6}\mathrm{d}x$;

(3) $\displaystyle\int\dfrac{\ln x}{x^3}\mathrm{d}x$;

(4) $\displaystyle\int\dfrac{\mathrm{e}^x}{\sqrt{\mathrm{e}^x+1}}\mathrm{d}x$;

(5) $\displaystyle\int\dfrac{1}{1+\mathrm{e}^{2x}}\mathrm{d}x$;

(6) $\displaystyle\int\dfrac{\sin x+\cos x}{(\sin x-\cos x)^3}\mathrm{d}x$.

5. 计算下列积分:

(1) $\displaystyle\int_{\frac{3}{4}}^{1}\dfrac{\mathrm{d}x}{\sqrt{1-x}-1}$;

(2) $\displaystyle\int_{1}^{\sqrt{3}}\dfrac{\mathrm{d}x}{x^2\sqrt{1+x^2}}$;

(3) $\displaystyle\int_{\ln 2}^{\ln 3}\dfrac{\mathrm{d}x}{\mathrm{e}^x-\mathrm{e}^{-x}}$;

(4) $\displaystyle\int_{0}^{\pi}\sqrt{\sin^3 x-\sin^5 x}\,\mathrm{d}x$;

(5) $\displaystyle\int_{0}^{1}\dfrac{\ln(1+x)}{(2-x)^2}\mathrm{d}x$;

(6) $\displaystyle\int_{0}^{2}\max\{x,x^3\}\,\mathrm{d}x$.

6. 已知 $\displaystyle\int_{-\infty}^{+\infty}P(x)\,\mathrm{d}x=1$,其中

$$P(x)=\begin{cases}\dfrac{C}{\sqrt{1-x^2}}, & |x|<1,\\[2mm] 0, & |x|\geqslant1,\end{cases}$$

求 C.

7. 设 $f(x)=\begin{cases}\dfrac{1}{1+x}, & x\geqslant0,\\[2mm]\dfrac{1}{1+\mathrm{e}^x}, & x<0,\end{cases}$ 求 $\displaystyle\int_{0}^{2}(x-1)\mathrm{d}x$.

8. 求函数 $F(x)=\displaystyle\int_{0}^{x}t\mathrm{e}^{-t^2}\mathrm{d}t$ 的极值点.

第 4 章参考答案

第 5 章

一元函数积分学的应用

本章将利用学过的定积分理论来分析和解决一些几何、物理中的问题. 首先介绍建立定积分数学模型的方法——微分元素法；再利用这一方法求一些几何量(如面积、体积、弧长等)和一些物理量(如功、液体静压力、引力等).

5.1 微分元素法

由定积分定义知,若$f(x)$在区间$[a,b]$上可积,则对于$[a,b]$的任一划分$: a = x_0 < x_1 < \cdots < x_n = b$,以及$[x_{i-1}, x_i]$中任意点$\xi_i$,有

$$\int_a^b f(x) \, \mathrm{d}x = \lim_{\lambda \to 0} \sum_{i=1}^n f(\xi_i) \Delta x_i, \tag{5.1.1}$$

这里$\Delta x_i = x_i - x_{i-1} (i = 1, 2, \cdots, n)$, $\lambda = \max_{1 \leqslant i \leqslant n} \{\Delta x_i\}$. 式(5.1.1)表明定积分的本质是一类特定和式的极限,此极限值与$[a,b]$的分法及点ξ_i的取法无关,只与区间$[a,b]$及函数$f(x)$有关. 基于此,我们可以将一些实际问题中有关量的计算归结为定积分来计算. 例如,曲边梯形的面积、变速直线运动的位移等均可用定积分来表达. 例如,第 4 章中曲边梯形面积的计算,其过程可概括地描述为"划分找近似,求和取极限". 也就是说,将所求量整体转化为部分之和,利用整体上变化的量在局部近似于不变这一辩证关系,局部上以"不变"代替"变",这是利用定积分解决实际问题的基本思想.

根据定积分的定义,如果某一实际问题中所求量U符合下列条件:

(1)建立适当的坐标系和选择与U有关的变量x后, U是一个与定义在某一区间$[a,b]$上的可积函数$u(x)$有关的量；

(2)U对区间$[a,b]$具有可加性,即如果把$[a,b]$任意划分成n个小区间$[x_{i-1}, x_i](i = 1, 2, \cdots, n)$,则$U$相应地分成$n$个部分量$\Delta U_i$,且$U = \sum_{i=1}^n \Delta U_i$；

(3)部分量ΔU_i可近似地表示成$u(\xi_i)\Delta x_i (\xi_i \in [x_{i-1}, x_i])$,且$\Delta U_i$与$u(\xi_i)\Delta x_i$之差是$\Delta x_i$的高阶无穷小,即

$$\Delta U_i - u(\xi_i) \Delta x_i = o(\Delta x_i),$$

那么,可得到所求量 U 的定积分数学模型

$$U = \int_a^b u(x)\,dx. \tag{5.1.2}$$

在实际建模过程中,为简便起见,通常将具有代表性的第 i 个小区间 $[x_{i-1}, x_i]$ 的下标略去,记为 $[x, x+dx]$,称其为典型小区间,相应于此小区间的所求量的部分量记作 ΔU. 因此,建立实际问题的定积分模型可按以下步骤进行:

(1)建立坐标系,根据所求量 U 确定一个积分变量 x 及其变化范围 $[a,b]$;

(2)考虑典型小区间 $[x, x+dx]$,求出 U 相应于这一小区间的部分量 ΔU,将 ΔU 近似地表示成 $[a,b]$ 上的某个可积函数 $u(x)$ 在 x 处的取值与小区间长度 $\Delta x = dx$ 的积,即

$$\Delta U = u(x)\,dx + o(dx), \tag{5.1.3}$$

我们称 $u(x)\,dx$ 为所求量 U 的**微分元素**(简称**微元**或**元素**),记作

$$dU = u(x)\,dx;$$

(3)计算所求量 U,即

$$U = \int_a^b dU = \int_a^b u(x)\,dx.$$

上述建立定积分数学模型的方法称为**微分元素法**,这一方法的关键是步骤(2)中微分元素 dU 的取得.

下面利用微元法解决一些几何中实际问题.

5.2 平面图形的面积

在第 4 章第 3 节讨论过由连续曲线 $y=f(x)\,[f(x)\geqslant 0]$,以及直线 $x=a, x=b\,(a<b)$ 和 x 轴所围成的曲边梯形的面积

$$A = \int_a^b f(x)\,dx.$$

如果 $f(x)$ 在 $[a,b]$ 上不都是非负的,由定积分对区间的可加性,则所围图形的面积为

$$A = \int_a^b |f(x)|\,dx.$$

本节将讨论一般平面图形的问题,若其边界曲线是由两条连续曲线 $y=f_1(x), y=f_2(x)\,[f_2(x)\geqslant f_1(x)]$ 及直线 $x=a, x=b$ 所围成的平面图形,其面积便可用定积分来计算. 下面运用定积分的微分元素法,建立不同坐标系下平面图形的面积计算公式.

5.2.1 直角坐标情形

基本的平面图形可以分为以下两种:

X-型图形:由上、下两条曲线 $y=f_1(x), y=f_2(x)$ 和直线 $x=a, x=b$ 所围成的图形,满足 $a\leqslant x\leqslant b, f_1(x)\leqslant y\leqslant f_2(x)$,其中 $f_1(x)$ 与 $f_2(x)$ 在区间 $[a,b]$ 上连续. 区域特点是:穿过区域且平行于 y 轴的直线与区域的边界至多有两个交点,如图 5.2.1 所示.

Y-型图形:由左、右两条曲线 $x=\varphi_1(y), x=\varphi_2(y)$ 和直线 $y=c, y=d$ 所围成的图形,满足 $c\leqslant y\leqslant d, \varphi_1(y)\leqslant x\leqslant \varphi_2(y)$,其中 $\varphi_1(y)$ 与 $\varphi_2(y)$ 在区间 $[c,d]$ 上连续. 区域特点是:穿过区域

且平行于 x 轴的直线与区域的边界至多有两个交点,如图 5.2.2 所示.

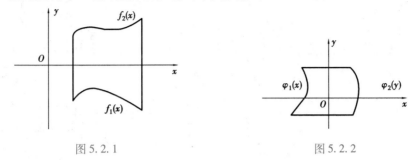

图 5.2.1　　　　　　　　　　　　图 5.2.2

其他复杂的图形都可以分隔成这两种基本图形.

X-型图形的面积:在 $[a,b]$ 上取典型小区间 $[x,x+\mathrm{d}x]$,如图 5.2.3 所示,相应于该小区间的平面图形面积 ΔA 近似地等于高为 $f_1(x)-f_2(x)$、宽为 $\mathrm{d}x$ 的窄矩形的面积,从而得到面积微元为

$$\mathrm{d}A=[f_1(x)-f_2(x)]\mathrm{d}x.$$

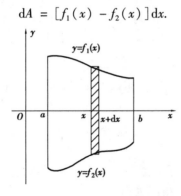

图 5.2.3

所以,此平面图形的面积为

$$A=\int_a^b[f_1(x)-f_2(x)]\mathrm{d}x. \tag{5.2.1}$$

类似地,Y-型图形的面积微元可表示为 $\mathrm{d}A=[\varphi_1(y)-\varphi_2(y)]\mathrm{d}y$,如图 5.2.4 所示,则其面积为

$$A=\int_c^d[\varphi_1(x)-\varphi_2(x)]\mathrm{d}y. \tag{5.2.2}$$

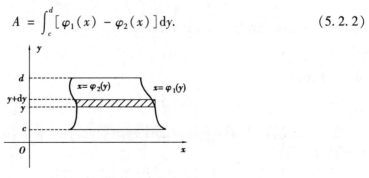

图 5.2.4

例 1　计算由抛物线 $y=-x^2+1$ 与 $y=x^2$ 所围图形的面积 A.

解　解方程组

$$\begin{cases} y = -x^2 + 1 \\ y = x^2 \end{cases}$$

得两抛物线的交点为 $\left(-\dfrac{\sqrt{2}}{2}, \dfrac{1}{2}\right)$ 和 $\left(\dfrac{\sqrt{2}}{2}, \dfrac{1}{2}\right)$，于是图形位于 $x = -\dfrac{\sqrt{2}}{2}$ 与 $x = \dfrac{\sqrt{2}}{2}$ 之间，如图5.2.5 所示，取 x 为积分变量，由式(5.2.1)得所求面积为

$$A = \int_{-\frac{\sqrt{2}}{2}}^{\frac{\sqrt{2}}{2}} (1 - x^2 - x^2)\,\mathrm{d}x = 2\int_0^{\frac{\sqrt{2}}{2}} (1 - 2x^2)\,\mathrm{d}x = 2\left(x - \frac{2}{3}x^3\right)\Big|_0^{\frac{\sqrt{2}}{2}} = \frac{2\sqrt{2}}{3}.$$

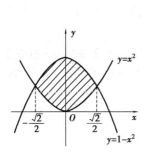

图 5.2.5

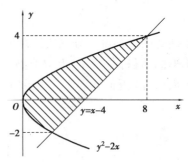

图 5.2.6

例2　计算由直线 $y = x - 4$ 和抛物线 $y^2 = 2x$ 所围平面图形的面积 A.

解　解方程组

$$\begin{cases} y^2 = 2x, \\ y = x - 4, \end{cases}$$

得两线的交点为 $(2,2)$ 和 $(8,4)$，平面图形如图5.2.6所示，位于直线 $y = -2$ 和 $y = 4$ 之间，于是取 y 为积分变量，由式(5.2.2)得所求面积为

$$A = \int_{-2}^4 \left(y + 4 - \frac{y^2}{2}\right)\mathrm{d}y = \left(\frac{y^2}{2} + 4y - \frac{y^3}{6}\right)\Big|_{-2}^4 = 18.$$

注:若在例1中取 y 为积分变量，在例2中取 x 为积分变量，则所求面积的计算会较为复杂. 例如在例2中，若选 x 为积分变量，则积分区间是 $[0,8]$. 当 $x \in (0,2)$ 时，典型小区间 $[x, x + \mathrm{d}x]$ 所对应的面积微元是

$$\mathrm{d}A = \left[\sqrt{2x} - (-\sqrt{2x})\right]\mathrm{d}x;$$

而当 $x \in (2,8)$ 时，典型小区间所对应的面积微元是

$$\mathrm{d}A = \left[\sqrt{2x} - (x - 4)\right]\mathrm{d}x.$$

故所求面积为

$$A = \int_0^2 \left[\sqrt{2x} - (-\sqrt{2x})\right]\mathrm{d}x + \int_2^8 \left[\sqrt{2x} - (x - 4)\right]\mathrm{d}x.$$

显然，上述做法较例2中的解法要复杂. 因此，在求平面图形的面积时，恰当地选择积分变量可使计算简便.

当曲边梯形的曲边为连续曲线，其方程由参数方程

$$\begin{cases} x = \varphi(t), \\ y = \psi(t) \end{cases} \quad (t_1 \leqslant t \leqslant t_2)$$

给出时，若其底边位于 x 轴上，$\varphi(t)$ 在 $[t_1, t_2]$ 上可导，则其面积微元为

$$\mathrm{d}A = |y\mathrm{d}x| = |\psi(t)\varphi'(t)|\mathrm{d}t \quad (\mathrm{d}t > 0).$$

从而面积为

$$A = \int_{t_1}^{t_2} |\psi(t)\varphi'(t)|\mathrm{d}t. \tag{5.2.3}$$

同理,若其底边位于 y 轴上,且 $\psi(t)$ 在 $[t_1, t_2]$ 上可导,则其面积微元为

$$\mathrm{d}A = |x\mathrm{d}y| = |\varphi(t)\psi'(t)|\mathrm{d}t \quad (\mathrm{d}t > 0),$$

从而面积为

$$A = \int_{t_1}^{t_2} |\varphi(t)\psi'(t)|\mathrm{d}t. \tag{5.2.4}$$

例 3　设椭圆方程为 $\dfrac{x^2}{a^2} + \dfrac{y^2}{b^2} = 1$　(a, b 为正的常数),求其面积 A.

解　椭圆的参数方程为

$$\begin{cases} x = a\cos t \\ y = b\sin t \end{cases} \quad (0 \leqslant t \leqslant 2\pi),$$

由对称性,知

$$A = 4\int_0^{\frac{\pi}{2}} |b\sin t \cdot (a\cos t)'|\mathrm{d}t = 4ab\int_0^{\frac{\pi}{2}} \sin^2 t\,\mathrm{d}t = 4ab\int_0^{\frac{\pi}{2}} \frac{1-\cos 2t}{2}\mathrm{d}t = \pi ab.$$

5.2.2　极坐标情形

极坐标也是常用的一种平面坐标,有些平面曲线用极坐标来表示是很方便的. 下面先简单介绍极坐标的概念.

在平面上取一点 O,称为**极点**,并自 O 点引一射线 ON,称为**极轴**,如图 5.2.7 所示. 于是平面上任意一点 M(不在极点)的位置,可以由两个数 $r = \overline{OM}$ 及 $\theta = \angle NOM$ 来决定,其中 θ 就是射线 OP 绕 O 点由 ON 按逆时针方向旋转,第一次转到 OM 位置时所转过的角;r 是射线 OP 上由 O 到 M 的距离. 这样两个数 r, θ 称为点 M 的极坐标,且以记号 $M(r, \theta)$ 来表示点 M,r 称为**极径**,θ 称为**极角**.

根据上述定义,点 M 的极坐标 r, θ 的数值各自受到以下的限制:

$$r > 0, 0 \leqslant \theta < 2\pi.$$

这样,任意给定一对数 r, θ,平面上就对应着唯一的一点 M;反之,平面上除极点 O 以外的任意一点 M,必有一对数 r, θ 与它对应. 当点 M 为极点时,$r = 0$,而 θ 的值可任意.

在极坐标的实际应用中,为了方便起见,往往取消上述对 θ 的限制,而规定它可取任意数值. 现设有任意实数 θ,先作射线 OP 是以 ON 为始线、OP 为终线的角 $\angle NOP = \theta$,如图 5.2.7 所示. 这样对任意的一对实数 $r \geqslant 0$ 和 θ,总可以在平面上确定唯一的点 M. 但是反过来,对平面上的同一点却对应着无限多对的数值. 因为如果 $r = r_1 \geqslant 0, \theta = \theta_1$ 是平面上某一点 M 的极坐标,则 $r = r_1, \theta = \theta_1 + 2\pi \cdot k$ 也是点 M 的极坐标(k 是任意整数).

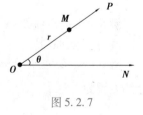

图 5.2.7

有时为了研究问题的方便,需要用到极坐标与直角坐标的相互转换,因此需要研究这两种坐标之间的关系.

设平面上有一直角坐标系和一极坐标系,极点和坐标原点重合,极轴和 x 轴的正半轴重合. 设平面上任意一点 M,如图 5.2.8 所示,在直角坐标系中的坐标为 x,y,在极坐标系中的坐标为 r,θ,则它们之间的转换公式为:

$$x = r \cos \theta, y = r \sin \theta.$$

设一平面图形,在极坐标系下由连续曲线 $r = r(\theta)$ 及射线 $\theta = \alpha, \theta = \beta$ 所围成(称为**曲边扇形**,如图 5.2.9 所示). 为求其面积,我们在 θ 的变化区间 $[\alpha, \beta]$ 上取一典型小区间 $[\theta, \theta + \mathrm{d}\theta]$,相应于此区间上的面积近似地等于中心角为 $\mathrm{d}\theta$、半径为 $r(\theta)$ 的扇形面积,从而得到面积微元

$$\mathrm{d}A = \frac{1}{2}r^2(\theta)\mathrm{d}\theta,$$

所以

$$A = \frac{1}{2}\int_\alpha^\beta r^2(\theta)\mathrm{d}\theta. \tag{5.2.5}$$

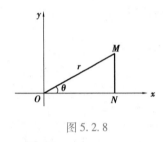

图 5.2.8

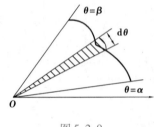

图 5.2.9

例 4 计算阿基米德螺线 $r = a\theta \ (a > 0)$ 上相应于 θ 从 0 到 2π 的一段弧与极轴所围成图形,如图 5.2.10 所示的面积.

解 由式(5.2.5)得

$$A = \frac{1}{2}\int_0^{2\pi} (a\theta)^2 \mathrm{d}\theta = \left(\frac{1}{6}a^2\theta^3\right)\bigg|_0^{2\pi} = \frac{4}{3}a^2\pi^3.$$

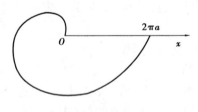

图 5.2.10

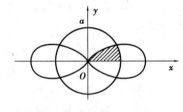

图 5.2.11

例 5 求由双纽线 $(x^2 + y^2)^2 = 2a^2(x^2 - y^2)$ 所围成,且在半径为 a 的圆内部的图形,如图 5.2.11 所示的面积.

解 由对称性,所求面积应等于第一象限部分面积的 4 倍,极坐标下双纽线在第一象限部分的方程为

$$r^2 = 2a^2 \cos 2\theta \quad \left(0 \leqslant \theta \leqslant \frac{\pi}{4}\right).$$

圆的方程为 $\qquad\qquad\qquad r = a.$

由 $\qquad\qquad\qquad \begin{cases} r^2 = 2a^2 \cos 2\theta, \\ r = a, \end{cases}$

解得两曲线在第一象限交点为 $\left(a,\dfrac{\pi}{6}\right)$，由式 (5.2.5) 得所求面积

$$A = 4\left(\frac{1}{2}\int_0^{\frac{\pi}{6}} a^2\mathrm{d}\theta + \frac{1}{2}\int_{\frac{\pi}{6}}^{\frac{\pi}{4}} 2a^2\cos 2\theta\mathrm{d}\theta\right) = \frac{a^2\pi}{3} + 2a^2\sin 2\theta\Big|_{\frac{\pi}{6}}^{\frac{\pi}{4}} = \left(2 + \frac{\pi}{3} - \sqrt{3}\right)a^2.$$

习题 5.2

1. 求下列各曲线所围图形的面积:

$(1)\, y = \dfrac{1}{2}x^2$ 与 $x^2 + y^2 = 8$ (两部分都要计算);

$(2)\, y = \dfrac{1}{x}$ 与直线 $y = x$ 及 $x = 2$;

$(3)\, y = \mathrm{e}^x, y = \mathrm{e}^{-x}$ 与直线 $x = 1$;

$(4)\, y = \ln x, y$ 轴与直线 $y = \ln a, y = \ln b\,(b > a > 0)$;

(5) 抛物线 $y = x^2$ 和 $y = -x^2 + 2$;

$(6)\, y = \sin x, y = \cos x$ 及直线 $x = \dfrac{\pi}{4}, x = \dfrac{9}{4}\pi$;

(7) 抛物线 $y = -x^2 + 4x - 3$ 及其在 $(0, -3)$ 和 $(3, 0)$ 处的切线;

(8) 摆线 $x = a(t - \sin t), y = a(1 - \cos t)$ 的一拱 $(0 \leqslant t \leqslant 2\pi)$ 与 x 轴;

(9) 极坐标曲线 $\rho = a\sin 3\varphi$;

(10) 极坐标曲线 $\rho = 2a\cos \varphi$.

2. 求下列各曲线所围成图形的公共部分的面积:

$(1)\, r = a(1 + \cos \theta)$ 及 $r = 2a\cos \theta$;

$(2)\, r = \sqrt{2}\cos \theta$ 及 $r^2 = \sqrt{3}\sin 2\theta$.

3. 已知曲线 $f(x) = x - x^2$ 与 $g(x) = ax$ 围成的图形面积等于 $\dfrac{9}{2}$，求常数 a.

5.3　几何体的体积

5.3.1　旋转体的体积

由一平面图形绕它所在平面内一条定直线旋转一周而成的立体称为**旋转体**.

设一旋转体是由连续曲线 $y = f(x)$，直线 $x = a, x = b\,(a < b)$ 及 x 轴所围成的曲边梯形绕 x 轴旋转一周而形成的，如图 5.3.1 所示，现在利用微元法求它的体积.

在区间 $[a, b]$ 上取小区间 $[x, x + \mathrm{d}x]$，对应于该区间的小薄片体积近似于以 $f(x)$ 为半径，以 $\mathrm{d}x$ 为高的薄片圆柱体的体积，从而可得到体积微元为

$$\mathrm{d}V = \pi f^2(x)\mathrm{d}x,$$

于是旋转体的体积为

$$V = \pi\int_a^b f^2(x)\mathrm{d}x. \tag{5.3.1}$$

类似地,若旋转体是由曲线 $x = \varphi(y)$,直线 $y = c, y = d(c < d)$ 及 y 轴所围成的曲边梯形绕 y 轴旋转一周而形成的,则体积为

$$V = \pi \int_c^d \varphi^2(y) \, \mathrm{d}y. \qquad (5.3.2)$$

例1 计算由椭圆 $\dfrac{x^2}{a^2} + \dfrac{y^2}{b^2} = 1 (a, b$ 为正的常数) 所围图形绕 x 轴旋转而成的旋转体(称为旋转椭球体,如图 5.3.2 所示)的体积.

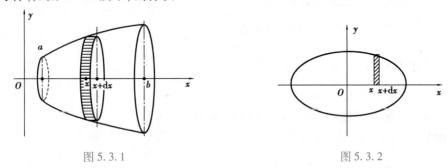

图 5.3.1   图 5.3.2

解 这个旋转体实际上就是半个椭圆 $y = \dfrac{b}{a}\sqrt{a^2 - x^2}$ 及 x 轴所围曲边梯形绕 x 轴旋转一周而成的立体,于是由式(5.3.1)得

$$V = \pi \int_{-a}^a \frac{b^2}{a^2}(a^2 - x^2)\, \mathrm{d}x = 2\pi \frac{b^2}{a^2}\int_0^a (a^2 - x^2)\, \mathrm{d}x = 2\pi \cdot \frac{b^2}{a^2}\left(a^2 x - \frac{x^3}{3}\right)\Big|_0^a = \frac{4}{3}\pi a b^2.$$

例2 求圆域 $x^2 + (y - b)^2 \le a^2 (b > a)$ 绕 x 轴旋转而成的圆环体(如图 5.3.3 所示)的体积.

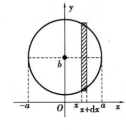

图 5.3.3

解 如图 5.3.3 所示,上半圆周的方程为 $y_2 = b + \sqrt{a^2 - x^2}$,下半圆周的方程为 $y_1 = b - \sqrt{a^2 - x^2}$. 对应于典型区间 $[x, x + \mathrm{d}x]$ 上的体积微元为

$$\mathrm{d}V = (\pi y_2^2 - \pi y_1^2)\, \mathrm{d}x = \pi\big[(b + \sqrt{a^2 - x^2})^2 - (b - \sqrt{a^2 - x^2})^2\big]\, \mathrm{d}x = 4\pi b \sqrt{a^2 - x^2}\, \mathrm{d}x.$$

所以

$$V = \int_{-a}^a 4\pi b \sqrt{a^2 - x^2}\, \mathrm{d}x = 8\pi b \int_0^a \sqrt{a^2 - x^2}\, \mathrm{d}x = 8\pi b \cdot \frac{\pi a^2}{4} = 2\pi^2 a^2 b.$$

5.3.2 平行截面面积为已知的立体体积

考虑介于垂直于 x 轴的两平行平面 $x = a$ 与 $x = b$ 之间的立体,如图 5.3.4 所示,若对任意的 $x \in [a, b]$,立体在此处垂直于 x 轴的截面面积可以用 x 的连续函数 $A(x)$ 来表示,则此立体的体积可用定积分表示.

在 $[a, b]$ 内取典型小区间 $[x, x + \mathrm{d}x]$,对应于此小区间的体积近似地等于以底面积为 $A(x)$,高为 $\mathrm{d}x$ 的柱体的体积,故体积元素为

$$\mathrm{d}V = A(x)\, \mathrm{d}x,$$

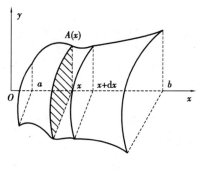

图 5.3.4

从而

$$V = \int_a^b A(x)\,dx. \tag{5.3.3}$$

例3　一平面经过半径为 R 的圆柱体的底圆中心,并与底面交成角 α,如图5.3.5所示,计算此平面截圆柱体所得楔形体的体积 V.

解法1　建立直角坐标系如图5.3.5所示,则底面圆方程为 $x^2 + y^2 = R^2$. 对任意的 $x \in [-R, R]$,过点 x 且垂直于 x 轴的截面是一个直角三角形,两直角边的长度分别为 $y = \sqrt{R^2 - x^2}$ 和 $y\tan\alpha = \sqrt{R^2 - x^2}\tan\alpha$,故截面面积为

$$A(x) = \frac{1}{2}(R^2 - x^2)\tan\alpha.$$

于是,立体体积为

$$V = \int_{-R}^{R} \frac{1}{2}(R^2 - x^2)\tan\alpha\,dx = \tan\alpha\int_0^R (R^2 - x^2)\,dx = \frac{2}{3}R^3\tan\alpha.$$

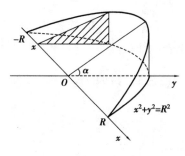
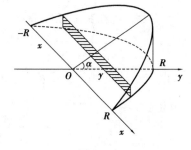

图 5.3.5　　　　　　　　　　图 5.3.6

解法2　在楔形体中,过点 y 且垂直于 y 轴的截面是一个矩形,如图5.3.6所示,其长为 $2x = 2\sqrt{R^2 - y^2}$,高为 $y\tan\alpha$,故其面积为

$$A(y) = 2y\sqrt{R^2 - y^2}\tan\alpha.$$

从而,楔形体的体积为

$$V = \int_0^R 2y\sqrt{R^2 - y^2}\tan\alpha\,dy = -\frac{2}{3}\tan\alpha(R^2 - y^2)^{\frac{3}{2}}\Big|_0^R = \frac{2}{3}R^3\tan\alpha$$

习题 5.3

1. 设有一截锥体,其高为 h,上、下底均为椭圆,椭圆的轴长分别为 $2a, 2b$ 和 $2A, 2B$,求这截

锥体的体积.

2. 计算底面是半径为 R 的圆,而垂直于底面一固定直径的所有截面都是等边三角形的立体体积.

3. 求下列旋转体的体积:

(1) 由 $y = x^2$ 与 $y^2 = x^3$ 围成的平面图形绕 x 轴旋转;

(2) 由 $y = x^3, x = 2, y = 0$ 所围图形分别绕 x 轴及 y 轴旋转;

(3) 星形线 $x^{\frac{2}{3}} + y^{\frac{2}{3}} = a^{\frac{2}{3}}$ 绕 x 轴旋转.

4. 求下列立体的体积:

(1) 曲线 $y = \sin x (0 \leqslant x \leqslant \pi)$ 与它在 $x = \dfrac{\pi}{2}$ 处的切线及直线 $x = \pi$ 所围成的图形绕 x 轴旋转而成的旋转体;

(2) 圆片 $x^2 + (y-5)^2 \leqslant 16$ 绕 x 轴旋转而成的旋转体.

5. 证明:由平面图形 $0 \leqslant a \leqslant x \leqslant b, 0 \leqslant y \leqslant f(x)$ 绕 y 轴旋转而成的旋转体的体积为 $V = 2\pi \displaystyle\int_a^b xf(x) \,\mathrm{d}x.$

5.4 曲线的弧长和旋转体的侧面积

5.4.1 平面曲线的弧长

首先,建立平面曲线弧长的概念.

设有平面曲线 $\overset{\frown}{AB}$,在其上任取分点: $A = M_0, M_1, \cdots, M_{n-1}, M_n = B$,连接相邻的两个分点得到 n 条线段 $\overline{M_{i-1}M_i}, i = 1, 2, \cdots, n.$ 以 $\rho_i = \rho(M_{i-1}, M_i)$ 表示线段 $\overline{M_{i-1}M_i}$ 的长度,如图 5.4.1 所示,记 $\lambda = \max\limits_{1 \leqslant i \leqslant n} \{\rho_i\}$,若极限 $\lim\limits_{\lambda \to 0} \sum\limits_{i=1}^{n} \rho_i$ 存在,则定义此极限值为**曲线 $\overset{\frown}{AB}$ 的长度**(即弧长),并称曲线 $\overset{\frown}{AB}$ 是**可求长的**.

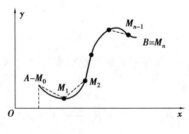

图 5.4.1

下面用微分元素法来推导弧长的计算公式.

1) 直角坐标情形

设 $\overset{\frown}{AB}$ 的方程为 $y = f(x), x \in [a, b]$,且 $f(x)$ 在 $[a, b]$ 上有一阶连续导数. 考虑 $[a, b]$ 内的典型小区间 $[x, x + \Delta x]$,相应于此区间的弧长记为 $\Delta s, \Delta s$ 近似地等于弦长,即

$$(\Delta s)^2 \approx (\Delta x)^2 + (\Delta y)^2 = (\Delta x)^2 + [f(x + \Delta x) - f(x)]^2.$$

由微分中值定理,得

$$(\Delta s)^2 \approx (\Delta x)^2 + [f'(\xi) \cdot \Delta x]^2, \quad \xi \in (x, x + \Delta x),$$

此处 $\Delta x > 0$,故得弧长的微分元素(简称弧微分)为

$$ds = \sqrt{(dx)^2 + (dy)^2} = \sqrt{(dx)^2 + [f'(x)dx]^2} = \sqrt{1 + f'^2(x)}\,dx, \qquad (5.4.1)$$

从而,$\overset{\frown}{AB}$ 的长为

$$s = \int_a^b \sqrt{1 + f'^2(x)}\,dx. \qquad (5.4.2)$$

例 1　两端固定于空中的线缆,由于其自身的质量而下垂成曲线形,称为悬链线. 设一悬链线的方程为 $y = a\operatorname{sh}\dfrac{x}{a} = \dfrac{a}{2}\left(e^{\frac{x}{a}} + e^{-\frac{x}{a}}\right)$($a$ 为正的常数),求其在 $[0,a]$ 上一段的长.

解　$ds = \sqrt{1 + y'^2}\,dx = \sqrt{1 + \dfrac{1}{4}\left(e^{\frac{2x}{a}} + e^{-\frac{2x}{a}} - 2\right)}\,dx = \dfrac{1}{2}\left(e^{\frac{x}{a}} + e^{-\frac{x}{a}}\right)dx,$

故　$s = \dfrac{1}{2}\int_0^a \left(e^{\frac{x}{a}} + e^{-\frac{x}{a}}\right)dx = \dfrac{a}{2}\left(e^{\frac{x}{a}} - e^{-\frac{x}{a}}\right)\Big|_0^a = \dfrac{a}{2}(e - e^{-1}).$

2)参数方程情形

设曲线弧 $\overset{\frown}{AB}$ 的参数方程为

$$\begin{cases} x = \varphi(t), \\ y = \psi(t) \end{cases} (\alpha \leqslant t \leqslant \beta),$$

设 $\varphi(t), \psi(t)$ 在 $[\alpha, \beta]$ 上具有连续导数,由于 $dx = \varphi'(t)dt, dy = \psi'(t)dt$,因此对于任意的 $t \in [\alpha, \beta]$,典型小区间 $[t, t+dt]$ 上相应弧长元素为

$$ds = \sqrt{(dx)^2 + (dy)^2} = \sqrt{\varphi'^2(t) + \psi'^2(t)}\,dt, \qquad (5.4.3)$$

所以,曲线弧 $\overset{\frown}{AB}$ 的弧长为

$$s = \int_\alpha^\beta \sqrt{\varphi'^2(t) + \psi'^2(t)}\,dt. \qquad (5.4.4)$$

式(5.4.1)和式(5.4.3)即为**弧微分公式**.

例 2　如图 5.4.2 所示,计算摆线

$$\begin{cases} x = a(t - \sin t) \\ y = a(1 - \cos t) \end{cases} (a > 0)$$

的一拱($0 \leqslant t \leqslant 2\pi$)的长度.

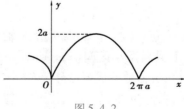

图 5.4.2

解　由于

$$ds = \sqrt{a^2(1 - \cos t)^2 + a^2\sin^2 t}\,dt = a\sqrt{2(1 - \cos t)}\,dt = 2a\left|\sin\dfrac{t}{2}\right|dt,$$

所以
$$s = \int_0^{2\pi} 2a \left| \sin \frac{t}{2} \right| \mathrm{d}t = \int_0^{2\pi} 2a \sin \frac{t}{2} \mathrm{d}t = 2a \left(-2\cos \frac{t}{2} \right) \Big|_0^{2\pi} = 8a.$$

3)极坐标情形

如果曲线方程由极坐标方程 $r = r(\theta)\ (\alpha \leqslant \theta \leqslant \beta)$ 给出,且 $r(\theta)$ 存在一阶连续导数,则由
$$\begin{cases} x = r(\theta)\cos \theta, \\ y = r(\theta)\sin \theta \end{cases} \quad (\alpha \leqslant \theta \leqslant \beta),$$

可得
$$\varphi'(\theta) = [r(\theta)\cos \theta]' = r'(\theta)\cos \theta - r(\theta)\sin \theta,$$
$$\psi'(\theta) = [r(\theta)\sin \theta]' = r'(\theta)\sin \theta + r(\theta)\cos \theta,$$

从而
$$\varphi'^2(\theta) + \psi'^2(\theta) = r^2(\theta) + r'^2(\theta).$$

所以
$$s = \int_\alpha^\beta \sqrt{r^2(\theta) + r'^2(\theta)}\,\mathrm{d}\theta. \tag{5.4.5}$$

例3 求心形线 $r = a(1 + \cos \theta)\ (a > 0)$ 的全长,如图 5.4.3 所示.

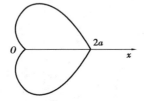

图 5.4.3

解 由式(5.4.5),有
$$\begin{aligned} \mathrm{d}s &= \sqrt{r^2 + r'^2}\,\mathrm{d}\theta \\ &= \sqrt{a^2(1 + \cos \theta)^2 + a^2\sin^2 \theta}\,\mathrm{d}\theta \\ &= a\sqrt{2(1 + \cos \theta)}\,\mathrm{d}\theta. \end{aligned}$$

由对称性知
$$\begin{aligned} s &= 2\int_0^\pi a\sqrt{2(1 + \cos \theta)}\,\mathrm{d}\theta \\ &= 2a\int_0^\pi 2\cos \frac{\theta}{2}\,\mathrm{d}\theta = 8a\sin \frac{\theta}{2} \Big|_0^\pi = 8a. \end{aligned}$$

*5.4.2 旋转体的侧面积

设一旋转体的侧面由一段曲线 $y = f(x)\ (a \leqslant x \leqslant b)$ 绕 x 轴旋转一周而得,如图 5.4.4 所示. 为求其面积 A,我们在 $[a,b]$ 上取典型小区间 $[x, x + \mathrm{d}x]$,相应于此区间上的窄带形侧面(如图 5.4.4 所示中的阴影部分)可近似地看成弧微分 $\mathrm{d}s$ 绕 x 轴旋转一周而成. 于是这一窄带形侧面可以用一个半径为 $|f(x)|$,高为 $\mathrm{d}s$ 的圆柱面来近似代替,从而得侧面积的微分元素
$$\mathrm{d}A = 2\pi |f(x)|\,\mathrm{d}s = 2\pi |f(x)|\sqrt{1 + f'^2(x)}\,\mathrm{d}x.$$

所以

$$A = 2\pi\int_a^b |f(x)| \sqrt{1 + f'^2(x)}\,\mathrm{d}x,$$

此处假设 $f(x)$ 在 $[a,b]$ 上可导.

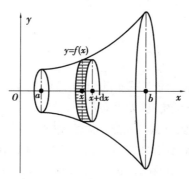

图 5.4.4

例 4　求半径为 R 的球的表面积.

解　以球心为原点建立一平面直角坐标系,则该球是平面上半圆盘 $0 \leqslant y \leqslant \sqrt{R^2 - x^2}$ 绕 x 轴旋转一周而成的旋转体,其表面积为

$$A = 2\pi\int_{-R}^R \sqrt{R^2 - x^2} \cdot \sqrt{1 + \frac{x^2}{R^2 - x^2}}\,\mathrm{d}x = 4\pi\int_{-R}^R R\,\mathrm{d}x = 4\pi R^2.$$

习题 5.4

1. 求下列曲线段的弧长:

(1) $y^2 = 2x, 0 \leqslant x \leqslant 2$;

(2) $y = \ln x, \sqrt{3} \leqslant x \leqslant \sqrt{8}$;

(3) $y = \int_{-\frac{\pi}{2}}^x \sqrt{\cos t}\,\mathrm{d}t, -\frac{\pi}{2} \leqslant x \leqslant \frac{\pi}{2}$;

(4) 曲线 $y = 1 - \ln\cos x$ 上自 $x = 0$ 至 $x = \frac{\pi}{4}$ 的一段弧;

(5) 曲线 $x = \arctan t, y = \frac{1}{2}\ln(1 + t^2)$ 上自 $t = 0$ 至 $t = 1$ 的一段弧;

(6) 求抛物线 $y = \frac{1}{2}x^2$ 被圆 $x^2 + y^2 = 3$ 所截下的有限部分的弧长.

2. 设星形线的参数方程为 $x = a\cos^3 t, y = a\sin^3 t, a > 0$,求

(1) 星形线所围面积;

(2) 绕 x 轴旋转所得旋转体的体积;

(3) 星形线的全长.

3. 求对数螺线 $r = \mathrm{e}^{a\theta}$ 相应于 $\theta = 0$ 到 $\theta = \varphi$ 的一段弧长.

4. 求半径为 R,高为 h 的球冠的表面积.

5. 求曲线段 $y = x^3 (0 \leqslant x \leqslant 1)$ 绕 x 轴旋转一周所得旋转曲面的面积.

5.5 定积分在物理学中的应用

5.5.1 变力沿直线做功

由物理学知,若一个大小和方向都不变的恒力 F 作用于一物体,使其沿力的方向作直线运动,移动了一段距离 s,则 F 所做的功为 $W = F \cdot s$.

下面用微分元素法来讨论变力做功问题.设有大小随物体位置改变而连续变化的力 $F = F(x)$ 作用于一物体上,使其沿 x 轴作直线运动,力 F 的方向与物体运动的方向一致,从 $x = a$ 移至 $x = b(b > a)$,如图 5.5.1 所示.在 $[a,b]$ 上任一点 x 处取一微小位移 dx,当物体从 x 移到 $x + dx$ 时,$F(x)$ 所做的功近似等于 $F(x)dx$,即功元素 $dW = F(x)dx$,于是

$$W = \int_a^b F(x)\,dx. \tag{5.5.1}$$

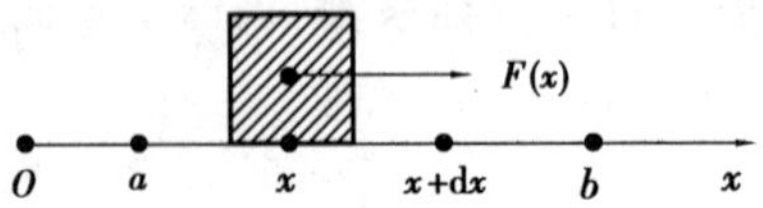

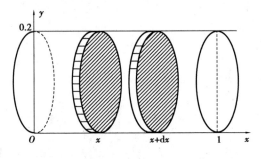

图 5.5.1

例 1 一气缸如图 5.5.2 所示,直径为 0.2 m,长为 1.0 m,其中充满了气体,压强为 9.8×10^5 Pa.若温度保持不变,求推动活塞前进 0.5 m 使气体压缩所作的功.

图 5.5.2

解 根据波义耳定律,在恒温条件下,气体压强 p 与体积 V 的乘积是常数,即 $pV = k$.由于压缩前气体压强为 9.8×10^5 Pa,所以 $k = 9.8 \times 10^5 \cdot \pi \cdot 0.1^2 = 9\,800\pi$.建立坐标系如图 5.5.2 所示,活塞位置用 x 表示,活塞开始位置在 $x = 0$ 处,此时气缸中气体体积 $V = (1 - x)\pi(0.1)^2\,\mathrm{m}^3$,于是压强为

$$p(x) = \frac{k}{(1 - x)\pi(0.1)^2},$$

从而活塞上的压力为

$$F(x) = pS = \frac{k}{1 - x}.$$

故推动活塞所做的功为

$$W = \int_0^{0.5} \frac{9\,800\pi}{1 - x}\,dx = -9\,800\pi\ln(1 - x)\,\Big|_0^{0.5} = 9\,800\pi\ln 2 \approx 2.13 \times 10^4\,(\mathrm{J}).$$

例2　从地面垂直向上发射一质量为 m 的火箭,求将火箭发射至离地面高 H 处所做的功.

解　发射火箭需要克服地球引力做功,设地球半径为 R,质量为 M,则由万有引力定律知,地球对火箭的引力为

$$F = \frac{GMm}{r^2},$$

其中 r 为地心到火箭的距离,G 为引力常数.

当火箭在地面时,$r = R$,引力为 $\frac{GMm}{r^2}$;另一方面,火箭在地面时,所受引力应为 mg,其中 g 为重力加速度,因此

$$\frac{GMm}{R^2} = mg,$$

故有

$$G = \frac{gR^2}{M},$$

于是

$$F = \frac{mgR^2}{r^2}.$$

从而,将火箭从 $r = R$ 发射至 $r = R + H$ 处所做功为

$$W = mgR^2 \int_R^{R+H} \frac{1}{r^2} dr = mgR^2 \left(\frac{1}{R} - \frac{1}{R+H} \right).$$

例3　将地面上一截面面积为 $A = 20 \text{ m}^2$,深为 4 m 的长方体水池盛满水,用抽水泵把这池水全部抽到离池顶 3 m 高的地方去,问需做多少功?

解　建立坐标系,如图 5.5.3 所示. 设想把池中的水分成很多薄层,则把池中全部水抽出所做的功 W 等于把每一薄层水抽出所做的功的总和. 在 $[0,4]$ 上取小区间 $[x, x+\text{d}x]$,相应于此小区间的那一薄层水的体积为 $20\text{d}x$ m^3,设水的密度 $\rho = 1 \times 10^3 \text{ kg} \cdot \text{m}^{-3}$,故这层水的质量为 $2 \times 10^4 \, g\text{d}x$ kg,将它抽到距池顶 3 m 高处克服重力所做功为

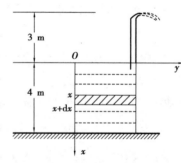

图 5.5.3

$$\text{d}W = 2 \times 10^4 \cdot (x + 3) \cdot g\text{d}x$$

从而,将全部水抽到离池顶 3 m 高处所做的功为

$$W = \int_0^4 2 \times 10^4 \cdot (x + 3) \cdot g\text{d}x = 1.96 \times 10^5 \times \left(\frac{x^2}{2} + 3x \right) \Big|_0^4$$

$$= 3.92 \times 10^6 (\text{J}) \quad (\text{其中 } g = 9.8 \text{ m} \cdot \text{s}^{-2}).$$

5.5.2　液体静压力

由帕斯卡定律,在液面下深度为 h 的地方,液体重量产生的压强为 $p = \rho g h$,其中 ρ 为液体密度,g 为重力加速度,即液面下的物体受液体的压强与深度成正比,同一深度处各方向上的压强相等. 面积为 A 的平板水平置于水深为 h 处,平板一侧的压力为

$$F = pA = \rho g h A.$$

下面考虑一块与液面垂直没入液体内的平面薄板,求它的一面所受的压力. 设薄板为一曲

边梯形,其曲边的方程为 $y = f(x)(a \leqslant x \leqslant b)$,建立坐标系如图 5.5.4 所示,$x$ 轴铅直向下,y 轴与液面相齐.当薄板被设想分成许多水平的窄条时,相应于典型小区间 $[x, x + \mathrm{d}x]$ 的小窄条上深度变化不大,从而压强变化也不大,可近似地取为 $\rho g x$,同时小窄条的面积用矩形面积来近似,即为 $f(x)\mathrm{d}x$,故小窄条一面所受压力近似地为

$$\mathrm{d}F = \rho g x \cdot f(x)\mathrm{d}x.$$

从而

$$F = \rho g \int_a^b x f(x)\mathrm{d}x. \tag{5.5.2}$$

例4 一横放的圆柱形水桶,桶内盛有半桶水,桶端面半径为 $0.6\ \mathrm{m}$,计算桶的一个端面上所受的压力.

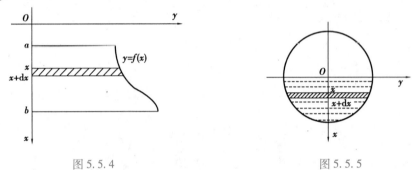

图 5.5.4   图 5.5.5

解 建立坐标系如图 5.5.5 所示,桶的端面圆的方程为

$$x^2 + y^2 = 0.36,$$

相应于 $[x, x + \mathrm{d}x]$ 的小窄条上的压力微元

$$\mathrm{d}p = 2\rho g x \sqrt{0.36 - x^2}\,\mathrm{d}x,$$

所以桶的一个端面上所受的压力为

$$p = 2\rho g \int_0^{0.6} x\sqrt{0.36 - x^2}\,\mathrm{d}x = \frac{2}{3}\rho g (0.6)^3 \approx 1.41 \times 10^3 (\mathrm{N}),$$

其中 $\rho = 1 \times 10^3\ \mathrm{kg \cdot m^{-3}}$,$g = 9.8\ \mathrm{m \cdot s^{-2}}$.

5.5.3 引力

由物理学知,质量分别为 m_1, m_2,相距为 r 的两质点间的引力的大小为

$$F = G\frac{m_1 m_2}{r^2},$$

其中 G 为引力系数,引力的方向沿着两质点的连线方向.

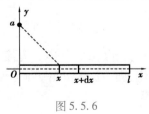

图 5.5.6

对于不能视为质点的两物体之间的引力,不能直接利用质点间的引力公式,而是采用微元法,下面举例说明.

例5 一根长为 l 的均匀直棒,其线密度为 ρ,在它的一端垂线上距直棒 a 处有质量为 m 的质点,求棒对质点的引力.

解 建立坐标系如图 5.5.6 所示,对任意的 $x \in (0, l)$,考虑直棒上相应于 $[x, x + \mathrm{d}x]$ 的一段对质点的引力,由于 $\mathrm{d}x$ 很小,故

此一小段对质点的引力可视为两质点的引力,其大小为

$$\mathrm{d}F = \frac{Gm\rho\mathrm{d}x}{a^2 + x^2},$$

其方向是沿着两点$(0,a)$与$(x,0)$的连线的,当 x 在$(0,l)$之间变化时,$\mathrm{d}F$ 的方向是不断变化的. 故将引力微元 $\mathrm{d}F$ 在水平方向和铅直方向进行分解,分别记为 $\mathrm{d}F_x$,$\mathrm{d}F_y$,则

$$\mathrm{d}F_x = \frac{x}{\sqrt{x^2 + a^2}}\mathrm{d}F = \frac{Gm\rho x}{(a^2 + x^2)^{\frac{3}{2}}}\mathrm{d}x,$$

$$\mathrm{d}F_y = -\frac{a}{\sqrt{x^2 + a^2}}\mathrm{d}F = -\frac{Gm\rho a}{(a^2 + x^2)^{\frac{3}{2}}}\mathrm{d}x.$$

于是,直棒对质点的水平方向引力为

$$\begin{aligned}
F_x &= Gm\rho\int_0^l \frac{x}{(x^2 + a^2)^{\frac{3}{2}}}\mathrm{d}x \\
&= \frac{Gm\rho}{2}\int_0^l (a^2 + x^2)^{-\frac{3}{2}}\mathrm{d}(a^2 + x^2) \\
&= -Gm\rho(a^2 + x^2)^{-\frac{1}{2}}\Big|_0^l \\
&= Gm\rho\left(\frac{1}{a} - \frac{1}{\sqrt{a^2 + l^2}}\right).
\end{aligned}$$

铅直方向引力为

$$\begin{aligned}
F_y &= -Gm\rho a\int_0^l \frac{\mathrm{d}x}{(a^2 + x^2)^{\frac{3}{2}}} \\
&= -Gm\rho a\left(\frac{x}{a^2\sqrt{a^2 + x^2}}\right)^{-\frac{1}{2}}\Big|_0^l = -\frac{Gm\rho l}{a\sqrt{a^2 + l^2}}.
\end{aligned}$$

注:此例如果将直棒的线密度改为 $\rho = \rho(x)$,即直棒是非均匀的,当 $\rho(x)$ 为已知时,直棒对质点的引力仍可按上述方法求得.

5.5.4　平均值

我们知道,n 个数值 $y_1, y_2, \cdots, y_n$ 的算术平均值为

$$\bar{y} = \frac{1}{n}(y_1 + y_2 + \cdots + y_n).$$

在许多实际问题中,需考虑连续函数在一个区间上所取值的平均值,如一昼夜间的平均温度等. 下面将讨论如何定义和计算连续函数 $f(x)$ 在$[a,b]$上的平均值.

先将区间$[a,b]$ n 等分,分点为 $a = x_0 < x_1 < \cdots < x_n = b$,每个小区间的长度为 $\Delta x = \frac{b-a}{n}$,$f(x)$ 在各分点处的函数值记为 $y_i = f(x_i)$ $(i = 1, 2, \cdots, n)$. 当 Δx 很小(即 n 充分大)时,在每个小区间上函数值视为相等,故可以用 $y_1, y_2, \cdots, y_n$ 的平均值

$$\frac{1}{n}(y_1 + y_2 + \cdots + y_n)$$

来近似表达 $f(x)$ 在$[a,b]$上的所有取值的平均值. 因此,称极限值

$$\bar{y} = \lim_{n\to\infty} \frac{1}{n}(y_1 + y_2 + \cdots + y_n)$$

为函数 $f(x)$ 在 $[a,b]$ 上的平均值.

由于

$$\bar{y} = \lim_{n\to\infty} \frac{y_1 + y_2 + \cdots + y_n}{b-a} \cdot \frac{b-a}{n}$$

$$= \lim_{\Delta x\to 0} \frac{y_1 + y_2 + \cdots + y_n}{b-a} \cdot \Delta x$$

$$= \frac{1}{b-a} \lim_{\Delta x\to 0} \sum_{i=1}^{n} f(x_i) \Delta x,$$

故

$$\bar{y} = \frac{1}{b-a}\int_a^b f(x)\,\mathrm{d}x. \tag{5.5.3}$$

式(5.5.3)就是连续函数 $f(x)$ 在 $[a,b]$ 上的平均值的计算公式.

例 6 计算纯电阻电路中正弦交流电 $i = I_m \sin \omega t$ 在一个周期 $T = \dfrac{2\pi}{\omega}$ 上的功率的平均值(简称"平均功率").

解 设电阻为 R,则电路中的电压为

$$U = iR = I_m R \sin \omega t,$$

功率为

$$N = Ui = I_m^2 R \sin^2 \omega t.$$

一个周期上的平均功率为

$$\bar{N} = \frac{1}{T}\int_0^T I_m^2 R \sin^2 \omega t \mathrm{d}t = \frac{I_m^2 R\omega}{2\pi}\int_0^{\frac{2\pi}{\omega}} \sin^2 \omega t \mathrm{d}t$$

$$= \frac{I_m^2 R}{4\pi}\int_0^{\frac{2\pi}{\omega}} (1 - \cos 2\omega t)\mathrm{d}(\omega t) = \frac{I_m^2 R}{4\pi}\left(\omega t - \frac{\sin 2\omega t}{2}\right)\Big|_0^{\frac{2\pi}{\omega}}$$

$$= \frac{I_m^2 R}{2} = \frac{I_m U_m}{2}.$$

其中 $U_m = I_m R$ 表示最大电压,也称为电压峰值,即纯电阻电路中正弦交流电的平均功率等于电流与电压的峰值的乘积的一半.

通常交流电器上标明的功率就是平均功率,而交流电器上标明的电流值都是另一种特定的平均值,常称为有效值.

一般地,周期性非恒定电流 i 的有效值是这样规定的:当电流 $i(t)$ 在一个周期 T 内在负载电阻 R 上消耗的平均功率,等于取固定值 I 的恒定电流在 R 上消耗的功率时,称这个固定值为 $i(t)$ 的有效值.

电流 $i(t)$ 在电阻 R 上消耗的功率为

$$N(t) = U(t) \cdot i(t) = i^2(t)R.$$

它在 $[0,T)$ 上的平均值为

$$\bar{N} = \frac{1}{T}\int_0^T i^2(t)R\mathrm{d}t = \frac{R}{T}\int_0^T i^2(t)\,\mathrm{d}t.$$

而固定值为 I 的电流在 R 上消耗的功率为 $N = I^2 R$,因此

$$I^2 R = \frac{R}{T} \int_0^T i^2(t) \, \mathrm{d}t,$$

即

$$I = \sqrt{\frac{1}{T} \int_0^T i^2(t) \, \mathrm{d}t}.$$

例 7　求正弦电流 $i(t) = I_m \sin \omega t$ 的有效值.

解

$$I = \left(\frac{1}{\frac{2\pi}{\omega}} \int_0^{\frac{2\pi}{\omega}} I_m^2 \sin^2 \omega t \, \mathrm{d}t \right)^{\frac{1}{2}}$$

$$= \left[\frac{I_m^2}{4\pi} \left(\omega t - \frac{\sin 2\omega t}{2} \right) \Big|_0^{\frac{2\pi}{\omega}} \right]^{\frac{1}{2}} = \frac{I_m}{\sqrt{2}},$$

即正弦交流电的有效值等于它的峰值的 $\dfrac{1}{\sqrt{2}}$.

数学上,把 $\sqrt{\dfrac{1}{b-a} \int_a^b f^2(x) \, \mathrm{d}x}$ 叫作**函数 $f(x)$ 在 $[a, b]$ 上的均方根**.

习题 5.5

1. 把长为 10 m,宽为 6 m,高为 5 m 的储水池内盛满的水全部抽出,需做多少功?

2. 有一等腰梯形闸门,它的两条底边各长 10 m 和 6 m,高为 20 m,较长的底边与水面相齐,计算闸门一侧所受的水压力.

3. 半径为 R 的球沉入水中,球的顶部与水面相切,球的密度与水相同,现将球从水中取离水面,问做功多少.

4. 设有一半径为 R,中心角为 φ 的圆弧形细棒,其线密度为常数 ρ,在圆心处有一质量为 m 的质点,试求细棒对该质点的引力.

5. 求下列函数在 $[-a, a]$ 上的平均值:

(1) $f(x) = \sqrt{a^2 - x^2}$;　　　　　　　　　　(2) $f(x) = x^2$.

6. 求正弦交流电 $i = I_0 \sin \omega t$ 经过半波整流后得到电流

$$i = \begin{cases} I_0 \sin \omega t, & 0 \leqslant t \leqslant \dfrac{\pi}{\omega}, \\[2mm] 0, & \dfrac{\pi}{\omega} \leqslant t \leqslant \dfrac{2\pi}{\omega} \end{cases}$$

的平均值和有效值.

7. 已知电压 $u(t) = 3\sin 2t$,求:

(1) $u(t)$ 在 $\left[0, \dfrac{\pi}{2} \right]$ 上的平均值;

(2) 电压的均方根值.

习题 5

1. 填空题.

(1)在曲线 $y = x^2 (0 \leqslant x \leqslant 1)$ 上取 $(t, t^2) (0 < t < 1)$. 设 A_1 是曲线 $y = x^2 (0 \leqslant x \leqslant 1)$、直线 $y = t^2$ 和 $x = 0$ 围成的面积；A_2 是由曲线 $y = x^2 (0 \leqslant x \leqslant 1)$、直线 $y = t^2$ 和 $x = 1$ 围成的面积，则 t 取_____时，$A = A_1 + A_2$ 取最小值.

(2)由曲线 $\theta = r \arctan r$ 与两条射线 $\theta = 0$ 及 $\theta = \dfrac{\pi}{\sqrt{3}}$ 所围成图形的面积为_____.

(3)曲线 $y = \displaystyle\int_0^x \tan t \, \mathrm{d}t \left(0 \leqslant x \leqslant \dfrac{\pi}{4}\right)$ 的弧长 $s = $ _____.

(4)设有曲线 $y = \sqrt{x-1}$，过原点作其切线，则以曲线、切线及 x 轴所围成平面图形，绕 x 轴旋转一周所得立体表面积为_____.

(5)已知曲线 $y = f(x)$ 过点 $(0, 0)$，且其上任一点 $(x, f(x))$ 处的切线斜率为 e^x，则函数 $f(x)$ 在 $[0, 1]$ 上的平均值为_____.

2. 选择题.

(1)曲线 $\sqrt{x} + \sqrt{y} = \sqrt{2}$ 与坐标轴所围成图形的面积为(　　).

A. $\dfrac{1}{3}$ 　　　　　 B. 1 　　　　　 C. $\dfrac{1}{4}$ 　　　　　 D. $\dfrac{2}{3}$

(2)由曲线 $y = \dfrac{\mathrm{e}^x + \mathrm{e}^{-x}}{2}$ 及三条曲线 $x = -1, x = 1, y = 0$ 围成的曲边梯形绕 y 轴旋转一周而成的旋转体的体积等于(　　).

A. $4\pi\left(1 - \dfrac{1}{\mathrm{e}}\right)$ 　　 B. $2\pi\left(1 - \dfrac{1}{\mathrm{e}}\right)$ 　　 C. $4\pi\left(1 + \dfrac{1}{\mathrm{e}}\right)$ 　　 D. $2\pi\left(1 + \dfrac{1}{\mathrm{e}}\right)$

(3)设无穷长直线 L 的线密度为 1，引力常数为 k，则 L 对距直线为 a 的单位质点 A 的引力为(　　).

A. $\dfrac{2k}{a}$ 　　　　 B. $\dfrac{k}{a}$ 　　　　 C. $\dfrac{2k}{a^2}$ 　　　　 D. $\dfrac{k}{a^2}$

(4)峰值为 V_m，周期为 T 的三角形波的电压平均值为(　　).

A. $\dfrac{V_m}{2}$ 　　　　 B. $\dfrac{V_m}{\sqrt{3}}$ 　　　　 C. $\dfrac{V_m}{4}$ 　　　　 D. $\dfrac{V_m}{\sqrt{2}}$

3. (1)求曲线 $y = \dfrac{\ln x}{\sqrt{x}} (0 < x \leqslant 1)$ 与坐标轴所围成图形的面积；

(2)曲线 $y = \dfrac{\ln x}{\sqrt{x}} (x \geqslant 1)$ 与坐标轴围成的图形是否存在有限面积？请说明理由.

4. 求由曲线 $r = a \sin \theta, r = a(\cos \theta + \sin \theta) (a > 0)$ 所围成图形公共部分的面积.

5. 求由曲线 $\dfrac{x^2}{a^2} + \dfrac{y^2}{b^2} = 1$ 和 $\dfrac{x^2}{b^2} + \dfrac{y^2}{a^2} = 1$ 相交的公共部分的面积.

6. 记 S 为介于曲线 $y = \mathrm{e}^{-|x|}$ 与 x 轴之间的无界图形，求 S 的面积及 S 绕 x 轴旋转一周所得

旋转体的体积.

7. 设 $y=f(x)$ 为 $[0,+\infty)$ 上的非负连续函数, 且对于任何 $b>0$, 其曲线 $y=f(x)\,(0\leqslant x\leqslant b)$ 与 x 轴、y 轴及 $x=b$ 所围成的曲边梯形 S 绕 x 轴旋转所得旋转体的体积为 $\dfrac{\pi}{2}b^2$.

(1) 求函数 $f(x)$;

(2) 计算不定积分 $\displaystyle\int\dfrac{\ln f(x)}{f(x)}\mathrm{d}x$.

8. 求圆盘 $(x-2)^2+y^2\leqslant 1$ 绕 y 轴旋转一周所成旋转体的体积.

第 5 章参考答案

第 **6** 章
常微分方程

　　函数是研究客观事物运动规律的重要工具,找出函数关系,在实践中有重要意义.但是在许多问题中,常常不能直接找出这种函数关系,但却能根据问题所处的环境,建立起这些变量和它们的导数(或微分)之间的方程,这样的方程称为**微分方程**.

　　在本章中,主要介绍常微分方程的基本概念和几种常用的常微分方程的解法.

6.1　常微分方程的概念

　　下面通过两个例子来说明常微分方程的基本概念.

6.1.1　引例

　　引例 1　一曲线通过点$(1,2)$,且在该曲线上任一点$P(x,y)$处的切线斜率为$2x$,求这条曲线方程.

　　解　设所求曲线方程为$y=f(x)$,且曲线上任意一点的坐标为(x,y).根据题意以及导数的几何意义得

$$\frac{\mathrm{d}y}{\mathrm{d}x}=2x.$$

两边同时积分得

$$y=x^2+c \quad (c\text{ 为任意常数}).$$

又因为曲线通过$(1,2)$点,把$x=1,y=2$代入上式,得$c=1$.故所求曲线方程为

$$y=x^2+1.$$

　　引例 2　将温度为 100 ℃的物体放入温度为 0 ℃的介质中冷却,依照冷却定律,冷却的速度与温度T成正比,求物体的温度T与时间t之间的函数关系.

　　解　依照冷却定律,冷却方程为

$$\frac{\mathrm{d}T}{\mathrm{d}t}=-kt \quad (k\text{ 为比例常数}),$$

所求函数关系满足$t=0,T=100$.

以上仅以几何、物理上引出关于变量之间微分方程的关系.

下面介绍有关微分方程基本概念.

6.1.2　常微分方程的基本概念

定义 1　含有未知函数以及未知函数的导数(或微分)的方程称为**微分方程**. 在微分方程中,若未知函数为一元函数的微分方程称为**常微分方程**. 若未知函数为多元函数的微分方程称为**偏微分方程**.

例如下列微分方程:

$(1) y' - 3x = 1;$　　　　　$(2) \mathrm{d}y + y \sin x \mathrm{d}x = 0;$　　　　　$(3) y'' + \dfrac{1}{x}(y')^2 + 2 = 0;$

$(4) \dfrac{\partial^2 u}{\partial x^2} + \dfrac{\partial^2 u}{\partial y^2} = 1;$　　　　　$(5) \dfrac{\mathrm{d}y}{\mathrm{d}x} + \cos y = 3x.$

都是微分方程,其中(1)、(2)、(3)、(5)是常微分方程,(4)是偏微分方程.

本书只讨论常微分方程.

定义 2　微分方程中含未知函数的导数的最高阶数称为**微分方程的阶**.

在上例中,(1)、(2)、(5)是一阶常微分方程,(3)是二阶常微分方程.

一般地,n 阶微分方程记为:

$$F(x, \quad y, \quad y', \quad \cdots, \quad y^{(n)}) = 0.$$

其中 y 是 x 的函数. 如果 $F(x,y,y',\cdots,y^{(n)})$ 为 $y,y',\cdots,y^{(n)}$ 的一次有理整式,则称 n 阶微分方程为 n 阶线性微分方程,否则成为非线性方程.

定义 3　若将 $y = f(x)$ 代入微分方程中使之恒成立,则称 $y = f(x)$ 是微分方程的**解**(也称**显式解**);若将 $\varphi(x,y) = 0$ 代入微分方程中使之恒成立,则称关系式 $\varphi(x,y) = 0$ 是微分方程的**隐式解**.

定义 4　微分方程的解含有任意常数,并且任意常数的个数与微分方程的阶数相同,这样的解称为微分方程的**通解**.

引例 1 中,积分后得到 $y = x^2 + C$ 为微分方程的通解,由于通解中含有任意常数,所以它不能完全确定地反映客观事物的规律性,必须确定这些常数,为此,要根据实际问题,提出确定通解中的常数的条件.

设微分方程中未知函数 $y = y(x)$,如果微分方程是一阶的,确定任意常数的条件是 $y|_{x=x_0} = y_0$;如果微分方程是二阶的,确定任意常数的条件是 $y|_{x=x_0} = y_0, y'|_{x=x_0} = y_1$,上述这些条件称为**初始条件**.

定义 5　求解微分方程 $y' = f(x,y)$ 满足初始条件 $y|_{x=x_0} = y_0$ 的特解问题称为一阶微分方程的**初值问题**. 记作

$$\begin{cases} y' = f(x,y) \\ y|_{x=x_0} = y_0 \end{cases}.$$

例 1　验证 $x = c_1 \cos at + c_2 \sin at$ 是微分方程

$$x'' + a^2 x = 0$$

的解.

解　$x = c_1 \cos at + c_2 \sin at$ 的一阶导数 x' 和二阶导数 x'' 分别是

$$x' = -c_1 a \sin at + c_2 a \cos at,$$

$$x'' = -c_1 a^2 \cos at - c_2 a^2 \sin at = -a^2(c_1 \cos at + c_2 \sin at).$$

把 x' 和 x'' 代入微分方程中,有

$$-a^2(c_1 \cos at + c_2 \sin at) + a^2(c_1 \cos at + c_2 \sin at) \equiv 0.$$

因此, $x = c_1 \cos at + c_2 \sin at$ 是微分方程的解.

如果 c_1, c_2 是任意常数,则解 $x = c_1 \cos at + c_2 \sin at$ 是二阶微分方程 $x'' + a^2 x = 0$ 的通解.

例 2 已知 $y = (C_1 + C_2 x) e^{-x}$ 是微分方程 $\dfrac{\mathrm{d}^2 y}{\mathrm{d}x^2} + 2\dfrac{\mathrm{d}y}{\mathrm{d}x} + y = 0$ 的通解,求满足初始条件 $y\big|_{x=0} = 4, y'\big|_{x=0} = -2$ 的特解.

解 由题意得

$$y' = \left[(C_1 + C_2 x) e^{-x}\right]' = (C_2 - C_1 - C_2 x) e^{-x},$$

把 $y\big|_{x=0} = 4, y'\big|_{x=0} = -2$ 分别代入得

$$\begin{cases} C_1 = 4 \\ C_2 - C_1 = -2 \end{cases},$$

即

$$\begin{cases} C_1 = 4 \\ C_2 = 2 \end{cases},$$

于是微分方程的特解为

$$y = (4 + 2x) e^{-x}.$$

习题 6.1

1. 指出下列各微分方程的阶数:

(1) $x(y')^2 - 2yy' + x = 0$;   (2) $x^2 y'' - xy' + y = 0$;

(3) $xy''' + 2y'' + x^2 y = 0$;   (4) $(7x - 6y)\mathrm{d}x + (x + y)\mathrm{d}y = 0$.

2. 指出下列各题中的函数是否为所给微分方程的解:

(1) $xy' = 2y, y = 5x^2$;   (2) $y'' + y = 0, y = 3\sin x - 4\cos x$;

(3) $y'' - 2y' + y = 0, y = x^2 e^x$;

(4) $y'' - (\lambda_1 + \lambda_2)y' + \lambda_1 \lambda_2 y = 0, y = C_1 e^{\lambda_1 x} + C_2 e^{\lambda_2 x}$.

3. 在下列各题中,验证所给函数(隐函数)为所给微分方程的解:

(1) $(x - 2y)y' = 2x - y, x^2 - xy + y^2 = C$;

(2) $(xy - x)y'' + xy'^2 + yy' - 2y' = 0, y = \ln(xy)$.

6.2 一阶微分方程及其解法

一阶微分方程的一般形式为:

$$F(x, y, y') = 0. \tag{6.2.1}$$

若可解出 y',则方程(6.2.1)可写成显式方程

$$y' = f(x, y) \tag{6.2.2}$$

或

$$M(x, y)\mathrm{d}x + N(x, y)\mathrm{d}y = 0, \tag{6.2.3}$$

这里 $M(x, y)$ 和 $N(x, y)$ 均表示含 x, y 的数学表达式. 若(6.2.2)中右端不含 y,即

$$y' = f(x),$$

则由积分学可知,当 $f(x)$ 在某一区间上可积时,其解存在,且

$$y = \int f(x)\mathrm{d}x + C.$$

这里 $\int f(x)\mathrm{d}x$ 实质上只是表示为 $f(x)$ 的某个原函数,而不是不定积分,在后面各例中,也用抽象形式 $\int f(x)\mathrm{d}x$ 表示 $f(x)$ 的某个原函数,而不是不定积分.

下面讨论几种特殊类型的一阶微分方程的求解方法.

6.2.1　引例

微分方程 $\dfrac{\mathrm{d}y}{\mathrm{d}x} = \mathrm{e}^{x-y}$,显然不能直接用积分法求解,但是适当地变形:

$$\mathrm{e}^{y}\mathrm{d}y = \mathrm{e}^{x}\mathrm{d}x, \tag{6.2.4}$$

此时,方程右边是只含 x 的函数的微分,方程左边是只含 y 的函数的微分,对上式积分,得

$$\int \mathrm{e}^{y}\mathrm{d}y = \int \mathrm{e}^{x}\mathrm{d}x, \tag{6.2.5}$$

即

$$\mathrm{e}^{y} = \mathrm{e}^{x} + C \quad (C\ \text{为任意常数}), \tag{6.2.6}$$

这就是微分方程的通解.

一般地,一阶微分方程 $y' = f(x,y)$,如果能变形为

$$g(y)\mathrm{d}y = f(x)\mathrm{d}x$$

的形式,则方程 $y' = f(x,y)$ 称为**可分离变量的微分方程**. 此处,$f(x)$,$g(y)$ 为连续函数.

根据以上所述,解可分离变量的微分方程 $y' = f(x,y)$ 的步骤如下:

(1)分离变量,将方程写成 $g(y)\mathrm{d}y = f(x)\mathrm{d}x$ 的形式;

(2)两端积分:$\int g(y)\mathrm{d}y = \int f(x)\mathrm{d}x$;

(3)求得微分方程的通解 $G(y) = F(x) + C$,其中 $G(y)$,$F(x)$ 分别为 $g(y)$,$f(x)$ 的原函数.

例 1　求微分方程 $\dfrac{\mathrm{d}y}{\mathrm{d}x} = 2xy$ 的通解.

解　将方程分离变量,得到

$$\frac{\mathrm{d}y}{y} = 2x\mathrm{d}x,$$

两边积分,即得 $\ln|y| = x^2 + C_1$,即 $y = \pm\mathrm{e}^{x^2 + C_1} = \pm\mathrm{e}^{C_1}\mathrm{e}^{x^2}$.

由于 $\pm\mathrm{e}^{C_1}$ 是任意非零常数,又 $y = 0$ 也是方程的解,故原方程的通解为

$$y = C\mathrm{e}^{x^2} \quad (C\ \text{为任意常数}).$$

注:变量分离过程中,常将微分方程变形,有时会产生"失解"的现象:

$$\int \frac{\mathrm{d}y}{g(y)} = \int f(x)\mathrm{d}x \rightarrow G(y) = F(x) + C \quad (g(y) \neq 0).$$

如果存在 y_0,使得 $g(y_0) = 0$ 满足微分方程,且包含在通解中,可与通解合并

$$G(y) = F(x) + C.$$

如果 y_0 不包含在通解中,求解微分方程时必须补上,和通解一起共同构成微分方程的解.

例 2 求微分方程 $\dfrac{dy}{dx} = y\left(1 - \dfrac{y}{10}\right)$ 的解.

解 将方程分离变量,得到

$$\frac{dy}{y\left(1 - \dfrac{y}{10}\right)} = dx,$$

两边积分: $\displaystyle\int \dfrac{dy}{y\left(1 - \dfrac{y}{10}\right)} = \int dx$,得 $\ln\left|\dfrac{y}{10 - y}\right| = x + C_1$,整理得方程的通解是

$$y = \frac{10}{1 + ce^{-x}} \quad (c = \pm e^{-c_1} \text{ 为任意非零常数}).$$

由于 $y\left(1 - \dfrac{y}{10}\right) = 0$,解得 $y_1 = 0, y_2 = 10$ 也是方程的解.

另外, $y = 10$ 包含在通解中, $y = 0$ 不包含在通解中,故原方程的解为

$$y = \frac{10}{1 + ce^{-x}} \quad (c \text{ 为任意常数}) \text{ 和 } y = 0.$$

例 3 镭的衰变有如下规律:镭的衰变速率与它的现存量 $M = M(t)$ 成正比. 当 $t = 0$ 时, $M = M_0$. 求镭的存量与时间 t 的函数关系.

解 由题意得

$$\frac{dM}{dt} = -kM \quad (k > 0).$$

满足初始条件 $M|_{t=0} = M_0$.

此微分方程为变量分离方程,变量分离,得

$$\frac{dM}{M} = -k dt,$$

积分,得

$$\ln M = -kt + \ln C,$$

即

$$M = Ce^{-kt}.$$

将初始条件 $M|_{t=0} = M_0$ 代入上式,得 $C = M_0$,故镭的衰变规律为

$$M = M_0 e^{-kt}.$$

6.2.2 齐次方程

若一阶微分方程可化为形如

$$y' = \varphi\left(\frac{y}{x}\right) \tag{6.2.7}$$

的方程,则称原方程为**齐次微分方程**.

为了解方程(6.2.7),可作变量代换:

$$u = \frac{y}{x}, \quad 即 \ y = xu.$$

将 $y' = u + xu'$ 及 $y = xu$ 代入式(6.2.7),得

$$u + xu' = \varphi(u). \tag{6.2.8}$$

式(6.2.8)为可分离变量的微分方程,分离变量得

$$\frac{du}{\varphi(u) - u} = \frac{dx}{x}.$$

两边积分得

$$\int \frac{1}{\varphi(u) - u} du = \int \frac{1}{x} dx.$$

求出积分后,再用 $\frac{y}{x}$ 代替 u,便得齐次方程的通解.

例 4　求微分方程 $y' = \frac{y}{x} + \tan\frac{y}{x}$ 的通解.

解　令 $u = \frac{y}{x}$,则 $y = ux$, $y' = u'x + u$,代入上式,得

$$u + xu' = u + \tan u,$$

化简,分离变量,得

$$\frac{\cos u}{\sin u} du = \frac{1}{x} dx,$$

积分,得

$$\ln \sin u = \ln x + \ln C,$$

即

$$\sin u = Cx.$$

把 $u = \frac{y}{x}$ 回代,得原方程的通解

$$\sin\frac{y}{x} = Cx.$$

思考:如何观察一阶微分方程是齐次的?

$$\frac{dy}{dx} = \frac{a_0 x^m + a_1 x^{m-1} y + \cdots + a_k x^{m-k} y^k + \cdots + a_m y^m}{b_0 x^m + b_1 x^{m-1} y + \cdots + b_k x^{m-k} y^k + \cdots + b_m y^m},$$

特点:分式中分子与分母的各项中 x 与 y 的幂次之和无一例外的"整齐"——m 次,则该微分方程是齐次方程.

例 5　求微分方程 $(x^2 + y^2)dx - xy dy = 0$ 的通解.

解　原方程可化为

$$\frac{dy}{dx} = \frac{1 + \left(\frac{y}{x}\right)^2}{\frac{y}{x}},$$

令 $u = \frac{y}{x}$,则 $y = ux$, $y' = u'x + u$,代入上式,得

$$u + xu' = \frac{1 + u^2}{u},$$

化简,分离变量,得

$$u\mathrm{d}u = \frac{1}{x}\mathrm{d}x,$$

积分,整理,得

$$u^2 = 2\ln|x| + C.$$

把 $u = \frac{y}{x}$ 回代,得原方程的通解

$$y^2 = x^2(2\ln|x| + C).$$

6.2.3 一阶线性微分方程

首先考虑一阶齐次微分方程,然后根据齐次微分方程的解推导出非齐次一阶微分方程的解.

一般的形如

$$\frac{\mathrm{d}y}{\mathrm{d}x} + P(x)y = 0 \tag{6.2.9}$$

的方程,称为**一阶线性齐次微分方程**.

方程(6.2.9)是可分离变量的微分方程,分离变量,得

$$\frac{\mathrm{d}y}{y} = -P(x)\mathrm{d}x,$$

两端积分,得

$$\ln|y| = -\int P(x)\mathrm{d}x,$$

整理,得

$$y = Ce^{-\int p(x)\mathrm{d}x} \quad (C = \pm e^{c_1}),$$

其中 $y = 0$ 也是方程的解.

一阶线性齐次微分方程的通解为

$$y = Ce^{-\int p(x)\mathrm{d}x} \quad (C \text{ 为任意的常数}).$$

方程

$$\frac{\mathrm{d}y}{\mathrm{d}x} + P(x)y = Q(x) \tag{6.2.10}$$

且 $Q(x) \neq 0$,则方程(6.2.10)称为**一阶线性非齐次微分方程**.

下面用**常数变易法**来求一阶线性非齐次微分方程的通解. 这个方法是把式(6.2.9)的通解中的 C 换成 x 的未知函数 $c(x)$,即作变换

$$y = c(x)e^{-\int p(x)\mathrm{d}x}, \tag{6.2.11}$$

于是

$$\frac{\mathrm{d}y}{\mathrm{d}x} = c'(x)e^{-\int p(x)\mathrm{d}x} - c(x)P(x)e^{-\int p(x)\mathrm{d}x}. \tag{6.2.12}$$

将式(6.2.11)和式(6.2.12)代入式(6.2.10),得

$$c'(x)\mathrm{e}^{-\int p(x)\mathrm{d}x} - c(x)P(x)\mathrm{e}^{-\int p(x)\mathrm{d}x} + P(x)c(x)\mathrm{e}^{-\int p(x)\mathrm{d}x} = Q(x),$$

两端积分得

$$c(x) = \int Q(x)\mathrm{e}^{\int p(x)\mathrm{d}x}\mathrm{d}x + C,$$

代入式(6.2.11)得方程(6.2.10)的通解

$$y = \mathrm{e}^{-\int p(x)\mathrm{d}x}\left(\int Q(x)\mathrm{e}^{\int p(x)\mathrm{d}x}\mathrm{d}x + C\right). \tag{6.2.13}$$

上述方法求一阶线性非齐次微分方程通解的步骤,可以总结为:

(1)先求对应的齐次方程的通解;

(2)再将齐次方程通解中的常数 C 变换为待定函数 $C(x)$,代入原方程,求出 $C(x)$,得到非齐次方程的通解.这种方法称为**常数变易法**.

例 6　求微分方程 $xy' + y = \mathrm{e}^x$ 的通解.

解　原方程即 $y' + \dfrac{1}{x}y = \dfrac{\mathrm{e}^x}{x}$,这是一阶线性非齐次微分方程,其中

$$P(x) = \frac{1}{x}, Q(x) = \frac{\mathrm{e}^x}{x}.$$

(1)常数变易法.

先求原方程对应的齐次方程 $y' + \dfrac{1}{x}y = 0$ 的通解.分离变量得

$$\frac{\mathrm{d}y}{y} = -\frac{\mathrm{d}x}{x},$$

两边积分,得　　　　$\ln y = \ln\dfrac{1}{x} + \ln C = \ln\dfrac{C}{x}$(为了方便计算,记 $C = \ln C$),

故　　　　　　　　　　　　　　　　$y = \dfrac{C}{x}.$

将上式中的任意常数 C 变换成函数 $C(x)$,即设原来的非齐次微分方程的通解为

$$y = \frac{C(x)}{x},$$

则

$$y' = \frac{xC'(x) - C(x)}{x^2}.$$

将 y 和 y' 代入原方程,得

$$\frac{xC'(x) - C(x)}{x^2} + \frac{C(x)}{x^2} = \frac{\mathrm{e}^x}{x},$$

整理得

$$C'(x) = \mathrm{e}^x,$$

两边积分,得

$$C(x) = \mathrm{e}^x + C.$$

故原方程的通解为

$$y = \frac{1}{x}(\mathrm{e}^x + C).$$

（2）公式法.

将 $P(x),Q(x)$ 代入式(6.2.13),得

$$y = \mathrm{e}^{-\int \frac{1}{x}\mathrm{d}x}\left(\int \frac{\mathrm{e}^x}{x}\mathrm{e}^{\int \frac{1}{x}\mathrm{d}x}\mathrm{d}x + C\right)$$

$$= \frac{1}{x}\left(\int \mathrm{e}^x\mathrm{d}x + C\right)$$

$$= \frac{1}{x}(\mathrm{e}^x + C).$$

例7 求微分方程 $y' + y\cos x = \cos x$ 满足初始条件 $y|_{x=0} = 1$ 下的特解.

解 这是一阶线性非齐次微分方程,其中 $P(x) = \cos x, Q(x) = \cos x$.
套用式(6.2.13),得

$$y = \mathrm{e}^{-\int \cos x\mathrm{d}x}\left[\int (\cos x)\mathrm{e}^{\int \cos x\mathrm{d}x}\mathrm{d}x + C\right]$$

$$= \mathrm{e}^{-\sin x}\left[\int (\cos x)\mathrm{e}^{\sin x}\mathrm{d}x + C\right]$$

$$= \mathrm{e}^{-\sin x}\left(\int \mathrm{e}^{\sin x}\mathrm{d}\sin x + C\right)$$

$$= \mathrm{e}^{-\sin x}(\mathrm{e}^{\sin x} + C),$$

把初始条件 $y|_{x=0} = 1$ 代入上式,得 $C = 0$,故所求的特解是 $y = 1$.

例8 求微分方程

$$\frac{\mathrm{d}y}{\mathrm{d}x} = \frac{y}{2x - y^2}$$

的通解.

解 上述微分方程可改写为

$$\frac{\mathrm{d}x}{\mathrm{d}y} = \frac{2x - y^2}{y},$$

即

$$\frac{\mathrm{d}x}{\mathrm{d}y} - \frac{2x}{y} = -y$$

为关于未知函数 x 的微分方程,其中 $P(y) = -\frac{2}{y}, Q(y) = -y$,套用式(6.2.13),得

$$x = \mathrm{e}^{\int \frac{2}{y}\mathrm{d}y}\left[\int (-y)\mathrm{e}^{-\int \frac{2}{y}\mathrm{d}y}\mathrm{d}y + C\right]$$

$$= y^2\left(-\int \frac{1}{y}\mathrm{d}y + C\right)$$

$$= y^2(-\ln|y| + C).$$

习题 6.2

1. 从下列各题中的曲线簇里,找出满足所给的初始条件的曲线:

（1）$x^2 - y^2 = C, y|_{x=0} = 5$;

（2）$y = (C_1 + C_2 x)\mathrm{e}^{2x}(C_1, C_2$ 为常数$), y|_{x=0} = 0, y'|_{x=0} = 1$.

2. 求下列各微分方程的通解：

(1) $xy' - y \ln y = 0$；

(2) $y' = \sqrt{\dfrac{1-y}{1-x}}$；

(3) $(e^{x+y} - e^y) dx + (e^{x+y} + e^y) dy = 0$；

(4) $\cos x \sin y dx + \sin x \cos y dy = 0$；

(5) $y' = xy$；

(6) $2x + 1 + y' = 0$；

(7) $4x^3 + 2x - 3y^2 y' = 0$；

(8) $y' = e^{x+y}$.

3. 求下列各微分方程满足所给初始条件的特解：

(1) $y' = e^{2x-y}, y \big|_{x=0} = 0$；

(2) $y' \sin x = y \ln y, y \big|_{x=\frac{\pi}{2}} = e$.

4. 求下列齐次方程的通解：

(1) $xy' - y - \sqrt{y^2 - x^2} = 0$；

(2) $x \dfrac{dy}{dx} = y \ln \dfrac{y}{x}$；

(3) $(x^2 + y^2) dx - xy dy = 0$；

(4) $(x^3 + y^3) dx - 3xy^2 dy = 0$；

(5) $\dfrac{dy}{dx} = \dfrac{x+y}{x-y}$；

(6) $y' = \dfrac{y}{x + \sqrt{x^2 + y^2}}$.

5. 求下列各齐次方程满足所给初始条件的特解：

(1) $(y^2 - 3x^2) dy + 2xy dx = 0, y \big|_{x=0} = 1$；

(2) $y' = \dfrac{x}{y} + \dfrac{y}{x}, y \big|_{x=1} = 2$.

6. 求下列线性微分方程的通解：

(1) $y' + y = e^{-x}$；

(2) $xy' + y = x^2 + 3x + 2$；

(3) $y' + y \cos x = e^{-\sin x}$；

(4) $y' = 4xy + 4x$；

(5) $(x-2) y' = y + 2(x-2)^3$；

(6) $(x^2 + 1) y' + 2xy = 4x^2$.

6.3　微分方程的降阶法

将二阶和二阶以上的微分方程称为**高阶微分方程**. 对于某些特殊类型的高阶微分方程, 可采用降阶法求解.

6.3.1　$y^{(n)} = f(x)$ 型方程

这种方程只需逐次积分 n 次, 即可求得其通解.

例 1　求 $y''' = \sin x + \cos x$ 的通解.

解　逐次积分得

$$y'' = -\cos x + \sin x + C_1,$$
$$y' = -\sin x - \cos x + C_1 x + C_2,$$
$$y = \cos x - \sin x + \frac{1}{2} C_1 x^2 + C_2 x + C_3.$$

这就是所求的通解.

例 2　质量为 m 的质点受水平力 $\boldsymbol{F}$ 的作用沿力 $\boldsymbol{F}$ 的方向作直线运动, 力 $\boldsymbol{F}$ 的大小为时间

t 的函数，$F(t) = \sin t$. 设开始时($t = 0$)质点位于原点，且初始速度为零，求这质点的运动规律.

解 设 $s = s(t)$ 表示在时刻 t 时质点的位置，由牛顿第二定律，质点运动方程为

$$m \frac{d^2 s}{dt^2} = \sin t,$$

初始条件为 $s\big|_{t=0} = 0, \dfrac{ds}{dt}\Big|_{t=0} = 0$. 将方程两端积分，得

$$\frac{ds}{dt} = -\frac{1}{m} \cos t + C_1.$$

将 $\dfrac{ds}{dt}\Big|_{t=0} = 0$ 代入，得 $C_1 = \dfrac{1}{m}$，于是

$$\frac{ds}{dt} = -\frac{1}{m} \cos t + \frac{1}{m}.$$

两边积分，得

$$s = -\frac{1}{m} \sin t + \frac{1}{m} t + C_2.$$

将 $s\big|_{t=0} = 0$ 代入，得 $C_2 = 0$. 故所求质点运动规律为

$$s = \frac{1}{m}(t - \sin t).$$

6.3.2 不显含未知函数的方程

形如

$$y'' = f(x, y') \tag{6.3.1}$$

的方程的一个特点是不显含未知函数 y. 在这种情形下，若作变换

$$y' = p,$$

则原方程可化为一个关于变量 x, p 的一阶微分方程

$$\frac{dp}{dx} = f(x, p). \tag{6.3.2}$$

若方程(6.3.2)可解，设通解为 $p = \varphi(x, C_1)$，则有

$$\frac{dy}{dx} = \varphi(x, C_1).$$

积分便得方程(6.3.1)的通解

$$y = \int \varphi(x, C_1) dx + C_2.$$

对于更高阶的不显含未知函数的方程，可采用类似的降阶法(见例4).

例 3 求方程 $(1 + x^2) y'' = 2xy'$ 满足初始条件 $y\big|_{x=0} = 1, y'\big|_{x=0} = 3$ 的特解.

解 令 $y' = p$，代入方程并分离变量得

$$\frac{dp}{p} = \frac{2x}{1 + x^2} dx.$$

两边积分，得

$$p = y' = C_1(1 + x^2).$$

由条件 $y'\big|_{x=0} = 3$，得 $C_1 = 3$，故

$$y' = 3(1 + x^2),$$

再积分,得

$$y = x^3 + 3x + C_2.$$

又由条件 $y\big|_{x=0} = 1$,得 $C_2 = 1$. 因此所求特解为

$$y = x^3 + 3x + 1.$$

例 4　求方程 $\dfrac{\mathrm{d}^4 y}{\mathrm{d}x^4} - \dfrac{1}{x}\dfrac{\mathrm{d}^3 y}{\mathrm{d}x^3} = 0$ 的通解.

解　这一方程是 4 阶方程,但它仍是不显含未知函数的方程,可用例 3 中类似的方法求解.

令 $p = \dfrac{\mathrm{d}^3 y}{\mathrm{d}x^3}$,则原方程化为一阶方程

$$p' - \frac{1}{x}p = 0,$$

从而

$$p = Cx,$$

即

$$y''' = Cx.$$

逐次积分,得通解

$$y = C_1 x^4 + C_2 x^2 + C_3 x + C_4 \quad \left(C_1 = \frac{1}{24}C\right).$$

6.3.3　不显含自变量的方程

形如

$$y'' = f(y, y') \tag{6.3.3}$$

的方程的一个特点是不显含自变量 x. 在这种情形下,可设 $y' = p$,把 p 当作新的未知函数,把 y 当作自变量. 此时,

$$y'' = \frac{\mathrm{d}p}{\mathrm{d}x} = \frac{\mathrm{d}p}{\mathrm{d}y} \cdot \frac{\mathrm{d}y}{\mathrm{d}x} = p\frac{\mathrm{d}p}{\mathrm{d}y}.$$

代入方程(6.3.3)有

$$p\frac{\mathrm{d}p}{\mathrm{d}y} = f(y, p).$$

如果此微分方程是可解的,设其通解为

$$p\frac{\mathrm{d}y}{\mathrm{d}x} = \varphi(y, C_1),$$

分离变量后再积分,便得方程(6.3.3)的通解

$$x = \int \frac{1}{\varphi(y, C_1)}\mathrm{d}y + C_2.$$

例 5　解方程 $yy'' - (y')^2 + (y')^3 = 0$.

解　此方程不显含自变量 x,令 $y' = p$,代入原方程得

$$yp\frac{\mathrm{d}p}{\mathrm{d}y} - p^2 + p^3 = p\left(y\frac{\mathrm{d}p}{\mathrm{d}y} - p + p^2\right) = 0,$$

从而

$$p = 0 \text{ 或 } y\frac{\mathrm{d}p}{\mathrm{d}y} - p + p^2 = 0.$$

前者对应解 $y = C$,后者对应方程

$$\frac{\mathrm{d}p}{p(1-p)} = \frac{\mathrm{d}y}{y}.$$

对上面方程两边积分得

$$\frac{p}{1-p} = Cy,$$

即

$$\frac{\mathrm{d}y}{\mathrm{d}x} = p = \frac{Cy}{1+Cy}.$$

再分离变量后积分,得 $\quad y + C_1\ln|y| = x + C_2 \quad \left(\text{其中 } C_1 = \frac{1}{C}\right).$

因此,原方程的解为

$$y + C_1\ln|y| = x + C_2 \text{ 及 } y = C.$$

例6 求方程 $yy'' = (y')^2\sqrt{1+(y')^2}$ 的通解.

解 此方程不显含自变量,令 $y' = p$,则原方程可化为

$$yp\frac{\mathrm{d}p}{\mathrm{d}y} = p^2\sqrt{1+p^2},$$

即

$$p\left(y\frac{\mathrm{d}p}{\mathrm{d}y}\right) - p\sqrt{1+p^2} = 0.$$

从而 $p = 0$ 或 $y\frac{\mathrm{d}p}{\mathrm{d}y} - p\sqrt{1+p^2} = 0$ 前者对应 $y = C$,后者分离变量得

$$\frac{\mathrm{d}p}{p\sqrt{1+p^2}} = \frac{\mathrm{d}y}{y}.$$

对上面方程两边积分,得

$$\frac{1}{p} + \sqrt{1+\left(\frac{1}{p}\right)^2} = \frac{1}{C_1 y}.$$

由此式易推出 $\frac{1}{p} - \sqrt{1+\left(\frac{1}{p}\right)^2} = -C_1 y.$

上两式相加,并注意到 $p = \frac{\mathrm{d}y}{\mathrm{d}x}$,得

$$\frac{\mathrm{d}x}{\mathrm{d}y} = \frac{1}{2}[C_1 y + (C_1 y)^{-1}].$$

积分,得

$$x = -\frac{1}{4}C_1 y^2 + \frac{1}{2C_1}\ln|y| + C_2.$$

因此,原方程的解为 $x = -\frac{1}{4}C_1 y^2 + \frac{1}{2C_1}\ln|y| + C_2$ 及 $y = C.$

习题 6.3

1.求下列各微分方程的通解:

(1) $y'' = x + \sin x$; (2) $y''' = xe^x$;

$(3)y'' = y' + x$;　　　　　　　　$(4)y'' = (y')^3 + y'$;

$(5)y'' = \dfrac{1}{x}$;　　　　　　　　$(6)y'' = \dfrac{1}{\sqrt{1-x^2}}$;

$(7)xy'' + y' = 0$;　　　　　　　　$(8)y^3 y'' - 1 = 0.$

2. 求下列各微分方程满足所给初始条件的特解:

$(1)y^3 y'' + 1 = 0, y\mid_{x=1} = 1, y'\mid_{x=1} = 0$;

$(2)x^2 y'' + xy' = 1, y\mid_{x=1} = 0, y'\mid_{x=1} = 1$;

$(3)y'' = \dfrac{1}{x^2+1}, y\mid_{x=0} = y'\mid_{x=0} = 0$;

$(4)y'' = y'^2 + 1, y\mid_{x=0} = 1, y'\mid_{x=0} = 0$;

$(5)y'' = e^{2y}, y\mid_{x=0} = y'\mid_{x=0} = 0$;

$(6)y'' = 3\sqrt{y}, y\mid_{x=0} = 1, y'\mid_{x=0} = 2.$

6.4　线性微分方程解的结构

前面已经讨论了一阶线性微分方程,现在来研究更高阶的线性微分方程.

n 阶线性微分方程的一般形式可写为:

$$y^{(n)} + p_1(x)y^{(n-1)} + \cdots + p_{n-1}(x)y' + p_n(x)y = f(x), \qquad (6.4.1)$$

$f(x)$ 称为自由项. 它所对应的齐次方程为:

$$y^{(n)} + p_1(x)y^{(n-1)} + \cdots + p_{n-1}(x)y' + p_n(x)y = 0. \qquad (6.4.2)$$

本节着重研究二阶线性微分方程:

$$y'' + P(x)y' + Q(x)y = f(x) \qquad (6.4.3)$$

以及它所对应的齐方程:

$$y'' + P(x)y' + Q(x)y = 0. \qquad (6.4.4)$$

6.4.1　函数组的线性相关与线性无关

定义　设 $y_i = f_i(x)(i=1,2,\cdots,n)$ 是定义在区间 I 上的一组函数,如果存在 n 个不全为零的常数 $k_i(i=1,2,\cdots,n)$,使得对任意的 $x\in I$,等式

$$k_1 y_1 + k_2 y_2 + \cdots + k_n y_n = 0$$

恒成立,则说 $y_1, y_2, \cdots, y_n$ 在区间 I 上是**线性相关的**,否则,称它们是**线性无关**的(线性独立的).

由上面定义易证,对于 $n=2$,两个非零函数 y_1, y_2 在区间 I 上线性相关等价于它们的比值是一个常数,即 $\dfrac{y_2}{y_1} \equiv C$(常数),若 $\dfrac{y_2}{y_1} \not\equiv C$,则 y_1, y_2 线性无关.

例1　判断下列函数组的线性相关性:

$(1)y_1 = 1, y_2 = \sin^2 x, y_3 = \cos^2 x, x\in(-\infty, +\infty)$;

$(2)y_1 = 1, y_2 = x, \cdots, y_n = x^{n-1}, x\in(-\infty, +\infty)$.

解　(1)因为取 $k_1 = 1, k_2 = k_3 = -1$,就有

$$k_1 y_1 + k_2 y_2 + k_3 y_3 = 1 - \sin^2 x - \cos^2 x \equiv 0,$$

所以 $1, \sin^2 x, \cos^2 x$ 在 $(-\infty, +\infty)$ 内是线性相关的.

(2)若 $1, x, \cdots, x^{n-1}$ 线性相关,则将有 n 个不全为零的常数 $k_1, k_2, \cdots, k_n$,使得对一切 $x \in (-\infty, +\infty)$ 有

$$k_1 + k_2 x + \cdots + k_n x^{n-1} \equiv 0.$$

这是不可能的,因为根据代数学基本定理,多项式 $k_1 + k_2 x + \cdots + k_n x^{n-1}$ 最多只有 $n-1$ 个零点,故该函数组在所给区间上线性无关.

6.4.2 线性微分方程解的结构

本节就二阶的情况进行讨论,更高阶的情形不难以此类推.

1)二阶齐线性微分方程解的结构

定理 1(叠加原理) 如果 y_1, y_2 是方程(6.4.4)的两个解,则它们的线性组合

$$y = C_1 y_1 + C_2 y_2 \tag{6.4.5}$$

也是方程(6.4.4)的解,其中 C_1, C_2 是任意常数.

证 只需将式(6.4.5)代入方程(6.4.4)直接验证.

此叠加原理对一般的 n 阶线性齐方程同样成立.

另外,值得注意的是,虽然式(6.4.5)是方程(6.4.4)的解,且从形式上看也含有两个任意常数,但它不一定是通解,例如,设 y_1 是方程(6.4.4)的解,则 $y_2 = 2y_1$ 也是方程(6.4.4)的解,而 $y = C_1 y_1 + C_2 y_2 = (C_1 + 2C_2) y_1 = C y_1$. 显然不是方程(6.4.4)的通解,其中 $C = C_1 + 2C_2$ 为任意常数.

那么,在什么条件下 $y = C_1 y_1 + C_2 y_2$ 才是方程(6.4.4)的通解呢? 有下面的定理.

定理 2 如果 y_1, y_2 是方程(6.4.4)的两个线性无关的解(也称基本解组),则 $y = C_1 y_1 + C_2 y_2$ 为方程(6.4.4)的通解,其中 C_1, C_2 是任意常数.

由定理 2 可知,求齐方程(6.4.4)的通解关键是找到两个线性无关的特解,不过对于二阶齐线性方程(6.4.4))来说,只要能够找到一个非零特解 y_1,总可以用下面的定理求出另一个与 y_1 线性无关的特解 y_2.

*定理 3 如果 y_1 是方程(6.4.4)的一个非零解,则

$$y_2 = y_1 \int \frac{e^{-\int P(x)\,dx}}{y_1^2}\,dx \tag{6.4.6}$$

是方程(6.4.4)的一个与 y_1 线性无关的解.

式(6.4.6)称为**刘维尔**(Liouville)**公式**.

证 因为我们要求的 y_2 与 y_1 线性无关,所以 $\frac{y_2}{y_1} \not\equiv$ 常数,从而不妨设 $\frac{y_2}{y_1} = C(x)$,即 $y_2 = C(x)y_1$,将其代入方程(6.4.4),并整理可得

$$[y_1'' + P(x)y_1' + Q(x)y_1]C(x) + [2y_1' + P(x)y_1]C'(x) + y_1 C''(x) = 0.$$

因 y_1 为方程(6.4.4)的解,故上式蕴含

$$(2y_1' + Py_1)C'(x) + y_1 C''(x) = 0.$$

这是一个不显含未知函数的微分方程,令 $z = C'(x)$,则有

$$y_1 z' + [2y_1' + P(x)y_1]z = 0.$$

用分离变量法求解,得

$$C'(x) = z = \frac{1}{y_1^2}e^{-\int P(x)\mathrm{d}x},$$

所以

$$C(x) = \int \frac{e^{-\int P(x)\mathrm{d}x}}{y_1^2}\mathrm{d}x,$$

从而

$$y_2 = y_1 \int \frac{e^{-\int P(x)\mathrm{d}x}}{y_1^2}\mathrm{d}x.$$

显然 $\frac{y_2}{y_1} \not\equiv$ 常数,因此 y_2 与 y_1 是线性无关的.

这样,由定理 2 与定理 3 可知,只要能找到方程(6.4.4)的一个非零特解,就可以求出它的基本解组,从而求出通解. 但如何寻找一个非零特解并无一般方法(常系数情形除外),通常采用观察法,或者通过验证下面的几种特殊情形得到**第一个特解**:

(1)若 $P(x) + xQ(x) \equiv 0$,则 $y = x$ 是方程(6.4.4)的解;

(2)若 $1 + P(x) + Q(x) \equiv 0$,则 $y = e^x$ 是方程(6.4.4)的解;

(3)若 $1 - P(x) + Q(x) \equiv 0$,则 $y = e^{-x}$ 是方程(6.4.4)的解;

(4)若 $\lambda^2 + \lambda P(x) + Q(x) \equiv 0$,则 $y = e^{\lambda x}$ 是方程(6.4.4)的解.

例 2　已知方程 $x^2y'' + xy' - 9y = 0$ 的一个特解 $y_1 = x^3$,求与 y_1 线性无关的另一特解 y_2,并求方程的通解.

解　将原方程写如方程(6.4.4)的标准形式得

$$y'' + \frac{1}{x}y' - \frac{9}{x^2}y = 0.$$

由刘维尔公式,有

$$y_2 = y_1 \int \frac{e^{-\int P(x)\mathrm{d}x}}{y_1^2}\mathrm{d}x = x^3 \int \frac{e^{-\int \frac{1}{x}\mathrm{d}x}}{x^6}\mathrm{d}x$$

$$= x^3 \int x^{-7}\mathrm{d}x = -\frac{1}{6}x^3 \cdot \frac{1}{x^6} + C,$$

$$= -\frac{1}{6x^3} + C.$$

不妨取 $y_2 = -\frac{1}{6x^3}$. 所以原方程的通解为

$$y = C_1 x^3 + C_2 \frac{1}{x^3}.$$

例 3　求方程 $(x^2+1)y'' - 2xy' - (9x^2 - 6x + 9)y = 0$ 的通解.

解　将原方程写成如方程(6.4.4)的标准形式,得

$$y'' - \frac{2x}{x^2+1}y' + \frac{-(9x^2-6x+9)}{x^2+1}y = 0.$$

令 $\lambda^2 - \frac{2x}{x^2+1}\lambda - \frac{9x^2-6x+9}{x^2+1} = 0$,可得 $\lambda = 3$,

故 $y_1 = e^{3x}$ 为原方程的一特解.

由刘维尔公式,有

$$y_2 = e^{3x} \int \frac{e^{\int \frac{2x}{(x^2+1)} dx}}{e^{6x}} dx$$

$$= -\frac{1}{6}\left(x^2 + \frac{1}{3}x + \frac{19}{18}\right)e^{-3x} \quad (\text{取积分常数 } C = 0),$$

故原方程的通解为

$$y = C_1 e^{3x} + C_2\left(x^2 + \frac{1}{3}x + \frac{19}{18}\right)e^{-3x}.$$

2）二阶非齐线性微分方程的解的结构

定理 4 设 y^* 是非齐线性方程(6.4.3)的任一特解，$\bar{y} = C_1 y_1 + C_2 y_2$ 是方程(64.3)所对应的齐方程(6.4.4)的通解，则

$$y = \bar{y} + y^* = C_1 y_1 + C_2 y_2 + y^*$$

是方程(6.4.3)的通解.

证 将 $y = C_1 y_1 + C_2 y_2 + y^*$ 代入方程(6.4.3)，容易验证它是方程(6.4.3)的解，又此解中含有两个独立的任意常数，故是通解.

定理 4 可以推广到任意阶线性方程，即任意 n 阶非齐线性方程的通解等于它的任意一个特解与它所对应的齐方程通解之和.

例 4 已知某一个二阶非齐线性方程具有三个特解 $y_1 = x$，$y_2 = x + e^x$ 和 $y_3 = 1 + x + e^x$，试求这个方程的通解.

解 首先容易验证这样的事实，非齐方程(6.4.3)的任意两个解之差均是齐方程(6.4.4)的解. 这样，函数

$$y_2 - y_1 = e^x \text{ 和 } y_3 - y_2 = 1$$

都是对应的齐方程的解，而且这两个函数显然是线性无关的，所以由定理2及定理4可知所求方程的通解为

$$y = C_1 + C_2 e^x + x.$$

事实上，所对应的非齐线性微分方程为 $y'' - y' = -1$.

下面介绍一种当已知齐方程(6.4.4)的两个线性无关解时，求非齐线性方程(6.4.3)的特解 y^* 的一般方法——两个待定函数的常数变易法.

设 y_1, y_2 是齐方程(6.4.4)的两个线性无关的解，试图求出非齐方程(6.4.3)的下列形式的特解 y^*，即

$$y^* = C_1(x) y_1 + C_2(x) y_2, \tag{6.4.7}$$

也就是说，设法求出函数 $C_1 = C_1(x)$，$C_2 = C_2(x)$，使得线性组合(6.4.7)是方程(6.4.3)的解. 因为

$$\frac{dy^*}{dx} = \frac{d}{dx}[C_1(x) y_1 + C_2(x) y_2]$$

$$= C_1 y_1' + C_2 y_2' + (C_1' y_1 + C_2' y_2),$$

所以，如果存在 $C_1(x)$ 和 $C_2(x)$，使

$$C_1' y_1 + C_2' y_2 = 0, \tag{6.4.8}$$

则 $\frac{d^2 y^*}{dx^2}$ 中将不含 $C_1(x)$ 和 $C_2(x)$ 的二阶导数. 在此情况下，有

$$(y^*)'' + P(x)(y^*)' + Q(x)y^* = C_1'y_1' + C_2'y_2' + C_1[y_1'' + P(x)y_1' + Q(x)y_1] +$$
$$C_2[y_2'' + P(x)y_2' + Q(x)y_2]$$
$$= C_1'y_1' + C_2'y_2'.$$

因此,如果存在 $C_1(x), C_2(x)$ 满足方程组

$$\begin{cases} y_1 C_1' + y_2 C_2' = 0, \\ y_1' C_1' + y_2' C_2' = f(x), \end{cases} \tag{6.4.9}$$

则 $y^* = C_1(x)y_1 + C_2(x)y_2$ 是方程(6.4.3)的解.

由式(6.4.8)×y_2'-式(6.4.9)×y_2,得

$$(y_1 y_2' - y_1' y_2)C_1' = -f(x)y_2.$$

由式(6.4.8)×y_1'-式(6.4.9)×y_1,得

$$(y_1 y_2' - y_1' y_2)C_2' = f(x)y_1.$$

记 $W = W(y_1, y_2) = \begin{vmatrix} y_1 & y_2 \\ y_1' & y_2' \end{vmatrix}$,此行列式称为函数 y_1 和 y_2 的**朗斯基行列式**. 由 y_1, y_2 的线性无关性可以证明 $W \neq 0$,从而

$$C_1'(x) = \frac{-f(x)y_2}{W}, \quad C_2'(x) = \frac{f(x)y_1}{W},$$

故

$$C_1(x) = \int \frac{-y_2 f(x)}{W} dx, \quad C_2(x) = \int \frac{y_1 f(x)}{W} dx.$$

由此有

$$y^* = y_1 \int \frac{-y_2 f(x)}{W} dx + y_2 \int \frac{y_1 f(x)}{W} dx. \tag{6.4.10}$$

一般可取上面不定积分中的积分常数为零.

因为式(6.4.7)是将齐方程通解中任意常数 C_1, C_2 变易为待定函数 $C_1(x)$ 与 $C_2(x)$,所以这种求特解的方法称为**常数变易法**.

例5 求方程 $(x-1)y'' - xy' + y = (x-1)^2 e^x$ 的通解.

解 先将方程变形为

$$y'' - \frac{x}{x-1} y' + \frac{1}{x-1} y = (x-1)e^x.$$

由于 $1 + P(x) + Q(x) = 1 - \frac{x}{x-1} + \frac{1}{x-1} \equiv 0$,故 $y_1 = e^x$ 是对应的齐方程的解. 又

$$P(x) + xQ(x) = -\frac{x}{x-1} + \frac{x}{x-1} = 0,$$

所以 $y_2 = x$ 也是对应齐方程的解,于是对应齐方程的通解为

$$\bar{y} = C_1 e^x + C_2 x.$$

因为

$$W = \begin{vmatrix} y_1 & y_2 \\ y_1' & y_2' \end{vmatrix} = \begin{vmatrix} e^x & x \\ e^x & 1 \end{vmatrix} = e^x(1-x),$$

所以

$$y^* = y_1 \int \frac{-y_2 f(x)}{W} dx + y_2 \int \frac{y_1 f(x)}{W} dx$$

$$= e^x \int \frac{-x(x-1)e^x}{e^x(1-x)} dx + x \int \frac{e^x(x-1)e^x}{e^x(1-x)} dx$$

$$= \frac{1}{2} x^2 e^x - x e^x$$

$$= \frac{1}{2} x e^x (x-2),$$

从而原方程的通解为 $y = C_1 e^x + C_2 x + \frac{1}{2} x e^x (x-2)$.

定理5 若 y_1^* 与 y_2^* 分别是方程

$$y'' + P(x)y' + Q(x)y = f_1(x)$$

与

$$y'' + P(x)y' + Q(x)y = f_2(x)$$

的解, 则 $y^* = y_1^* + y_2^*$ 是方程

$$y'' + P(x)y' + Q(x)y = f_1(x) + f_2(x)$$

的解.

请读者自己完成证明.

定理5 可以推广到任意阶的线性方程, 且右端可为任意有限项之和. 根据这个定理, 只要计算方便, 就可以把 $f(x)$ 分成 n 项之和, 然后对不同的项采用不同的方法来求其所对应的特解. 这在下一节解常系数非齐线性方程中经常用到.

定理6 如果函数 $y = y_1(x) \pm i y_2(x)$ 是方程

$$y'' + P(x)y' + Q(x)y = f_1(x) \pm i f_2(x)$$

的解, 那么 $y_1(x)$ 与 $y_2(x)$ 分别是方程

$$y'' + P(x)y' + Q(x)y = f_1(x),$$
$$y'' + P(x)y' + Q(x)y = f_2(x)$$

的解. 这里 i 为虚数单位, $P(x), Q(x), f_k(x), y_k(x)(k=1,2)$ 均为实值函数.

定理的证明只需将 $y_1 = y_2 = x e^{x^2} - 4xy' + (4x^2 - 2)y = 0$ 代入方程后利用复数相等的概念即可.

定理6 对更高阶的线性方程也成立. 此定理在下一节常系数非齐线性方程求解中将用到.

习题 6.4

1. 验证 $y_1 = e^{x^2}$ 及 $y_2 = x e^{x^2}$ 都是方程 $y'' - 4xy' + (4x^2 - 2)y = 0$ 的解, 并写出该方程的通解.

2. 已知函数 $y_1 = \sin x, y_2 = \cos x, y_3 = e^x$ 都是某二阶线性非齐方程的解, 求该方程的通解.

*3. 用观察法求下列方程的一个非零特解, 用刘维尔公式求第二个特解, 然后写出通解.

$(1)(x^2+1)y'' - 2xy' + 2y = 0;(2) xy'' - (1+x)y' + y = 0.$

4. 求方程 $y'' + \frac{x}{1-x^2}y' - \frac{1}{1-x^2} = x - 1$ 的通解.

6.5 二阶常系数线性微分方程

在上一节中, 对二阶线性方程:

$$y'' + P(x)y' + Q(x)y = f(x) \tag{6.5.1}$$

的解的结构进行了讨论. 本节专门研究系数是常数的二阶线性方程:

$$y'' + py' + qy = f(x) \tag{6.5.2}$$

(其中 p, q 为常数)的求解问题. 显然方程(6.5.2)是方程(6.5.1)的特殊情况.

6.5.1 二阶常系数齐线性微分方程

考虑二阶常系数齐线性方程

$$y'' + py' + qy = 0, \tag{6.5.3}$$

其中 p, q 是常数.

由于指数函数求导后仍为指数函数, 利用这个性质, 可假设方程(6.5.3)具有形如 $y = e^{rx}$ 的解(r 是实的或复的常数), 将 y, y', y'' 代入方程(6.5.3), 使得

$$(r^2 + pr + q)e^{rx} = 0. \tag{6.5.4}$$

由于方程(6.5.4)成立, 当且仅当

$$r^2 + pr + q = 0. \tag{6.5.5}$$

从而 $y = e^{rx}$ 是方程(6.5.3)的解的充要条件: r 是代数方程(6.5.5)的根. 方程(6.5.5)称为方程(6.5.3)(或方程(6.5.2))的**特征方程**, 其根称为方程(6.5.3)[或方程(6.5.2)]的**特征根**.

根据方程(6.5.5)的根的不同情形, 以下分 3 种情形来考虑:

(1)如果特征方程(6.5.5)有两个相异实根 r_1 与 r_2, $r_{1,2} = -\dfrac{p}{2} \pm \dfrac{1}{2}\sqrt{p^2 - 4q}\,(p^2 > 4q)$, 这时可得方程(6.5.3)的两个线性无关的解.

$$y_1 = e^{r_1 x}, \quad y_2 = e^{r_2 x}.$$

根据上一节定理2, 此时方程(6.5.3)的通解为

$$y = C_1 y_1 + C_2 y_2 = C_1 e^{r_1 x} + C_2 e^{r_2 x}.$$

(2)如果特征方程(6.5.5)有重根 $r_1 = r_2 = r = -\dfrac{1}{2}p\,(p^2 = 4q)$, 这时可得到方程(6.5.3)的一个解 $y_1 = e^{rx}$, 再根据上一节的定理3, 可以再求一个与 y_1 线性无关的解 y_2,

$$y_2 = y_1 \int \frac{e^{-\int p dx}}{y_1^2} dx = e^{rx} \int \frac{e^{-px}}{e^{2rx}} dx = e^{rx} \int dx = xe^{rx}.$$

因此方程(6.5.3)的通解为

$$y = (C_1 + C_2 x)e^{rx}.$$

(3)如果特征方程(6.5.5)有共轭复根 $r_{1,2} = \alpha \pm i\beta = -\dfrac{p}{2} \pm i\dfrac{\sqrt{4q - p^2}}{2}\,(p^2 < 4q)$, 则方程(6.5.3)有两个线性无关的解

$$y_1 = e^{(\alpha + i\beta)x}, \quad y_2 = e^{(\alpha - i\beta)x}.$$

这种复数形式的解使用不方便, 为了得到实值解, 利用欧拉(**Euler**)公式:

$$e^{\pm i\theta} = \cos\theta \pm i\sin\theta.$$

将 y_1 与 y_2 分别写成

$$y_1 = e^{ax}(\cos\beta x + i\sin\beta x), y_2 = e^{ax}(\cos\beta x - i\sin\beta x).$$

由齐线性微分方程解的叠加原理,知

$$y_1^* = \frac{1}{2}(y_1 + y_2) = e^{ax}\cos\beta x, y_2^* = \frac{1}{2i}(y_1 - y_2) = e^{ax}\sin\beta x$$

也是方程(6.5.3)的解,显然它们是线性无关的,于是方程(6.5.3)的通解为

$$y = e^{ax}(C_1\cos\beta x + C_2\sin\beta x).$$

例1 试求方程 $y'' + 5y' + 4y = 0$ 的通解.

解 特征方程 $r^2 + 5r + 4 = 0$ 具有两个不同的实根 $r_1 = -4, r_2 = -1$. 因此,$y_1 = e^{-4x}$ 和 $y_2 = e^{-x}$ 构成原方程的基本解组,原方程的通解为

$$y = C_1 e^{-4x} + C_2 e^{-x}.$$

例2 试求初值问题 $y'' - 10y' + 25y = 0, y(0) = 1, y'(0) = 2$ 的解.

解 特征方程 $r^2 - 10r + 25 = 0$ 具有两相等的实根 $r_1 = r_2 = 5$,故原方程的通解为

$$y = (C_1 + C_2 x)e^{5x}.$$

由初始条件 $y(0) = 1$,得 $C_1 = 1$. 再由 $y'(0) = 2$,得 $C_2 + 5C_1 = 2$,故 $C_2 = -3$. 从而,所求初值问题的解为

$$y = (1 - 3x)e^{5x}.$$

例3 求微分方程 $4y'' + 4y' + 5y = 0$ 的通解.

解 特征方程为

$$4r^2 + 4r + 5 = 0.$$

它具有共轭复根 $r_1 = -\frac{1}{2} + i$ 和 $r_2 = -\frac{1}{2} - i$,因此所求方程的通解为

$$y = e^{-\frac{1}{2}x}(C_1\cos x + C_2\sin x).$$

6.5.2 二阶常系数非齐线性微分方程

由前一节定理4知,二阶常系数非齐线性方程

$$y'' + py' + qy = f(x) \tag{6.5.6}$$

其中 p, q 是常数,$f(x)$ 是已知的连续函数的通解是它的一个特解与它所对应的齐线性方程

$$y'' + py' + qy = 0 \tag{6.5.7}$$

的通解之和. 而方程(6.5.7)的通解问题已经完全解决了. 因此,求方程(6.5.6)的通解关键是求出它的一个特解 y^*.

下面介绍方程(6.5.6)中的 $f(x)$ 具有几种特殊形式时,求 y^* 的一种**待定系数法**.

类型 I $f(x) = e^{\lambda x}P_m(x)$,这里 λ 是常数,$P_m(x)$ 是 m 次多项式.

由于指数函数与多项式之积的导数仍是同类型的函数,而现在微分方程右端正好是这种类型的函数. 因此,不妨假设方程(6.5.6)的特解为

$$y^* = Q(x)e^{\lambda x},$$

其中 $Q(x)$ 是 x 的多项式,将 y^* 代入方程(6.5.6)并消去 $e^{\lambda x}$ 得

$$Q'' + (2\lambda + p)Q' + (\lambda^2 + p\lambda + q)Q \equiv P_m(x). \tag{6.5.8}$$

(1)若 λ 不是方程(6.5.7)的特征方程 $r^2 + pr + q = 0$ 的根,那么 $\lambda^2 + p\lambda + q \neq 0$,这时 $Q(x)$ 与 $P_m(x)$ 应同次,于是可令

$$Q(x) = Q_m(x) = a_0 x^m + a_1 x^{m-1} + \cdots + a_{m-1}x + a_m,$$

将 $Q(x)$ 代入方程(6.5.8),比较等式两端 x 同次幂的系数,就得到含 $a_0,a_1,\cdots,a_m$ 的 $m+1$ 个方程的联立方程组,从而可以定出这些系数 $a_i(i=0,1,\cdots,m)$,并求得特解 $y^* = Q_m(x)\mathrm{e}^{\lambda x}$.

(2)若 λ 是特征方程 $r^2+pr+q=0$ 的单根,那么有 $\lambda^2+p\lambda+q=0$,而 $2\lambda+p\neq0$,此时,Q' 应是 m 次多项式,再注意到此时,$C\mathrm{e}^{\lambda x}$(C 为常数)为方程(6.5.7)的解,故可令

$$Q(x) = xQ_m(x).$$

(3)若 λ 是特征方程 $r^2+pr+q=0$ 的重根,即有 $\lambda^2+p\lambda+q=0$,且 $2\lambda+p=0$,这时 $Q''(x)$ 应是 m 次多项式,再注意到此时 $C_1\mathrm{e}^{\lambda x}$ 和 $C_2x\mathrm{e}^{\lambda x}$($C_1,C_2$ 为常数)均为方程(6.5.7)的解,故可设

$$Q(x) = x^2Q_m(x).$$

综上所述,有如下结论:

如果 $f(x)=\mathrm{e}^{\lambda x}P_m(x)$,则方程(6.5.6)有形如

$$y^* = x^kQ_m(x)\mathrm{e}^{\lambda x} \tag{6.5.9}$$

的特解,其中 $Q_m(x)$ 是与 $P_m(x)$ 同次的待定多项式,而 k 按 λ 不是特征方程的根、是特征方程的单根或者是特征方程的重根依次取 0,1 或 2.

例4 求微分方程 $y''-2y'+y=1+x+x^2$ 的通解.

解 (1)求微分方程 $y''-2y'+y=0$ 的通解:

因为特征方程 $r^2-2r+1=0$ 有二重根 $r=1$,故所求齐方程通解为

$$\bar{y} = (C_1+C_2x)\mathrm{e}^x.$$

(2)求非齐方程的一个特解 y^*:

因 $f(x)=1+x+x^2$,故 $\lambda=0$,而 0 不是特征方程的根,从而可设

$$y^* = a_2x^2+a_1x+a_0.$$

代入原方程并比较同次幂的系数,可得

$$\begin{cases}2a_2-2a_1+a_0=1\\a_1-4a_2=1\\a_2=1\end{cases},$$

从上列方程组解出 $a_0=9,a_1=5,a_2=1$,故

$$y^* = 9+5x+x^2.$$

(3)原方程的通解为

$$y = \bar{y}+y^* = (C_1+C_2x)\mathrm{e}^x+9+5x+x^2.$$

例5 求方程 $y''-2y'+y=\mathrm{e}^x$ 的一个特解.

解 此时 $\lambda=1$ 是特征方程 $r^2-2r+1=0$ 的二重根,又 $p_m(x)\equiv1$ 即 $m=0$,故可设

$$y^* = Ax^2\mathrm{e}^x.$$

代入原方程,得

$$2A\mathrm{e}^x = \mathrm{e}^x,$$

故 $A=\dfrac{1}{2}$,从而所求特解为

$$y^* = \frac{1}{2}x^2\mathrm{e}^x.$$

例6 求方程 $y''-2y'+y=\mathrm{e}^x+1+x+x^2$ 的一个特解.

解 由例4、例5及上一节定理5即知,所求特解为

$$y^* = 9 + 5x + x^2 + \frac{1}{2}x^2 e^x.$$

类型Ⅱ $f(x) = e^{\alpha x}P_m(x)\cos\beta x$ 或 $f(x) = e^{\alpha x}P_m(x)\sin\beta x$,这里 α,β 为实常数,$P_m(x)$ 为 m 次实系数多项式.

此时可用前面的办法先求出实系数 $(p,q$ 为实数$)$ 方程

$$y'' + py' + qy = e^{(\alpha + i\beta)x}P_m(x)$$

的特解 $y^* = y_1^* + iy_2^*$,再根据上一节定理6便知 y^* 的实部 y_1^* 和虚部 y_2^* 分别是方程

$$y'' + py' + qy = e^{\alpha x}P_m(x)\cos\beta x$$

和

$$y'' + py' + qy = e^{\alpha x}P_m(x)\sin\beta x$$

的解.

例7 求方程 $y'' + y = x\cos 2x$ 的一个特解.

解 此时 $m = 1, \alpha = 0, \beta = 2$,首先求方程

$$y'' + y = x e^{2ix}$$

的一个特解 $\bar{y}^*$.

因 $2i$ 不是特征方程 $r^2 + 1 = 0$ 的根,所以可以设上列方程的特解 $\bar{y}^*$ 为

$$\bar{y}^* = (ax + b)e^{2ix}.$$

代入方程,得

$$[-3(ax + b) + 4ai]e^{2ix} = xe^{2ix}.$$

从而

$$-3a = 1, \quad -3b + 4ai = 0.$$

故

$$a = -\frac{1}{3}, b = \frac{4}{3}ai = -\frac{4}{9}i,$$

即

$$\bar{y}^* = \left(-\frac{1}{3}x - \frac{4}{9}i\right)e^{2ix}$$

$$= -\frac{1}{3}x\cos 2x + \frac{4}{9}\sin 2x - i\left(\frac{1}{3}x\sin 2x + \frac{4}{9}\cos 2x\right).$$

$\bar{y}^*$ 的实部即为原方程的一个特解,即

$$y^* = -\frac{1}{3}x\cos 2x + \frac{4}{9}\sin 2x$$

为原方程的一个特解.

作为一种更特殊的情况,若 $f(x) = A\sin\beta x$ 或 $f(x) = B\cos\beta x$,βi 不是特征方程的根,且方程左端又不出现 y' 时,利用正弦(或余弦)函数的二阶导数仍为正弦(或余弦)函数这一性质,可设特解为

$$y^* = a\sin\beta x \ (\text{或} \ y^* = b\cos\beta x).$$

例8 求 $y'' + 3y = \sin x$ 的一个特解.

解 令 $y^* = a\sin 2x$,则 $(y^*)'' = -4a\sin 2x$.

将其代入原方程,得

$$(-4a + 3a)\sin 2x = \sin 2x,$$

所以 $a = -1$,从而求得方程的一个特解为

$$y^* = -\sin 2x.$$

类型Ⅲ　$f(x) = \mathrm{e}^{\alpha x}[P_n(x)\cos\beta x + P_m(x)\sin\beta x]$ 型,其中 α,β 为实常数,$P_n(x),P_m(x)$ 分别是 n,m 次实系数多项式.

这种类型完全可以用类型Ⅱ中方法先分别求出自由项为 $f_1(x) = \mathrm{e}^{\alpha x}P_n(x)\cos\beta x$ 与 $f_2(x) = \mathrm{e}^{\alpha x}P_m(x)\sin\beta x$ 的方程的特解 y_1^* 与 y_2^*,然后利用上一节定理 5 得到所需求的特解 $y^* = y_1^* + y_2^*$,但也可直接用待定系数的方法求一个特解 y^*,这时方程的特解形式为

$$y^* = x^k\mathrm{e}^{\alpha x}[R_l(x)\cos\beta x + S_l(x)\sin\beta x], \qquad (6.5.10)$$

其中 $R_l(x),S_l(x)$ 都是 l 次待定多项式,$l = \max\{m,n\}$,且当 $\alpha \pm \mathrm{i}\beta$ 不是特征方程的根时,$k = 0$;当 $\alpha \pm \mathrm{i}\beta$ 是特征方程的根时,$k = 1$.

式(6.5.10)的推导比较繁杂,这里从略.

例 9　求方程 $y'' + y = \cos x + x\sin x$ 的一个特解.

解　此时 $\alpha = 0,\beta = 1,\alpha \pm \mathrm{i}\beta$ 是特征方程 $\lambda^2 + 1 = 0$ 的根,因此可设

$$y^* = x[(ax+b)\cos x + (cx+d)\sin x].$$

代入原方程,比较两端同类项系数,得

$$\begin{cases} 4c = 0, \\ 2a + 2d = 1, \\ -4a = 1, \\ 2c - 2b = 0, \end{cases}$$

解这个方程组得 $a = -\dfrac{1}{4},b = 0,c = 0,d = \dfrac{3}{4}$. 故求得一个特解 y^* 为

$$y^* = -\frac{1}{4}x^2\cos x + \frac{3}{4}x\sin x.$$

例 10　写出方程 $y'' - 4y' + 4y = 8x^2 + \mathrm{e}^{2x} + \sin 2x$ 的一个特解 y^* 的形式.

解　令 $f_1(x) = 8x^2,f_2(x) = \mathrm{e}^{2x},f_3(x) = \sin 2x$.

因对应齐方程的特征方程为

$$r^2 - 4r + 4 = 0,$$

且有重根 $r_1 = r_2 = 2$,于是

方程 $y'' - 4y' + 4y = f_1(x)$ 的特解形式是

$$y_1^* = Ax^2 + Bx + C;$$

方程 $y'' - 4y' + 4y = f_2(x)$ 的特解形式是

$$y_2^* = Dx^2\mathrm{e}^{2x};$$

方程 $y'' - 4y' + 4y = f_3(x)$ 的特解形式是

$$y_3^* = E\cos 2x + F\sin 2x.$$

再根据上一节定理 5,即知原方程的特解形式是

$$y^* = y_1^* + y_2^* + y_3^*$$
$$= Ax^2 + Bx + C + Dx^2\mathrm{e}^{2x} + E\cos 2x + F\sin 2x,$$

其中 A,B,C,D,E,F 为常数.

习题 6.5

1. 求下列微分方程的通解:

(1) $y'' + y' - 2y = 0$;

(2) $y'' + y = 0$;

(3) $4\dfrac{d^2x}{dt^2} - 20\dfrac{dx}{dt} + 25x = 0$;

(4) $y'' - 4y' + 5y = 0$;

(5) $y'' + 4y' + 4y = 0$;

(6) $y'' - 3y' + 2y = 0$.

2. 求下列微分方程满足所给初始条件的特解:

(1) $y'' - 4y' + 3y = 0, y\big|_{x=0} = 6, y'\big|_{x=0} = 10$;

(2) $4y'' + 4y' + y = 0, y\big|_{x=0} = 2, y'\big|_{x=0} = 0$;

(3) $y'' + 4y' + 29y = 0, y\big|_{x=0} = 0, y'\big|_{x=0} = 15$;

(4) $y'' + 25y = 0, y\big|_{x=0} = 2, y'\big|_{x=0} = 5$.

3. 求下列各微分方程的通解:

(1) $2y'' + y' - y = 2e^x$;

(2) $2y'' + 5y' = 5x^2 - 2x - 1$;

(3) $y'' + 3y' + 2y = 3xe^{-x}$;

(4) $y'' - 2y' + 5y = e^x \sin 2x$;

(5) $y'' + 2y' + y = x$;

(6) $y'' - 4y' + 4y = e^{2x}$.

习题 6

1. 填空题.

(1) 微分方程 $2x^3 y' = y(2x^2 - y^2)$ 满足 $y(1) = -1$ 的特解为_____.

(2) 设 $f(x)$ 为连续函数, 且满足方程 $f(x) = 1 + \int_0^x (x-1)f(t)\,dt$, 则 $f(x)$ 的表达式为_____.

(3) 已知 $y_1 = e^{3x} - xe^{2x}, y_2 = e^x - xe^{2x}, y_3 = -xe^{2x}$ 是某二阶常系数非齐线性微分方程的 3 个解, 则该方程的通解 $y = $ _____.

(4) 微分方程 $xy' + 2y = x \ln x$ 满足 $y(1) = -\dfrac{1}{9}$ 的解为_____.

(5) 二阶常系数非齐次线性微分方程 $y'' - 2y' + y = 1$ 的通解为 $y = $ _____.

2. 选择题.

(1) 设曲线 L 的方程为 $y = y(x)$, 在 L 上任一点 $P(x, y)$ 处的切线与点 P 到原点 O 的连线垂直, 若 C 为任意正数, 则 L 的方程为(   ).

A. $xy = C$

B. $x^2 - xy + y^2 = C$

C. $x^2 - y^2 = C$

D. $x^2 + y^2 = C$

(2) 设微分方程 $y'' + 2y' + y = 0$, 则 $y = Cxe^{-x}$ (其中 C 为任意常数)(   ).

A. 是这个方程的通解

B. 是这个方程的特解

C. 不是这个方程的解

D. 是这个方程的解, 但既非它的通解也非它的特解

(3)设线性无关的函数 y_1,y_2,y_3 都是二阶非齐次线性方程 $y'' + P(x)y' + Q(x)y = f(x)$ 的解, C_1,C_2 是任意常数则该非齐方程的通解是(　　　).

A. $C_1y_1 + C_2y_2 + y_3$

B. $C_1y_1 + C_2y_2 - (C_1 + C_2)y_3$

C. $C_1y_1 + C_2y_2 - (1 - C_1 - C_2)y_3$

D. $C_1y_1 + C_2y_2 + (1 - C_1 - C_2)y_3$

(4)微分方程 $y'' + 4y = \mathrm{e}x^{3x} + x\sin 2x$ 的一个特解形式是(　　　).

A. $A\mathrm{e}^{3x} + x[(Bx + C)\cos 2x + (Dx + E)\sin 2x]$

B. $A\mathrm{e}^{3x} + (Bx + C)\cos 2x + (Dx + E)\sin 2x$

C. $Ax\mathrm{e}^{3x} + x[(Bx + C)\cos 2x + (Dx + E)\sin 2x]$

D. $Ax\mathrm{e}^{3x} + (Bx + C)\cos 2x + (Dx + E)\sin 2x$

(5)在下列微分方程中,以 $y_1 = C_1\mathrm{e}^x + C_2\cos 2x + C_3\sin 2x(C_1,C_2,C_3$ 为任意常数) 为通解的是(　　　).

A. $y''' + y'' - 4y' - 4y = 0$　　　　B. $y''' + y'' + 4y' + 4y = 0$

C. $y''' - y'' - 4y' + 4y = 0$　　　　D. $y''' - y'' + 4y' - 4y = 0$

3. 求解下列初值问题:

$$\begin{cases} 1 + (y')^2 = 2yy' \\ y(1) = 1, y'(1) = -1 \end{cases}.$$

4. 设 $y = y(x)$ 是微分方程 $(3x^2 + 2)y'' = 6xy'$ 的一个特解,且当 $x \to 0$ 时, $y(x)$ 是与 $\mathrm{e}^x - 1$ 等价的无穷小量,求此特解.

5. 求下列微分方程的通解:

$(1)\left(x - y\cos\dfrac{y}{x}\right)\mathrm{d}x + x\cos\dfrac{y}{x}\mathrm{d}y = 0$;

$(2)(x - 2\sin y + 3)\mathrm{d}x + (2x - 4\sin y - 3)\mathrm{d}y = 0$;

$(3)y' = \dfrac{\cos y}{\cos y\sin 2y - x\sin y}$;

$(4)x\mathrm{d}y - [x + xy^3(1 + \ln x)]\mathrm{d}x = 0$;

$(5)y'' - 3y' + 2y = 2x\mathrm{e}^x$;

$(6)x^2y'' - 3xy' + 4y = x + x\ln x.$

第 6 章参考答案

参考文献

[1] 刘士强. 数学分析[M]. 南宁:广西民族出版社,2000.

[2] 华东师范大学数学系. 数学分析(上册)[M]. 4 版. 北京:高等教育出版社, 2010.

[3] 黄立宏. 高等数学[M]. 5 版. 上海:复旦大学出版社, 2017.

[4] 同济大学应用数学系. 高等数学及其应用[M]. 南宁:广西民族出版社, 2000.

[5] 杨福民. 高等数学[M]. 北京:北京邮电大学出版社,2014.

[6] 魏丽. 高等数学及其应用[M]. 长沙:湖南科学技术出版社, 2017.

[7] 林伟初,郭安学. 高等数学[M]. 2 版. 上海:复旦大学出版社, 2013.

[8] 马知恩,王绵森. 高等数学疑难问题选讲[M]北京:高等教育出版社, 2014.